Weber/Klingenberg

Data Governance

Bleiben Sie auf dem Laufenden!

Kristin Weber

Christiana Klingenberg

Data Governance

Der Leitfaden für die Praxis

HANSER

Die Autorinnen:

Prof. Dr. Kristin Weber, Kleinostheim
Dr. Christiana Klingenberg, Karlsruhe

Bibliografische Information der Deutschen Nationalbibliothek:

Die Deutsche Nationalbibliothek verzeichnet diese Publikation in der Deutschen Nationalbibliografie; detaillierte bibliografische Daten sind im Internet über http://dnb.d-nb.de abrufbar.

© 2021 Carl Hanser Verlag München, www.hanser-fachbuch.de
Lektorat: Sylvia Hasselbach
Copy editing: Walter Saumweber, Ratingen
Umschlagdesign: Marc Müller-Bremer, www.rebranding.de, München
Umschlagrealisation: Max Kostopoulos
Titelmotiv: © Max Kostopoulos
Gesamtherstellung: Kösel, Krugzell
Ausstattung patentrechtlich geschützt. Kösel FD 351, Patent-Nr. 0748702
Printed in Germany

Print-ISBN: 978-3-446-46388-2
E-Book-ISBN: 978-3-446-46674-6
E-Pub-ISBN: 978-3-446-46675-3

Inhalt

1 Einleitung

Daten standen noch nie so hoch im Kurs wie heute. Noch nie war der Bedarf an Praxiswissen im Umgang mit Daten gefragter. Neue Trends und Technologien für Daten entwickeln sich immer schneller. Und es steigt der Bedarf, alle Möglichkeiten, die es heute bereits gibt und morgen geben wird, auszuschöpfen. In fast allen Bereichen der Wirtschaft und des privaten Lebens spielen Daten eine immer größere Rolle. Es gibt kein Unternehmen, welches nicht in irgendeiner Weise Daten verarbeitet. Private Nutzer teilen ihre Daten in sozialen Netzwerken, bloggen, shoppen online, bezahlen mit dem Smartphone oder investieren in digitales Geld.

Die Trends der Datenverarbeitung in der Zukunft deuten sich schon an: Diskussionen über die Abschaffung von Bargeld laufen bereits [Deut18], ebenso werden die Möglichkeiten von selbstsouveränen Identitäten (SSI), also der Verwaltung der eigenen Identität im Netz, immer umfangreicher (z. B. [Emil20]). Und mit den wachsenden Möglichkeiten, Daten zu erfassen, zu halten und zu verarbeiten, steigt unweigerlich der Bedarf nach Richtlinien, Hinweisen, Transparenz, Verantwortlichkeiten und Systemen, die den Umgang mit diesen Daten regeln.

Und spätestens dann, wenn dieser Rahmen für das Management der Daten eingefordert wird, kippt die Stimmung oft von Euphorie in Richtung Ernüchterung. Wenn deutlich wird, dass es diese innovativen Ansätze nicht umsonst gibt. Fällt der Begriff Data Governance als Zusammenfassung all der Aktivitäten, die notwendig sind, um den vollen Wert der Daten auszuschöpfen, sind folgende Aussagen zu hören:

- Data Governance ist ein Kostentreiber,
- sie erfordert ein hohes Maß an zusätzlicher Bürokratie,
- sie benötigt neue Stellen und mehr Mitarbeiter,
- sie bremst Datenmanagement-Projekte aus,
- sie ist ohne zusätzliche Software nicht umsetzbar,
- und die Ergebnisse sind erst nach langer Zeit sichtbar.

Diese Argumente sind nur Beispiele für die skeptische Grundhaltung gegenüber Data Governance. Die Kunst ist es, einen Anreiz zu schaffen und gute Gründe zu nennen, warum es sich dennoch lohnt, in Data Governance zu investieren.

Die gute Nachricht und die Herausforderung

In aller Regel befinden sich die Unternehmen in Bezug auf Data Governance nicht auf der grünen Wiese. Bei genauer Betrachtung gibt es in verschiedenen Bereichen Aktivitäten, die sich Data Governance durchaus zuordnen lassen. Das kann eine bereits implementierte Softwarelösung für bestimmte Datenqualitäts-Prüfungen sein. Oder es gibt bereits Kollegen, die bei Fragen zu bestimmten Daten gute Ratgeber sind. Nicht selten gibt es Customer-Relationship-Management- oder Enterprise-Ressource-Planning-Systeme, für die Daten-pflege-Prozesse bereits beschrieben wurden. Je mehr man sucht und sich durchfragt, desto mehr Hinweise auf Data Governance wird man im Unternehmen finden. Und die verschiedenen Aktivitäten sind oft seit längerer Zeit etabliert und auf das Management der Daten abgestimmt. Das heißt, in vielen Bereichen läuft es bereits und das Rad muss nicht neu erfunden werden. Das ist die gute Nachricht.

Tabelle 1.1 stellt die Auswirkungen von Datenmanagement ohne und mit Data Governance gegenüber.

Tabelle 1.1   Ziele von Data Governance (in Anlehnung an [Kare07, S. 2])

Ohne Data Governance	Mit Data Governance
Mangel an fachlicher Verantwortung	Unterstützung und Verantwortung durch das Top Management
Datenmanagement mit geringer Priorität	Unternehmensweites Management des „Anlagegutes" Daten
Ziele des Datenmanagements haben geringere Priorität in IT-Projekten	IT-Projekte mit Auswirkung auf kritische Daten finden unter Beteiligung der Data Stewards statt
Geschäfts- und Fachbereiche ignorieren übergreifende Auswirkungen der Datenpflege	Data-Governance-Gremien stellen übergreifende Abstimmung aller Datenmanagement-Initiativen sicher
Inkonsistente Geschäftsprozesse, Erfassungsrichtlinien und Datenmodelle	Einführung und Durchsetzung von Best Practices, inklusive standardisierter Datenmodelle, Definitionen, Regeln und Geschäftsprozesse

Die Herausforderung ist allerdings, dass bereits vorhandene Aktivitäten selten koordiniert und bereichsübergreifend stattfinden. Kollegen, die sich bereits den Ruf eines „Datenexperten" erarbeitet haben, finden das Expertentum kaum in ihrer Stellenbeschreibung. Neue Anforderungen an die Daten, z. B. in Form von neuen Reports, münden in teilweise zeitaufwendiger und fehleranfälliger manueller Datenaufbereitung, die im schlimmsten Fall weder nachvollziehbar noch reproduzierbar ist. Es ist nicht bekannt, wer was in welchem Bereich für die Datenoptimierung bereits macht. Oder wo welche Datenpflege-Prozesse bereits implementiert sind und gut laufen. Es kommt zu Missverständnissen und doppelten bzw. mehrfachen Arbeiten, wenn die gleichen Aktivitäten an verschiedenen Stellen durchgeführt werden. Anforderungen an die Daten sind nur aus dem eigenen Bereich bekannt. Die Anforderungen anderer Bereiche sind ungeklärt und werden somit bei der Datenerfassung und Verarbeitung (unwissentlich) ignoriert. Im schlimmsten Fall werden die Datenoptimierungen von Mitarbeitern des einen Bereichs durch Mitarbeiter des anderen Bereichs überschrieben und somit zunichte gemacht. Die Koordination fehlt, und damit die Transparenz und das konsolidierte Wissen über die Möglichkeiten, was mit den Unternehmensdaten heute schon gemacht wird und morgen noch getan werden soll. Die Herausforderung und Aufgabe ist also, eine übergreifende Struktur in das vermeintliche Chaos zu bringen und so durch Data Governance die notwenige Effizienz in das Datenmanagement zu bringen.

Quo vadis?[1]

Die Einführung von Data Governance ist nicht zu unterschätzen. Sehr schnell sind wieder die oben genannten Statements zu hören und das macht es nicht einfacher, Verbündete im eigenen Unternehmen zu finden. Denn Data Governance bedeutet auch, sich mit neuen Möglichkeiten des Datenmanagements auseinanderzusetzen. Aktivitäten, die sich heute mit den Daten nicht durchführen lassen, sollen morgen möglich sein. Das bedeutet Veränderung. Veränderung braucht ein starkes Netzwerk, gute Argumente und einen langen Atem. Im Fall von Data Governance bedeutet Veränderung, dass Unternehmensdaten in den Fokus rücken und deren Nutzung dem wirtschaftlichen Erfolg des Unternehmens unterstellt ist. Und dieser Nutzungszweck wird konsequent auf alle Bereiche des Datenmanagements über das gesamte Unternehmen hinweg angewendet und in vielen kleinen Maßnahmen umgesetzt. Anders gesagt, eine Datenstrategie und Maßnahmen zur Umsetzung werden definiert.

Ein einheitliches Verständnis der Strategiemaßnahmen und deren Einordnung in ein Data-Governance-Rahmenwerk helfen bei der Bewältigung der genannten Herausforderungen ungemein. Voraussetzung ist, eine gemeinsame Sprache zu sprechen und das gleiche Grundverständnis von Data Governance mit seinen unterschiedlichen Handlungsfeldern zu haben. Die gemeinsame Sprache im Kontext von Data Governance bezieht sich auf Komponenten eines Data Governance Frameworks, auf die Aufgaben und Verantwortlichkeiten der definierten Rollen sowie auf die Bedeutung und den Kontext der Daten an sich, die z. B. in Business Data Dictionaries abgebildet werden. Fehlen diese gemeinsame Sprache und damit das gemeinsame Verständnis, kommt es zu Missverständnissen und Reibungsverlusten und man arbeitet den Skeptikern zu, die sich zu den oben genannten Aussagen verleiten lassen.

Das vorliegende Buch unterstützt dabei, bereits laufende Data-Governance-Aktivitäten in ein Framework einzuordnen. So können diese Aktivitäten besser in einen gemeinsamen Kontext gestellt und auf ein gemeinsames Ziel hin koordiniert werden. Nicht nur die Symptome und Auswirkungen von „schlechten" Daten sollen angegangen werden, sondern nach deren Ursachen gesucht und diese in weiteren Schritten behoben werden.

Ist diese Einordnung geschehen, kann auch viel einfacher identifiziert werden, an welchen Stellen von Data Governance noch Unterstützung benötigt wird. Anforderungen an interne Projekte oder externe Beratungen können präzise formuliert werden. Eine Unterhaltung auf Augenhöhe wird möglich.

Die hohe Relevanz von Datenmanagement in Kombination von Data Governance wird in einer aktuellen Studie [BuKn20] bestätigt. Demnach gehört Data Governance neben Datenstrategie und Datenarchitektur zu den Topthemen aus der Perspektive Datenmanagement. Die gleiche Studie zeigt auch, dass sich Data Governance in den meisten Unternehmen in

---

[1] Aus dem Lateinischen für „Wohin gehst du?"

einem sehr frühen Implementierungsstadium befindet. Einige Unternehmen planen zumindest, Data Governance einzuführen.

Damit ist jetzt der richtige Zeitpunkt, das vorliegende Buch zu lesen und mit einfachen und pragmatischen Aktivitäten Data Governance umzusetzen und das Datenmanagement zum Erfolg zu führen.

Wie dieses Buch zu lesen ist

Das vorliegende Buch kann auf unterschiedliche Weise zum Einsatz kommen. Wer an der theoretischen Einführung zu Data Governance interessiert ist und sich aus den vorgestellten und selbst entwickelten Frameworks selbst ein Bild machen will, der kann das Buch von vorne bis hinten durchlesen.

Wer sich nur für einzelne Abschnitte interessiert, kann das Buch auch abschnittsweise lesen. Die Themen sind in den Kapiteln so aufbereitet und beschrieben, dass sie (fast) unabhängig voneinander gelesen werden können. An manchen Stellen wird auf andere Abschnitte verwiesen und bei Bedarf kann der Wissensdurst dann an den entsprechenden Stellen gestillt werden.

Für die Praktiker, die nach einer schnellen Möglichkeit für die Umsetzung der einzelnen Handlungsfelder suchen, ist *Kapitel 7* gedacht. Hier werden ganz viele Methoden, Konzepte und Tools vorgestellt, mit denen sich Aspekte von Data Governance einfach verwirklichen lassen. Und die allermeisten Tools lassen sind mit den üblichen Office-Programmen umsetzen.

Es gibt dazu noch verschiedene Informationen, die in Kästen stehen. Hier wird zwischen Praxistipps, Hinweisen und Fallbeispielen unterschieden. Besonders interessant sind die Fallbeispiele, denn sie zeigen, wie in Projekten konkrete Data-Governance-Themen adressiert und umgesetzt wurden. Bei den Hinweisen handelt es sich um ergänzende Hinweise zu den Themen, die in Abhängigkeit des Kontexts und der Umsetzung zum Tragen kommen können oder auch nicht.

Für wen dieses Buch hilfreich ist

Dieses Buch enthält Hinweise für die Umsetzung von Data Governance in der Praxis für alle, die …

- … bei ihren täglichen Aufgaben über Ungereimtheiten bei Daten stolpern und überlegen, was die Ursache ist und wie diese behoben werden kann. Oft haben diese Personen die Rolle eines Data Stewards inne und sind (implizit) für die Qualität von Daten verantwortlich.

- … im Unternehmen bekannte Herausforderungen bei DatenmanagementThemen fachlich einordnen möchten, um die richtigen Maßnahmen zur Verbesserung der Situation einzuleiten.

- … oft mit großen (Stamm-)Datenbeständen aus unterschiedlichen Quellen arbeiten und diese zur Beantwortung bestimmter Fragestellungen untersuchen. Bei der Zusammenführung der Daten zur Auswertung kommt es immer wieder zu Herausforderungen, deren Auflösung sehr viel Zeit in Anspruch nimmt und manuelle Anpassungen an den Daten erfordern.

- … in verantwortlicher Position den effizienten Einsatz von Unternehmensdaten sicherstellen müssen, z. B. Marketing Manager oder E-Commerce-Verantwortliche.

- … ein neues Stammdatenmanagement (MDM) System einführen wollen oder eingeführt haben, und nun sicherstellen müssen, dass die Stammdatenpflege nach einheitlichen Prozessen durchgeführt wird.

- … die Rolle des Chief Data Officers innehaben und für das Management der Unternehmensdaten verantwortlich sind. Sie geben ihren Kollegen Orientierung bei der Umsetzung von Data Governance und stellen sicher, dass die Daten ein echter Produktionsfaktor sind.

- … neu in einer verantwortlichen Rolle für Daten sind und eine Orientierungshilfe und Best-Practice-Angebote suchen.

- … beratend tätig sind und immer wieder mit Data-Governance-Herausforderungen konfrontiert werden und praktische Hinweise für einen möglichen Lösungsweg suchen.

Aber auch alle anderen Personen, die sich nicht in den oben genannten Situationen wiederfinden, sind eingeladen, dieses Buch zu lesen. Zu Bedenken ist bei der der Lektüre, dass es sich um ein Handbuch für die Praxis handelt und der Schwerpunkt auf der praktischen Anwendbarkeit und Umsetzung liegt.

Wie dieses Buch aufgebaut ist

Das Buch beschreibt in den folgenden Kapiteln die verschiedenen Aspekte von Data Governance. Dabei wird sowohl auf theoretische Grundlagen eingegangen als auch auf Hinweise für die Praxis. Wo immer es möglich ist, sind Fallbeispiele angeführt. Die Struktur ergibt sich wie folgt.

Kapitel 2, „Begriffe und Grundlagen", erläutert die wesentlichen Grundlagen zu Daten und Informationen. Es werden die verschiedenen Datenarten beschrieben. Zudem werden die Themen Open Data und externe Daten adressiert – beides Themen, die heute bereits und in der Zukunft noch viel mehr an Relevanz gewinnen werden. Spricht man über Daten, müssen Metadaten unweigerlich genannt werden. Mit Metadaten legt man in der Regel die Grundlage für Datenqualität, da sie beschreiben, wie Daten beschaffen sein müssen. Wer Datenmanagement betreibt, kommt um Datenmodellierung nicht herum. Damit ist nicht nur die Strukturierung von Attributen in Entitäten und Objekten gemeint, sondern auch die Beschreibung und Dokumentation des Datenmodels in Form von Glossaren. Im Abschnitt zu Governance und Organisationsgestaltung geht es um Fragen zur Organisation, Kompetenzarten, Verantwortung und Kongruenzprinzip. All das sind Punkte, die für die Definition einer funktionierenden Data-Governance-Organisation bekannt sein sollten.

In **Kapitel 3, „Data Governance"**, werden verschiedene, in der Wissenschaft und Praxis bekannte Definitionen von Data Governance vorgestellt. Zusätzlich werden vier Data Governance Frameworks vorgestellt. Jedes dieser Frameworks hat einen individuellen Schwerpunkt. Damit wird deutlich, dass die Entwicklung und der Einsatz eines Data Governance Frameworks abhängig vom jeweiligen Unternehmens- bzw. Datenmanagement-Kontext ist. Es gibt kein Richtig und kein Falsch.

Kapitel 4, „Das qualitätsorientierte Data Governance Framework", stellt das gleichnamige Framework vor. Dieses Framework beschreibt Struktur und Rahmen für die praxisorientierte Umsetzung in den folgenden Abschnitten. Grundsätzliche Zielsetzung des Frameworks ist es, Daten in hoher Qualität für alle Nutzenden bereitzustellen. Es werden sechs Handlungsfelder auf den Ebenen Strategie, Organisation/Prozesse und Informationssysteme beschrieben: Datenstrategie, Controlling, Organisation, Datenprozesse, Datenarchitektur und Systemarchitektur. Datenqualität ist als Querschnittsaufgabe definiert. Die Handlungsfelder oder Gestaltungsbereiche zeigen als eine Art Best Practice, woran Unternehmen denken sollten, wenn sie Data Governance definieren und umsetzen wollen.

Kapitel 5, „Data-Governance-Rollen", beschreibt eines der Kernelemente des qualitätsorientierten Data Governance Frameworks: die Struktur der Datenmanagement-Organisation und die Ausgestaltung der Rollen. Letztendlich übernehmen Inhaber von Rollen konkrete Aufgaben und Verantwortlichkeiten des Datenmanagements. Umso wichtiger ist eine gute Basis, wie die Rollenorganisation aussehen könnte. Die verschiedenen hierarchischen Ebenen werden adressiert sowie Möglichkeiten der Kommunikation zwischen diesen Ebenen. Das Rollenmodell ist flexibel gestaltet, sodass es auf Unternehmen jeder Größe anpassbar ist. Wer im eigenen Unternehmen nach Möglichkeiten der Definition und Besetzung von Datenmanagement-Rollen sucht, wird hier hilfreiche Informationen finden.

Im Datenmanagement nimmt die Qualität der Daten eine herausragende Rolle ein. Der Name des eingeführten qualitätsorientierten Data Governance Frameworks gibt bereits einen Hinweis darauf. **Kapitel 6, „Datenqualität"**, gibt eine ausführliche Beschreibung von Datenqualität und stellt zwei Konzepte dazu vor. Ebenso wird auf die Bedeutung von Datenqualität in der Praxis eingegangen mit Hinweisen, wie die Datenqualität zum einen gemessen und zum anderen bewertet werden kann. Auch wird die Frage adressiert, welche Kosten schlechte Datenqualität mit sich bringt. Hinweise auf die Qualität von Metadaten werden gegeben.

Das größte Kapitel des Buchs, **Kapitel 7**, beschreibt diverse **„Methoden, Konzepte und Tools"** für die praktische Umsetzung von Data Governance. Für jedes der in *Kapitel 4* vorgestellten Handlungsfelder werden verschiedene Möglichkeiten vorgestellt, diese ganz oder teilweise in der Praxis umzusetzen. Auf die Empfehlung von zusätzlichen Softwarelösungen wird weitestgehend verzichtet. Vielmehr lassen sich die meisten Methoden mit den üblichen Office-Programmen umsetzen. Letztendlich spielen die Idee und die Methode der Umsetzung eine größere Rolle als die Anwendung eines spezifischen Toolsets. Das bedeutet, dass dieser Abschnitt für die Anwendung in der Praxis geschrieben wurde. Ideen für mögliche Templates und Fallbeispiele ergänzen die unterschiedlichen Methoden. Die vorgestellten Ansätze können sehr leicht auf die individuellen Anforderungen angepasst werden.

In **Kapitel 8, „Anwendungsszenarien"**, werden drei Anwendungsszenarien aus der Praxis vorgestellt, bei denen verschiedene Methoden und Konzepte aus *Kapitel 7* zum Einsatz kommen. Es geht um die Etablierung von Quality Gates in der Stammdatenproduktion, die DSGVO als Treiber für ein Rollen- und Berechtigungskonzept sowie die Einführung einer Data Quality Scorecard im Marketing.

Kapitel 9, „Zusammenfassung und Ausblick", fasst das Buch kurz zusammen. Es beschreibt Themen, die bei der Weiterentwicklung des qualitätsorientierten Data Governance Frameworks berücksichtigt werden können.

2 Begriffe und Grundlagen

Dieses Kapitel legt die Grundlagen für die weiteren Ausführungen zu Data Governance. Es erklärt die Definition des Begriffs Daten und beschreibt verschiedene Arten von Daten. Ein kurzer Abriss über Datenmodellierung zeigt Begriffe, die häufig im Zusammenhang mit Data Governance gebraucht werden. Da Governance auch viele Gemeinsamkeiten mit Organisationsgestaltung hat, werden zur Organisationsgestaltung ebenfalls grundlegende Konzepte erläutert.

■ 2.1 Von Zeichen zu Wissen

Das der Semiotik entlehnte Ebenenmodell (siehe Bild 2.1) erklärt den Zusammenhang zwischen Zeichen, Daten, Informationen und Wissen. **Zeichen** und Signale (technisch codierte Zeichen) werden in der Kommunikation verwendet. Beispielsweise die Zeichen „.", „0", „2", „8", „M", „r", „z" und „ä". Zeichen stehen in keinem besonderen Zusammenhang und sind wertfrei zu betrachten. Auf der syntaktischen Ebene werden die verschiedenen Zeichen miteinander in Verbindung gebracht. Sie werden nach bestimmten Regeln in eine formale Struktur überführt und darin eingebunden. Durch diesen Schritt entstehen **Daten**, die einer einheitlichen Syntax gehorchen und dieser Syntax entsprechend mit technischen Mitteln verarbeitet werden können. Ein Beispiel ist „8. März 2020". Der Datenbegriff ist der (informations-)technischen Ebene der Generierung, Verarbeitung, Weiterleitung und Speicherung von Zeichen zugeordnet.

Auf der semantischen Ebene erhalten die Daten zusätzlich eine inhaltliche Bedeutung für den Empfänger der Daten. Damit werden die Daten zur **Information**. Im o. g. Beispiel handelt es sich um das Datum, an dem dieser Text überarbeitet wurde. Daten sind also zweckneutrale Fakten, die zu Informationen werden, wenn ihnen im unternehmerischen Kontext eine Bedeutung zugewiesen wird. Der Informationsbegriff ist subjektiv. Was für die eine Person eine wichtige Information darstellt, schätzt eine andere Person als nebensächlich oder gar gänzlich unbedeutend ein.

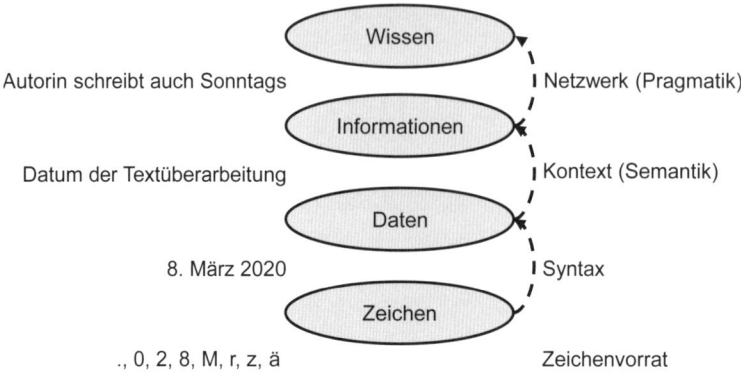

Bild 2.1 Ebenenmodell der Semiotik (in Anlehnung an [Krcm15, S. 12])

Auf der obersten Ebene des Modells steht das **Wissen**. Informationen werden zu Wissen, wenn sie miteinander vernetzt werden bzw. interpretiert werden. Um auf das vorhergehende Beispiel zurückzukommen, könnte die Information des Datums der Überarbeitung dieses Textes mit einer weiteren verknüpft werden, nämlich, dass der 8. März 2020 ein Sonntag war. Somit könnte man daraus das Wissen ableiten, dass die Autorin auch am Sonntag schreibt – also vermutlich außerhalb ihrer regulären Arbeitszeit.

Wissen ermöglicht es Personen, Aufgaben in größere Sinnzusammenhänge, Entwicklungen, Arbeitsprozesse etc. einzuordnen [Klot11]. Aus ihrer Erfahrung heraus kennen sie erfolgversprechende Herangehensweisen für die Aufgabenbearbeitung und wählen dafür passende Methoden und Techniken aus. Durch Wissen können Personen die ihnen zur Verfügung stehenden Daten sichten, auswählen und als Informationen für ihre Aufgabenbearbeitung nutzen.

■ 2.2 Arten von Daten

Aufgrund der prominenten Stellung des Begriffes Data (also Daten) in Data Governance lohnt sich ein näherer Blick auf die Daten. Nach dem Verwendungszweck (zustands- oder abwicklungsorientiert) und der Veränderbarkeit (geringe oder hohe Änderungshäufigkeit) können vier Arten von Daten unterschieden werden ([LeOt07, Sche08, S. 19 f], Bild 2.2): Stammdaten, Bewegungsdaten, Bestandsdaten und Änderungsdaten.

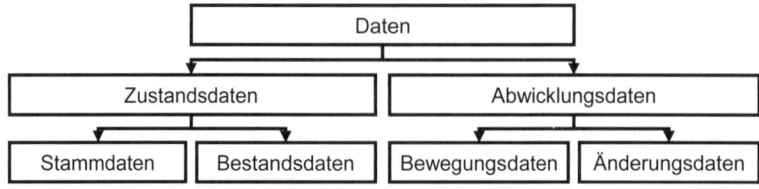

Bild 2.2 Datenarten [vgl. Sche08, S. 20]

Stammdaten repräsentieren die Kernentitäten bzw. Kernobjekte eines Unternehmens, z. B. Kunden, Materialien, Produkte, Personal und Lieferanten. Stammdaten sind zustandsorientierte Daten, die sich selten ändern. Stammdaten werden von Bewegungsdaten zur Beschreibung von Geschäftsvorfällen referenziert.

 Beispiel: Verwendung von Stammdaten in Geschäftsvorfällen

> Die Bestellung (= Geschäftsvorfall) einer Kundin enthält typischerweise Daten aus dem Stammdatensatz der Kundin, wie z. B. ihre Adresse und die vereinbarten Zahlungsbedingungen. Die Bestellung enthält aber auch Daten aus einem oder mehreren Produktstammdatensätzen, nämlich die Nummern, Bezeichnungen, den Preis und eventuell weitere Merkmale der bestellten Produkte.

Bestandsdaten beschreiben die betriebliche Mengen- und Wertestruktur. Typische Bestandsdaten sind Lagerbestand und Kontostand. Bestandsdaten sind wie Stammdaten zustandsorientiert, sie ändern sich aber häufig durch geschäftsbedingte Zu- und Abgänge.

Bewegungsdaten bilden betriebswirtschaftliche Vorgänge ab. Typische Beispiele sind Fertigungsaufträge, Lieferscheine, Bestellungen und Rechnungen. Bewegungsdaten sind abwicklungsorientiert und verändern Bestandsdaten durch mengen- oder wertmäßige Zu- und Abgänge. Zum Beispiel erhöht ein Wareneingang den Bestand an Rohstoffen und eine bezahlte Lieferantenrechnung verringert den Kontostand bei der Bank.

Änderungsdaten sind abwicklungsorientierte Daten. Sie lösen Änderungen von Stammdaten aus. Ein Beispiel ist die Hochzeit einer Mitarbeiterin, welche den Familienstand im Mitarbeiterstammsatz ändert. Die Entwicklung eines besseren Wirkstoffs ändert die Zusammensetzung der Produktionsstückliste eines Düngemittels. Eine Änderung der Rechtsform eines Unternehmens wirkt sich auf die Bezeichnung des Unternehmens in dessen Lieferantenstammsatz aus.

Die Unterscheidung der Datenarten ist nicht immer eindeutig und hängt auch vom Unternehmenszweck ab. Beispielsweise ist ein Umzug für die meisten Unternehmen ein Änderungsdatum. Für ein Postunternehmen hat die Meldung über die erfolgte oder bevorstehende Adressänderung der Kunden eher den Charakter eines Bewegungsdatums. Es ist ein typischer Geschäftsvorfall, der vielfältige Aktivitäten auslöst, z. B. die Einrichtung eines Nachsendeauftrags.

Im Zusammenhang mit betrieblichen Daten können auch die Begriffe Geschäftsobjekt und Datenobjekt (bzw. Datenelement) unterschieden werden [vgl. ÖsHO11]. **Geschäftsobjekte** sind reale oder gedachte Gegenstände, welche in Geschäftsprozessen verwendet oder bearbeitet werden. Dabei handelt es sich meistens um Stammdaten (z. B. Material, Kunde, Anlage) oder Bewegungsdaten (z. B. Rechnung, Auftrag, Vertrag). **Datenobjekte** sind die informationstechnische Repräsentation dieser Geschäftsobjekte in Anwendungssystemen. Das Geschäftsobjekt Material wird demnach als Materialstammdaten in einem ERP-System abgebildet. Geschäftsobjekte sind somit eine fachliche Sicht auf Datenobjekte. Sie abstrahieren von einer konkreten Repräsentation in einem Anwendungssystem.

Die Notwendigkeit dieser Unterscheidung zeigt sich speziell in der Kommunikation mit verschiedenen Adressaten von Data Governance. Fachexperten sprechen über die Verwendung von Daten (Informationen) in Geschäftsprozessen, also den Geschäftsobjekten. IT-Experten interessieren sich für die Repräsentation von Daten in Anwendungssystemen und deren Speicherung in Datenbanken und meinen daher Datenobjekte.

■ 2.3 Stammdaten

Stammdaten repräsentieren häufig die wichtigsten Geschäftsobjekte eines Unternehmens, z.B. Kunden, Artikel, Lieferanten oder Mitarbeiter. Sie sind für die Abwicklung von Geschäftsprozessen von zentraler Bedeutung. Stammdaten werden in Geschäftsvorfällen (Bewegungsdaten) referenziert. Sie haben somit eine steuernde Wirkung von IT-gestützt ablaufenden Geschäftsprozessen. Beispielsweise steuern die Maße und das Gewicht der Produkte die Beladung eines LKWs. Anhand der aufsummierten Maße und Gewichte der bestellten Produkte wird über das Versandsystem automatisch ermittelt, welche und wie viele LKWs für die Lieferung eingesetzt werden müssen.

 Beispiel: Materialstammsatz (siehe Bild 2.3)

„Ein Materialstammsatz speichert beispielsweise sämtliche Informationen zu den Artikeln, Teilen und Dienstleistungen, die ein Unternehmen beschafft, fertigt und lagert. Er wird von den verschiedenen funktionalen Bereichen (z.B. Einkauf, Verkauf, Logistik, Produktion oder Buchhaltung) genutzt. Diese benötigen neben den allgemeinen Grunddaten, wie z.B. einer Materialnummer zur eindeutigen Identifikation und einer Bezeichnung, in der Regel noch funktionsspezifische Informationen, die in Sichten gruppiert werden: So müssen dem Einkauf insbesondere Preise und Konditionen zur Verfügung stehen, während für die Fertigungsplanung (Disposition) Sicherheitsbestände und Losgrößen relevant sind und die Buchhaltung vor allem an Kontierungsinformationen interessiert ist. Stammdaten können von der Organisationsstruktur abhängig sein bzw. in mehreren Sprachen gepflegt werden (...). Durch die Integration zum Beispiel aller materialspezifischen Informationen in einem einzigen Stammsatz entfällt dafür die redundante Datenhaltung." [LeOt07]

Stammdaten passieren während ihres Lebenszyklus oft verschiedene Unternehmensfunktionen. Ein Beispiel sind Produktstammdaten, die in der Forschung & Entwicklung entstehen und später in der Produktion, im Marketing und in der Auftragsabwicklung genutzt werden. Die Stammdaten Name, Adresse und Ansprechpartner einer neuen Kundin zum Beispiel haben ihren Ursprung häufig bei Mitarbeitern des Außendienstes, das Controlling ordnet der Kundin verschiedenen Kategorien für das Berichtswesen zu, der Vertrieb legt Zahlungs- und Lieferkonditionen fest, und die IT ist für die Bereitstellung und Wartung der Systeme zuständig, welche die Kundenstammdaten vorhalten (z.B. ERP- und CRM-Systeme).

Otto und Österle [OtÖs16, S. 29 f] unterscheiden „globale" und „lokale" Stammdaten. Globale Stammdaten – oder auch **Konzerndaten** – sind Stammdaten, die für das gesamte

Unternehmen gültig sind. Lokale Stammdaten werden nur in einem Teil des Unternehmens verwendet, z. B. in einer Filiale, in einem Geschäftsbereich, in einer Abteilung oder in einem Werk. Im Fokus von Data Governance stehen meist global gültige Stammdaten.

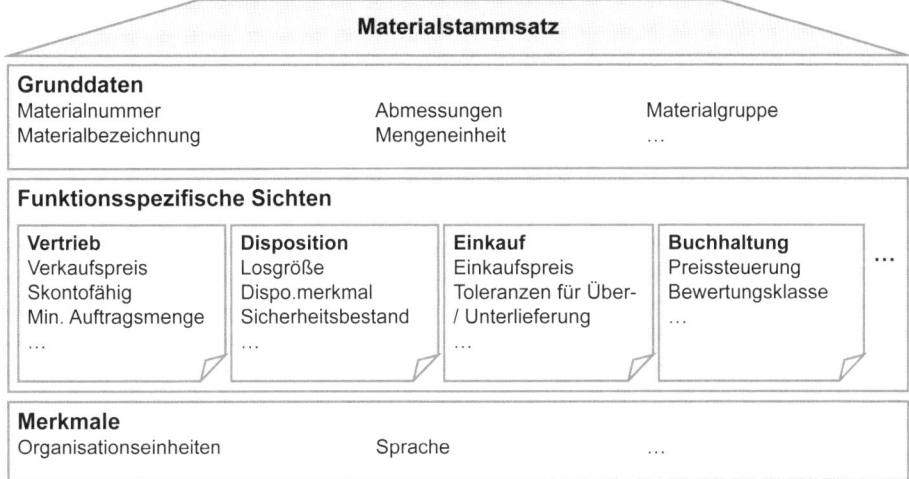

Bild 2.3 Beispiel für den Aufbau des Materialstammsatzes am Beispiel SAP R/3 (in Anlehnung an [LeOt07])

Eine spezielle Art von Stammdaten sind **Referenzdaten**. Referenzdaten haben ähnliche Eigenschaften wie Stammdaten, ihr Ursprung und auch die Verantwortung für deren Qualität liegen jedoch außerhalb des eigenen Unternehmens [OtÖs16, S. 30]. Typische Beispiele sind Währungs- und Ländercodes, Geodaten und Klassifikationsstandards wie eCl@ss. Auch viele Adressdaten sind Referenzdaten, wie z. B. Straßennamen, Hausnummern, Ortsbezeichnungen und Postleitzahlen. Für die Vergabe (und Pflege) der deutschen Postleitzahlen ist beispielsweise die Deutsche Post AG zuständig.

Eine andere Sichtweise ist, dass auch unternehmensinterne Daten als Referenzdaten bezeichnet werden können, wenn sie einen „referenzierenden" Charakter haben. Sie ändern sich noch seltener als Stammdaten, sind deutlich weniger komplex und werden nicht nur in Bewegungsdaten, sondern auch in den Stammdaten selbst referenziert. Ein Beispiel sind Organisationsbezeichnungen, wie sie in ERP-Systemen verwendet werden, also z. B. Buchungskreise, Vertriebsbezirke, Kunden- oder Produktgruppen und Kostenschlüssel. Diese Referenzdaten haben meist eine ordnende Funktion oder dienen der Charakterisierung anderer Daten [HeED17, S. 350 f f]. In einer Hochschule könnte man Studiengänge oder Semesterzahlen (1 bis 7) als Referenzdaten bezeichnen. In dem Fall werden die Studierenden (= Stammdatum) einem Studiengang und dem aktuellen Semester (= Referenzdaten) zugeordnet.

■ 2.4 Open Data und externe Daten

Daten aus externen Quellen bekommen im Zuge der Digitalisierung eine immer größere Bedeutung. Unternehmen arbeiten stark vernetzt mit Partnern, Kunden und Lieferanten zusammen und tauschen mit diesen regelmäßig Daten aus (vgl. z. B. [OLJC19, Sche08]). Allerlei Sensoren liefern eine unermessliche Flut an Daten. Datenproduzenten (Information Broker) stellen Daten zum Kauf bereit, z. B. Listen potenzieller Kunden oder Adressdaten. Zudem gibt es immer mehr öffentliche Daten, die unter bestimmten Bedingungen frei benutzt werden dürfen.

Datenaustausch findet statt, um mit Partnern entlang von Lieferketten oder Wertschöpfungsketten zusammenzuarbeiten. Einfache Beispiele sind der Austausch von Bestellungen, Rechnungen und Zahlungen. Diese externen, von Partnern stammenden, Daten müssen in die eigenen Informationssysteme integriert werden, um sie dort weiterzuverarbeiten. Eine Bestellung löst beispielsweise einen Produktionsprozess aus oder führt dazu, dass Ware aus dem Lager entnommen, verpackt und an den Kunden versandt wird. Je enger die Zusammenarbeit zwischen den Partnern, umso mehr Daten werden (automatisiert) ausgetauscht (siehe Kasten).

 Beispiel: Vendor Managed Inventory

Vendor Managed Inventory (VMI) dreht den klassischen Bestellprozess um und basiert auf einem erweiterten Datenaustausch zwischen Kunde und Lieferant. Der Kunde liefert seine aktuellen Bestandsdaten an den Lieferanten. Der Lieferant übernimmt daraufhin für den Kunden die Bedarfsplanung und übermittelt das Ergebnis als Auftragsbestätigung an den Kunden. In dessen Systemen wird daraufhin automatisch eine Bestellung angelegt. Durch VMI reduzieren die Kunden ihre Bestandskosten und der Lieferant profitiert von einer höheren Kundenbindung und höherer Planungssicherheit. [vgl. Seng04, S. 179 f f]

Externe Daten von Datenlieferanten kommen z. B. im Marketing zum Einsatz. Werden Kundenstammdaten mit Georeferenzdaten angereichert, geben sie beispielsweise Auskunft über das topografische Profil des Wohnorts der Kunden. Auf Basis dieser Informationen ließen sich dann individuelle Werbekampagnen starten. Menschen, die in flachen Gebieten wohnen, würden dann von einem Fahrradhersteller eher Hollandräder angeboten bekommen, während sich Menschen in bergigen Gebieten über Angebote zu Mountain Bikes freuen könnten. Qualitätsgesicherte externe Adressdaten lassen sich zur Verbesserung der internen Datenqualität von Kundenstammdaten einsetzen. Direkt während der Erfassung der Kunden wird geprüft, ob die Adresse im Referenzdatenbestand vorhanden ist.

Seit einigen Jahren gibt es zahlreiche Bestrebungen, Daten offen und frei zur Verfügung zu stellen. Das sogenannte Open Data Movement verfolgt die drei Prinzipien: Offenheit, Teilhabe und Zusammenarbeit (openness, participation, collaboration) [Kitc14, S. 48] Ziel dieser und anderer Bewegungen ist es, durch die Einhaltung der drei Prinzipien den Wert der Daten für die Gesellschaft zu realisieren. Im Fokus stehen Daten der öffentlichen Verwaltung und der durch öffentliche Mittel finanzierten Forschung. Inhaltlich gibt es keine

Restriktionen, was Open Data angeht. Jede Art sozio-ökonomischer, unternehmerischer, kultureller (Medien, Büchereien, Kulturerbe), die Umwelt betreffender oder wissenschaftlicher Daten können offen sein [Kitc14, S. 52] Der Fokus der Open-Data-Initiativen liegt aber auf Daten, die einen hohen Wert für die Öffentlichkeit und für kommerzielle Zwecke haben, z. B. ökonomische Daten, Transport- und Geodaten.

Eine deutsche Übersetzung von Open Data (bzw. hier Wissen) liefert die Organisation „Open Definition":

> *„Wissen ist offen, wenn jeder darauf frei zugreifen, es nutzen, verändern und teilen kann – eingeschränkt höchstens durch Maßnahmen, die Ursprung und Offenheit des Wissens bewahren." [Haus00]*

Eine spezielle Ausprägung von Open Data ist Open Government Data. Hierbei sollen Regierungs- und Verwaltungsdaten gegenüber Bürgerinnen und Bürgern offengelegt werden. Dadurch sollen neue beteiligungsorientierte Formen der Kooperation von Staat, Politik, Verwaltung und Bürgerinnen etabliert werden. Open Government Data soll dazu beitragen, die Arbeit von Politik, Regierung, Verwaltung und Justiz offener, transparenter, partizipativer und kooperativer zu gestalten.

In Ergänzung zu der o. g. Definition von Open Data hat die Initiative „Open Gov Data" acht Prinzipien zur näheren Bestimmung von Open (Government) Data erarbeitet (siehe Tabelle 2.1). Demnach darf nur von Open Data gesprochen werden, wenn alle acht Prinzipien erfüllt sind.

Tabelle 2.1 Acht Prinzipien von Open Government Data [Open07]

Prinzip	Erläuterung
Vollständig (complete)	Sämtliche öffentliche Daten werden zur Verfügung gestellt. Öffentliche Daten sind Daten, die keinen berechtigten Einschränkungen aufgrund von Datenschutz, Sicherheit oder Vorrechten unterliegen.
Ursprünglich (primary)	Daten werden an der Quelle erhoben, in der größtmöglichen Granularität, also nicht modifiziert oder aggregiert.
Aktuell (timely)	Daten werden so schnell wie möglich veröffentlicht.
Zugänglich (accessible)	Daten werden für den größtmöglichen Nutzer- und Nutzungskreis verfügbar gemacht.
Maschinenlesbar (machine processable)	Daten werden zur automatischen Verarbeitung angemessen strukturiert.
Nicht-diskriminierend (non-discriminatory)	Die Daten sind für alle verfügbar, ohne vorherige Registrierung.
Nicht-proprietär (non-proprietory)	Daten sind in einem Format verfügbar, über welches keine Organisation die ausschließliche Kontrolle hat.
Lizenzfrei (license-free)	Die Daten unterliegen keinerlei Regulierung zu Urheberrecht, Patentrecht, Markenrecht oder Geschäftsgeheimnissen. Angemessene Regelungen zu Datenschutz, Sicherheit und Vorrechten können getroffen werden.

Es gibt immer mehr Institutionen, die Daten öffentlich machen und die unter bestimmten Bedingungen frei genutzt werden dürfen. Ein Anbieter ist zum Beispiel das Portal

„GOVDATA – Das Datenportal für Deutschland" (*https://www.govdata.de*). Das Portal bietet einen zentralen Zugang zu Verwaltungsdaten der deutschen Bundesländer, Kommunen und des Bundes. Der Screenshot zeigt, aus welchen Kategorien jeweils wie viele verschiedene Datenarten zur Verfügung stehen (siehe Bild 2.4). Beispielsweise haben einige Kommunen die aktuellen Fallzahlen zur Corona-Pandemie über das Portal bereitgestellt (Kategorie „Gesundheit").

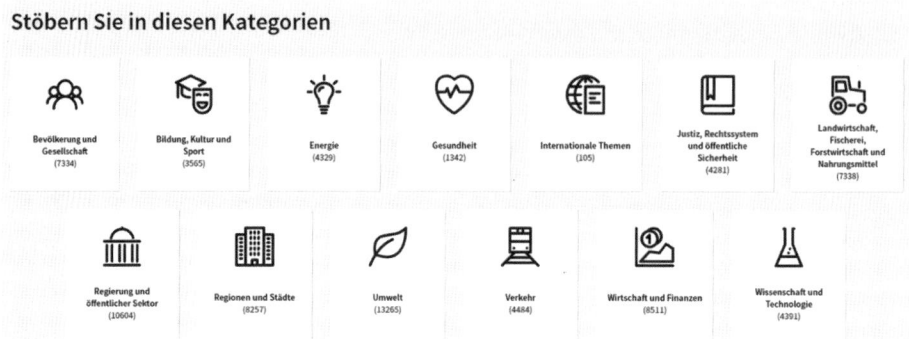

Bild 2.4 Screenshot GOVDATA vom 8. Juni 2020 (*www.govdata.de*)

Einen anderen Weg, an externe Daten zu gelangen, geht das Projekt Corona-Datenspende des Robert-Koch-Instituts (RKI, *https://corona-datenspende.de*). Bürgerinnen und Bürger werden hier aufgefordert, dem RKI freiwillig Daten ihrer Fitnessarmbänder oder Smartwatches mittels einer App zur Verfügung zu stellen. Es geht um die Aktivitäten und die automatisch oder manuell erfassten Vitaldaten, z. B. Puls, Gewicht und Blutdruck. Angereichert werden die Daten mit soziodemografischen Daten wie Alter, Größe, Geschlecht und Postleitzahl. Das RKI will die Daten auswerten und erhofft sich Rückschlüsse auf die Ausbreitung des Corona-Virus zu ziehen und somit letztendlich zur Eindämmung des Virus beizutragen. Konsequent wäre es gewesen, die Analyseergebnisse als Open Data wiederum zur Verfügung zu stellen, was bis Stand Anfang Juni 2020 nicht geschehen ist.

■ 2.5 Metadaten

Metadaten sind einfach ausgedrückt „Daten über Daten". Sie beschreiben andere Daten, also z. B. deren Herkunft, Format, Bedeutung, dafür verantwortliche Personen und bei der Pflege einzuhaltende Regeln. Sie definieren somit die unternehmensspezifische Semantik der Daten, deren technische und fachliche Eigenschaften [HOÖB11]. Metadaten beschreiben nicht nur die Daten selbst, sondern auch die Anwendung der Daten in Geschäftsprozessen, Applikationen oder Projekten sowie die Beziehungen zwischen den Daten und ihrer Anwendung [HeED17, S. 417].

Durch Metadaten sind Unternehmen überhaupt erst in der Lage, ihre Daten zu verstehen, anzuwenden, zu pflegen, zu schützen, zu überwachen, zu integrieren und zu beherrschen

(„govern"). Ohne Metadaten ist unklar, wo Daten sich befinden, wo sie herkommen, wer dafür verantwortlich ist, wer berechtigt ist, sie zu nutzen, welchen Qualitätsanforderungen sie unterliegen und wie sie sich im Unternehmen verbreiten. Für Data Governance sind Metadaten unabdingbar:

> *„Organizations get more value out of their data assets if their data is of high quality. Quality data depends on governance. Because it explains the data and process that enable organizations to function, Metadata is critical to data governance."* [HeED17, S. 420]

Metadaten können in drei Kategorien eingeteilt werden [HeED17, S. 422 ff]: fachliche, technische und operative Metadaten. **Fachliche Metadaten** beziehen sich auf den Inhalt der Daten und die Umstände ihrer Nutzung. Sie sind für Data Governance besonders interessant. **Technische Metadaten** betreffen die IT-bezogene Repräsentation und die Nutzung der Daten. **Operative Metadaten** zeigen Details zur Verarbeitung der Daten und zum Zugriff auf die Daten. Tabelle 2.2 gibt Beispiele für die drei Kategorien von Metadaten.

Tabelle 2.2 Beispiele für Metadaten [vgl. HeED17, S. 423 f]

Kategorie	Beispiele
Fachliche Metadaten	Definitionen und Beschreibungen von Datenelementen
	Geschäftsregeln, Berechnungen, Ableitungen
	Datenqualitätsregeln
	Datenstandards
	Datenursprung
	Gültige Werte
	Fachliche Ansprechpartner
	Datenschutzlevel
Technische Metadaten	Namen von Datentabellen und Attributen
	Attributeigenschaften
	CRUD-Regeln
	Mappingdokumentation
	Namen und Beschreibungen von Programmen und Applikationen
	Zugriffsrechte
	Updatezyklen
	Backupregeln
Operative Metadaten	Protokolle ausgeführter Jobs
	Fehlerprotokolle
	Zugriffsberichte
	Änderungsdaten
	SLA Anforderungen
	Archivierungsregeln
	Aktuelles Patch Level
	Technische Ansprechpartner

■ 2.6 Datenmodellierung

Damit Geschäftsobjekte oder Informationen in Anwendungssystemen und Datenbanken (automatisiert) verarbeitet werden können, müssen sie in eine andere, maschinenlesbare Form – in Datenobjekte – überführt werden. Dieser Vorgang heißt Datenmodellierung. **Modelle** zeigen den für den Anwendungsfall des Modells benötigten Ausschnitt der realen Welt und abstrahieren von nicht notwendigen Details. Eine weit verbreitete Beschreibungssprache für konzeptionelle Datenmodelle ist das Entity-Relationship-Modell (ERM) [HaMN19, S. 157ff]. Konzeptionelle Datenmodelle unterscheiden sich von physischen Datenmodellen durch einen höheren Abstraktionsgrad und sind unabhängig von einer bestimmten Implementierung.

In einem ERM werden Geschäftsobjekte zu Datenobjekten, genauer gesagt zu Entitäten. **Entitäten** sind beispielsweise das *Material 0815*, die *Kundin Rita Meyer* oder der *Auftrag AB3355*. Von konkreten Ausprägungen der Geschäftsobjekte bzw. Entitäten wird im Datenmodell abstrahiert. Aus allen Materialien wird der **Entitätstyp** *Material*, aus allen Kundinnen und Kunden der Entitätstyp *Kunde* und aus allen Aufträgen der Entitätstyp *Auftrag*.

Alle Entitäten eines Entitätstyps lassen sich idealerweise durch die gleichen Merkmale beschreiben. Diese Merkmale werden im ERM als **Attribute** bezeichnet. Materialnummer, Materialbezeichnung, Materialtyp, Gewicht, Größe und Herstellkosten sind Attribute des Entitätstyps Material. Zur eindeutigen Identifikation der realen Objekte in der Anwendung erhalten Entitäten Schlüsselattribute oder identifizierende Attribute (kurz „ID" für Identifier). Beispiele für IDs sind Materialnummer, Kundennummer, Matrikelnummer oder Sozialversicherungsnummer.

In der Datenmodellierung besteht die Herausforderung darin, die für die geplante Anwendung relevanten Attribute zu definieren und die in der Realität mitunter doch recht unterschiedlichen Geschäftsobjekte des gleichen Typs in eine passende, gleichartige Struktur für das Modell zu überführen (siehe Kasten).

 Beispiel: Produktdaten im Katalog für Bürobedarf

Druckerpatronen, Markierstifte, Spiralblöcke, Schneidemaschinen und Drehstühle sind alles Produkte eines Großhändlers für Bürobedarf. Sie alle haben als Attribute eine Produktnummer, eine Bezeichnung, eine Beschreibung und einen Preis. Bei der Beschreibung der äußeren Merkmale oder Produkteigenschaften gibt es aber große Unterschiede. Bei einer Druckerpatrone ist wichtig, für welchen Drucker sie geeignet ist, beim Markierstift die Farbe, beim Block die Lineatur und Papiergröße, bei der Schneidemaschine die Maße und Messerart, beim Drehstuhl sind es die Größe und die Farbe.

Entitätstypen stehen häufig untereinander in Beziehung. Eine *Kundin* gibt eine *Bestellung* auf, in der Bestellung sind verschiedene *Produkte* enthalten. Diese Beziehungen werden im ERM als **Beziehungstypen** abgebildet. Beziehungstypen beschreiben die möglichen Beziehungen zwischen zwei Entitätstypen. Häufig werden sie durch Verben beschrieben (aufgeben, enthalten, leiten, erteilen, lagern, studieren).

Zur Abbildung des konzeptionellen Datenmodells in einer konkreten (relationalen) Datenbank, wird dieses in ein relationales Datenmodell überführt [vgl. HaMN19, S. 469 ff]. Im relationalen Datenmodell werden alle Entitätstypen zu Relationen bzw. **Tabellen**. In einer Tabelle stehen die verschiedenen Spalten für die Attribute des Entitätstyps. Eine Zeile entspricht einer Entität, also einem realen Objekt. Der Entitätstyp *Material* wird in die Tabelle *Material* überführt. Die Attribute *Materialnummer*, *Materialbezeichnung*, *Materialtyp*, *Gewicht*, *Größe* und *Herstellkosten* werden als Spalten der Tabelle angelegt. Jedes einzelne reale Material füllt mit den konkreten Ausprägungen seiner Merkmale (Attribute) eine Zeile in der Tabelle und wird durch die Schlüsselattribute eindeutig identifiziert. Bild 2.5 stellt illustrativ eine Tabelle *Material* und die Zusammenhänge der genannten Begriffe dar.

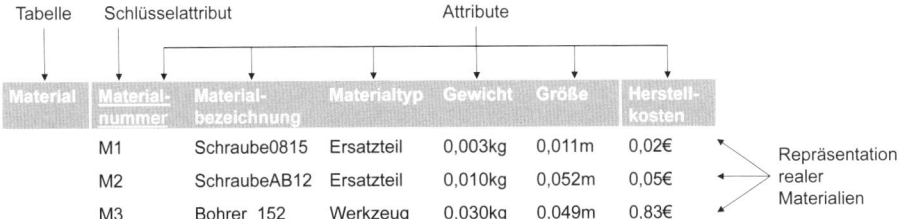

Bild 2.5 Tabelle „Material" (in Anlehnung an [HaMN19, S. 470])

Neben Entity-Relationship-Modellen werden im Kontext von Data Governance und Datenqualität auch weniger formalisierte Formen der Datenmodellierung verwendet, insbesondere Glossare und Data Dictionaries (Bild 2.6).

Glossare beschreiben bzw. definieren Fachbegriffe aus dem Anwendungsbereich textuell. In einem Glossar könnten also die Geschäftsobjekte Kunde, Lieferant, Rechnung, Vertriebsgebiet etc. beschrieben werden. Ziel des Glossars ist ein einheitliches, fachliches Verständnis von Geschäftsobjekten. Zielgruppe von Glossaren sind primär die Fachbereiche. Ein **Data Dictionary** (auch Datenkatalog, Datenlexikon, Data Repository) stellt Daten über den Aufbau und Inhalt von Dateien und Datenbanken (also Metadaten) bereit [Schm10, S. 31]. Data Dictionaries enthalten vor allem technische Metadaten und verfolgen das Ziel, die Qualität bei der Entwicklung und Pflege von Datenbanksystemen zu erhöhen. Zielgruppe eines Data Dictionaries sind vor allem Datenbankentwickler und -administratoren (also IT-Anwender).

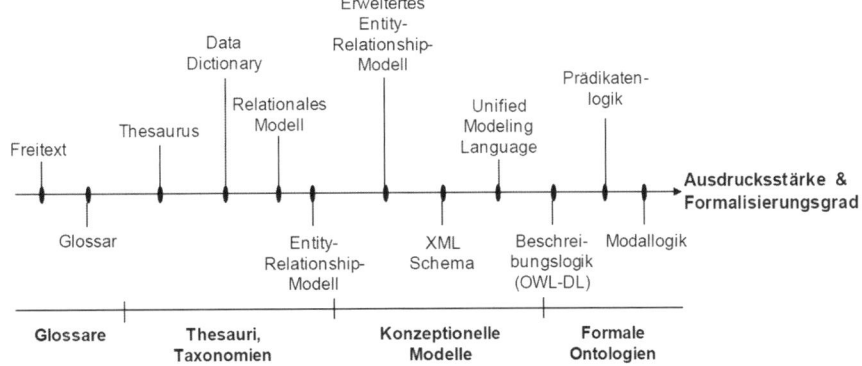

Bild 2.6 Varianten der Dokumentation von Datenmodellen [Schm10, S. 31]

■ 2.7 Governance und Organisations-
gestaltung

Unter **Governance** wird „die verantwortungsvolle, nachhaltige und auf langfristige Wert-schöpfung gerichtete Organisation und Steuerung von Aktivitäten und damit das gesamte System interner und externer Leitungs-, Kontroll- und Überwachungsmechanismen" [JoGo06, S. 13] verstanden. Während „Government" (Regierung) auf eine Regulierung von „oben herab" setzt, setzt Governance den Rahmen für die Selbstregulierung eines Systems [Roco08, S. 12 f]: Aus einem „Macht über" wird ein „Macht für". Zu dem Rahmen, den Gover-nance setzt, gehören Prozesse, Richtlinien und Mechanismen, die über die Machtvertei-lung, die Entscheidungsfindung, die Konfliktlösung und die Beteiligung von Anspruchs-gruppen für das Management von Ressourcen bestimmen. Data Governance bezieht sich auf das Management der Ressource Daten.

Festlegungen zu Entscheidungsfindung, Konfliktlösung, Überwachung, Prozessen, Richt-linien etc. sind Bestandteil der Organisationsgestaltung (siehe den folgenden Hinweis-Kasten). Governance kann daher in vielerlei Hinsicht mit Organisationsgestaltung gleich-gesetzt werden und Methoden der Organisationsgestaltung können bei der Definition von Governance angewendet werden. Governance definiert eine Art Sekundärorganisation, wel-che die primäre Organisation eines Unternehmens bestehend aus Abteilungen, Geschäfts-bereichen, Sparten u. ä. überlagert [Webe09, S. 61]. Typisches Beispiel einer Sekundärorga-nisation sind Projektteams. Die Mitglieder eines Projektteams werden u. U. für die Dauer des Projektes aus ihrer normalen Abteilung herausgelöst, dem Projektteam zugewiesen und von ihren bisherigen Aufgaben freigestellt. Entscheidungsgremien wie Steering Commit-tees (Lenkungsausschüsse) oder themenbezogene Competence Center/Center of Excellence sind weitere typische Elemente einer Sekundärorganisation.

Eine Sekundärorganisation hebt für definierte Ausnahmen die „klassisch" hierarchische Kommunikation und Koordination zwischen über- und untergeordneten Organisations-einheiten auf, z. B. zwischen Hauptabteilung und Abteilung [Schu13, S. 306 f]. Sie wird immer dann nötig, wenn die primäre Organisation unzureichend funktioniert, also rein hierarchische Abstimmungen zu unnötig langen Entscheidungswegen und Missverständ-nissen führen.

Das Management der Ressource Daten ist so ein Thema, bei dem die hierarchische Kommu-nikation und Koordination „versagt". Wie in Abschnitt 2.3 dargestellt, liegen vor allem global gültige Stammdaten verteilt im Unternehmen vor, mehrere Funktionsbereiche sind an der Datenpflege beteiligt und Stammdaten haben viele Nutzer mit unterschiedlichen Ansprüchen an deren Qualität. So müssen viele Anspruchsgruppen hierarchieübergreifend in die Entscheidungsfindung rund um die Daten einbezogen werden, Konflikte aufgrund unterschiedlicher Interessen gelöst sowie unternehmensweit gültige Richtlinien für die Datenpflege und Datennutzung verabschiedet werden. Daher macht es Sinn für das Manage-ment von Daten eine Sekundärorganisation oder eben Data Governance zu definieren.

Zur Organisationsgestaltung gehört die Festlegung von Aufbau- und Ablauforganisation. Die Aufbauorganisation beschreibt die Ordnung der Zuständigkeiten, also die Gliederung des Unternehmens in Organisationseinheiten, die Definition und Verteilung von Aufgaben und Kompetenzen auf Organisationseinheiten sowie die Koordination innerhalb und zwischen Organisationseinheiten. Die Ablauforganisation umfasst die Ordnung des betrieblichen Ablaufs, also die räumliche und zeitliche Strukturierung der Aufgaben bzw. die Definition von Arbeitsprozessen. Alle diese Aspekte sollten auch im Zusammenhang mit Data Governance gestaltet werden. Im Fokus von Data Governance stehen häufig Kompetenzen und Verantwortlichkeiten, weswegen diese beiden Begriffe kurz aus organisatorischer Sicht betrachtet werden.

 Hinweis: Begriff „Organisation"

Der Begriff „Organisation" wird in diesem Buch normalerweise institutional gebraucht. Damit soll ausgedrückt werden, dass die dargestellten Sachverhalte häufig nicht nur für privatwirtschaftliche Unternehmen, sondern auch für andere Institutionen (Hochschulen, Gemeinden, Vereine etc. – eben „Organisationen") zutreffen. Mit einer Organisation ist ein „zielgerichtetes, offenes, soziales System mit einer formalen Struktur" [Schu13, S. 1] gemeint. In diesem Kapitel und auch in weiteren, wenn es um die Gestaltung organisatorischer Strukturen geht, wird der Begriff Organisation funktional (Organisation bzw. Organisieren als Managementfunktion) oder instrumental (Gesamtheit aller organisatorischen Regeln als Ergebnis des Organisierens) gebraucht [vgl. Schu13, S. 2ff]

Kompetenzen sind formale Rechte und Befugnisse, die einem Stelleninhaber übertragen werden [Schu13, S. 164]. Kompetenzen sind notwendig, um die übertragenen Aufgaben auszuführen, indem der Stelleninhaber z. B. berechtigt wird, eine Arbeitsmethode zu wählen, auf Arbeitsmittel zurückzugreifen oder anderen Personen Anweisungen zu erteilen. Die für Data Governance erforderlichen Kompetenzen erläutert Tabelle 2.3.

Tabelle 2.3 Kompetenzen [in Anlehnung an Schu13, S. 165] und Beispiele für Data Governance

Kompetenz	Bedeutung	Beispiel
Entscheidungskompetenz	… beinhaltet das Recht, verbindliche Entscheidungen (für andere) zu treffen.	Der Bank Data Steward entscheidet, dass bei neuen Kunden zukünftig nur noch die IBAN und keine Kontonummer mehr erfasst wird.
Weisungskompetenz	… beinhaltet das Recht, anderen vorzugeben, welche Aktivitäten durchzuführen sind.	Der Konzern Data Steward verlangt von allen Data Stewards monatlich Berichte über das aktuelle Datenqualitätsniveau.
Richtlinienkompetenz	… beinhaltet das Recht, Richtlinien und grundsätzliche Regelungen vorzugeben.	Der Chief Data Officer erlässt eine Data Policy, in der u. a. steht, dass alle Daten bei der Erfassung auf ihre Qualität zu prüfen sind.
Kontrollkompetenz	… beinhaltet das Recht, die richtige Ausführung der Anweisungen zu kontrollieren.	Der Konzern Data Steward überprüft, ob die Kennzahlen in den Datenqualitätsberichten richtig sind.

Verantwortung ist die Pflicht einer Person, für die Folgen ihrer Handlungen und Entscheidungen Rechenschaft abzulegen [Schu13, S. 165]. Ein Stelleninhaber wird also mittels Verantwortung verpflichtet, die ihm übertragenen Aufgaben ordnungsgemäß wahrzunehmen. Im Zusammenhang mit Data Governance sind vor allem die Handlungsverantwortung (Rechenschaftspflicht bezüglich der Art und Weise der Aufgabendurchführung) und die Führungsverantwortung (Rechenschaftspflicht bezüglich der wahrgenommenen Führungsverantwortung) wichtig.

Wenn es also heißt, ein Data Steward ist für die Qualität der Kundendaten verantwortlich, dann bedeutet dies, dass der Data Steward gegenüber übergeordneten Stellen (z. B. einem Konzern Data Steward) Rechenschaft ablegen muss. Er muss über die ordnungsgemäße Wahrnehmung dieser Aufgabe berichten und steht dafür ein, wenn die Qualität nicht den Anforderungen entspricht – auch wenn Dritte dies verschuldet haben. Welche Konsequenzen (Sanktionen) eine nicht ordnungsgemäße Erfüllung nach sich zieht, muss ebenfalls festgelegt werden (z. B. eine Reduzierung der leistungsbezogenen Bezüge).

Das **Kongruenzprinzip** ist eines der bekanntesten organisatorischen Prinzipien und besagt, dass Aufgabe, Verantwortung und Kompetenzen einer Stelle übereinstimmen müssen [Schu13, S. 166]. Es bedeutet, dass ein Stelleninhaber nur dann für seine Aufgaben verantwortlich gemacht werden kann, wenn ihm die für die Aufgabenerfüllung notwendigen Kompetenzen zugewiesen werden. In der Praxis gibt es häufig ein Ungleichgewicht zwischen den drei Elementen (siehe den Hinweis-Kasten). Bei der Gestaltung von Data Governance sollte besonders auf das Gleichgewicht geachtet werden, um unnötige Diskussionen, Kompetenzgerangel oder Abstimmungsprobleme zu vermeiden.

 Hinweis: Störung des Kongruenzprinzips

Beispiele für Abweichungen vom Kongruenzprinzip sind [Schu13, S. 166]:

- der „Frühstücksdirektor": Er hat Aufgaben, aber keine Kompetenzen und Verantwortung, kann also im Grunde nichts tun und wird auch nicht zur Verantwortung gezogen;
- die „Amtsanmaßung": Der Stelleninhaber hat Kompetenzen außerhalb des eigenen Aufgabenbereichs, kann also Entscheidungen fällen, für die er nicht geradestehen muss; und
- der „Sündenbock": Er trägt die Verantwortung für Aufgaben außerhalb seines Bereiches und hat auch keine Kompetenzen.

Im Zusammenhang mit Data Governance wird häufig von **Rollen** und nicht von Stellen gesprochen. Das hängt mit dem Charakter von Data Governance als Sekundärorganisation zusammen. Im Gegensatz zu Stellen abstrahieren Rollen von einer Zuordnung zur Primärorganisation, d. h. Rollen finden sich nicht im klassischen Organigramm wieder, sie sind keinen Abteilungen zugeordnet. Rollen beschreiben eine Menge von Aufgaben und Qualifikationen unabhängig von konkreten Mitarbeitern oder Organisationseinheiten. Eine Stelle als kleinste aufbauorganisatorische Einheit hingegen orientiert sich am Leistungsvermögen und den Fähigkeiten *einer gedachten Person* [Schu13, S. 163]. Eine Rolle kann genau einer

Stelle entsprechen, eine Stelle kann aber auch mehrere Rollen umfassen, und eine Rolle kann wiederum von mehreren Stellen angenommen werden [Delf06, S. 82 f].

Die Rolle „Data Steward" kann als Stelle organisiert werden. Der Stelleninhaber erledigt dann nur die Aufgaben eines Data Stewards und keine anderen Aufgaben, er hat nur die Kompetenzen und die Verantwortung eines „Data Stewards". Das ist z. B. bei der Rolle des Konzern Data Stewards häufig der Fall (siehe Abschnitt 5.3). In der Praxis am häufigsten ist, dass ein Mitarbeiter mit einer anderen Stelle, z. B. Sachbearbeiter Buchhaltung, die Rolle „Data Steward" zusätzlich zugewiesen bekommt und deren Aufgaben neben den Buchhaltungsaufgaben erledigt. Ein **Rollenmodell** stellt ähnlich wie ein Organigramm die fachlichen Beziehungen und die Kommunikation zwischen verschiedenen Rollen dar. Das Rollenmodell zeigt aber keine Zusammenhänge zwischen den Rollen und den Stellen.

3 Data Governance

Das Kapitel führt in den Begriff Data Governance ein und stellt vier bestehende Data Governance Frameworks vor.

■ 3.1 Begriff

Die Verwendung des Begriffes „Data Governance" – anstelle einer Übersetzung aus dem Englischen – ist auch im Deutschen üblich. Den Ausführungen aus Abschnitt 2.7 folgend, definiert Data Governance organisationsweit eine Sekundärorganisation für das Management der Ressource Daten. Ziel dieser Sekundärorganisation ist es, organisationsweit alle Anspruchsgruppen auf allen Hierarchieebenen, in allen Fach- und Geschäftsbereichen, in allen Regionen auf ein gemeinsames Ziel hin zu koordinieren.

Verschiedene Definitionen von Data Governance betonen jeweils andere organisatorische Aspekte. Das SAS Data Governance Framework (Abschnitt 3.2.3) verwendet eine vage, allumfassende Definition:

> „Ein organisatorischer Rahmen, um Strategie, Ziele und Richtlinien hinsichtlich der Unternehmensdaten zu etablieren." [Sas17, S. 4]

Die Definitionen von Otto, Thomas (Abschnitt 3.2.2) und im DAMA DMBOK (Abschnitt 3.2.4) sind konkreter und betonen die Ausübung von Entscheidungsrechten und Verantwortlichkeiten:

> „... data governance refers to the entirety of decision rights and responsibilities regarding the management of data assets." [Otto11]

> „Data Governance is the exercise of decision-making and authority for data-related matters." [Thom14, S. 3]

> „The exercise of authority, control, and shared decision-making (planning, monitoring, and enforcement) over the management of data assets." [HeED17, S. 69]

Abraham et al. haben Literatur aus Wissenschaft und Praxis der letzten Jahre zu Data Governance analysiert und kommen im Ergebnis zu folgender Definition:

„Data governance specifies a cross-functional framework for managing data as a strategic enterprise asset. In doing so, data governance specifies decision rights and accountabilities for an organization's decision-making about its data. Furthermore, data governance formalizes data policies, standards, and procedures and monitors compliance." [AbSB19]

Die letzte Definition betont die in den letzten Jahren zunehmende Bedeutung von Daten als strategisches „Asset" [vgl. auch OLJC19, S. 9 f]. Gemäß Otto [Otto11] hat Data Governance auch das Ziel, den Wert der Daten (Data Assets) unter Abwägung von Wirtschaftlichkeitsaspekten zu maximieren. Der Wert eines Datums ist letztendlich dann hoch, wenn es für die Datennutzer auch verwendbar ist, sprich, wenn das Datum eine hohe Qualität hat (siehe dazu Abschnitt 6.1).

Da nicht alle Organisationen Daten diesen strategischen Wert beimessen und mit Data Governance auch andere Ziele verfolgen, verwendet dieses Buch eine etwas allgemeinere Auffassung von Data Governance (siehe Kasten).

 Definition von Data Governance

Data Governance definiert funktions- und bereichsübergreifend Entscheidungsrechte, Verantwortlichkeiten, Richtlinien und andere Vorgaben für das qualitätsorientierte Management der Ressource Daten gemäß den Zielen einer Organisation. [in Anlehnung an Webe12]

Fast schon philosophisch ist die Frage, ob Data Governance überhaupt der richtige Begriff ist und ob es nicht eher Information Governance heißen müsste. Legt man die Abgrenzung der Begriffe Daten und Information zugrunde (siehe Abschnitt 2.1), ist Information Governance der korrektere Begriff (siehe auch Abgrenzung Informations- und Datenqualität, Abschnitt 6.1). Denn die Verwendung der Daten und ihr Nutzen stehen im Vordergrund (und somit die Semantik) und nicht die rein physische Repräsentation der Daten in Datenbanken und IT-Systemen.

Zielführender ist die Abgrenzung anhand des Managementbegriffs. Laut Johannsen [Joha12] beschäftigt sich Information Governance mit strategischen Fragestellungen des Informationsmanagements, z. B. wie der Wert von Information erhöht werden kann, wie Schutzrechte sichergestellt werden können und wie Unternehmen auf erhöhte Compliance-Anforderungen reagieren. Da Datenmanagement ein Teil des Informationsmanagements ist [vgl. Krcm15], deckt Data Governance somit (nur) einen Teilbereich von Information Governance ab. Gemäß dieser Auffassung bzw. Abgrenzung ist der Begriff Data Governance in dem hier verwendeten Zusammenhang korrekt. In Praxis und Wissenschaft werden beide Begriffe aber auch synonym verwendet [vgl. KhBr10, Sein19].

Data Stewardship ist ein Kernaspekt von Data Governance. Data Stewardship formalisiert die Verantwortlichkeiten für das Management der Daten. Grundsätzlich hat ein „Steward" die Verantwortung, sich um etwas zu kümmern, das jemand anderem gehört [vgl. Drav04, S. 36, Engl99, S. 402]. Ein Data Steward kümmert sich also um die Daten, die einer Organisation bzw. deren Anteilseignern gehören. Die Daten gehören, ebenso wie alle anderen Ressourcen (Maschinen, Gebäude, Bestand an unfertigen Erzeugnissen, Patente) der Organisation und keiner einzelnen Person. Insofern ist die häufig synonyme Verwendung der

Begriffe Data Ownership (also Eigentümerschaft) und Data Stewardship problematisch. Ein Eigentümer hat mehr Rechte an den Daten als ein „Kümmerer". Beispielsweise könnte ein Data Owner anderen Organisationseinheiten den Zugang zu „seinen" Daten verweigern oder sie für die Nutzung zahlen lassen [Redm01, S. 184]. Beides ist im Zusammenhang mit der organisationsinternen Verwendung von Daten nicht erwünscht.

Anders sieht es hingegen beim Umgang mit unternehmensexternen Daten aus oder in Szenarien, in denen Organisationen untereinander Daten austauschen. Hier macht es durchaus Sinn, eine Organisation oder ein Unternehmen als Eigentümer für Daten zu bestimmen [vgl. NoST19, OLJC19, S. 39]. Der Data Owner darf dann entscheiden, wer seine Daten unter welchen Umständen und für welches Nutzungsentgelt verwenden darf.

■ 3.2 Data Governance Frameworks

Das in Kapitel 4 vorgestellte qualitätsorientierte Data Governance Framework ist nicht das einzige Framework, das es für Data Governance gibt. In den letzten zwanzig Jahren haben vor allem Praktiker weitere Frameworks entwickelt, die jeweils ihr Verständnis von Data Governance aufzeigen. Zum Teil sind Ideen aus diesen Frameworks in das qualitätsorientierte Data Governance Framework eingeflossen. Daher sollen einige dieser Frameworks kurz vorgestellt werden. Unabhängige Untersuchungen zur Verbreitung oder zum Erfolg dieser Frameworks gibt es nicht. Die Auswahl der vorzustellenden Frameworks erfolgte nach Aktualität und Vollständigkeit bzw. Umfang der Ausprägung. Die Auswahl soll keine (Beratungs-)Unternehmen hervorheben oder empfehlen. Frameworks, die in den letzten zehn Jahren nicht weiterentwickelt wurden, werden nicht betrachtet, ebenso wie Frameworks, die nur wenige Aspekte von Data Governance umfassen. Einen umfangreichen Überblick zum Stand der Forschung zu Data Governance findet sich bei [AbSB19, KrEp19].

Die vier Data Governance Frameworks beschreiben die Handlungsfelder von Data Governance, Rollen und Verantwortlichkeiten, das Vorgehen bei der Umsetzung von Data Governance und aufbauorganisatorische Aspekte.

3.2.1 The Non-Invasive Data Governance Framework

In der dreiteiligen Blogserie „The Non-Invasive Data Governance Framework" (NIDG) beschreibt Robert S. Seiner auf seinem Blog „The Data Administration Newsletter" (*tdan. com*) einen unaufdringlichen Data-Governance-Ansatz [vgl. Sein19]. Kern dieses Ansatzes ist eine Matrix bestehend aus fünf Ebenen und sechs Komponenten.

Die fünf Ebenen bilden die Zeilen der Matrix und repräsentieren Organisationsebenen, wie sie in vielen Unternehmen zur Beschreibung von Verantwortlichkeiten verwendet werden. Die oberste Ebene ist die Exekutive und die unterste (vierte) ist die operative Ebene. Die fünfte Ebene steht den anderen vier Ebenen eigentlich gegenüber (wird aber dennoch unter den anderen vier Ebenen in der Matrix dargestellt) und zeigt die Unterstützungsleistungen, die Data Governance auf den vier Ebenen von anderen Teilen der Organisation erhält [Sein14, S. 97]. Eine Beschreibung der fünf Ebenen ist Tabelle 3.1 zu entnehmen.

Tabelle 3.1 Ebenen im NIDG [in Anlehnung an Sein19]

Ebene	Beschreibung
Exekutiv	Auf der obersten Ebene befindet sich die Organisationsleitung, bestehend aus Rollen wie Präsident, Vorstand oder CXOs (CIO, CEO, CDO, CFO usw.).
Strategisch	Die Rollen der strategischen Ebene, z. B. Vizepräsidenten und Direktoren, berichten direkt an die Exekutive und sind typischerweise für einen speziellen Bereich der Organisation verantwortlich.
Taktisch	Auf der taktischen Ebene finden sich fachliche Experten und Entscheidungsträger für spezielle datenbezogene Themen bzw. Domänen.
Operativ	Die operative Ebene umfasst alle Personen, die Daten verarbeiten, definieren, produzieren oder nutzen und die im Rahmen ihrer Tätigkeiten verantwortlich sind für die Einhaltung von datenbezogenen Regeln und Standards.
Unter-stützend	Personen(-gruppen), die ein berechtigtes Interesse an Data Governance haben und dessen Initiativen unterstützen, befinden sich auf dieser Ebene. Beispiele sind IT, Projektmanagement, Informationssicherheit und Rechtswesen.

Die sechs Komponenten von Data Governance sind die Spalten der Matrix. Sie beschreiben die Handlungsfelder von Data Governance, also worüber entschieden werden soll, mit welchen Hilfsmitteln, von wem und wie der Erfolg gemessen wird. Die sechs Komponenten beschreibt Tabelle 3.2 überblicksartig.

Tabelle 3.2 Komponenten des NIDG [in Anlehnung an Sein19]

Komponente	Beschreibung
Daten	Diese Komponente beschreibt, welche Daten im Rahmen von Data Governance betrachtet werden.
Rollen	Die Definition und formale Anerkennung von Rollen und Verantwortlichkeiten ist die Basiskomponente von Data Governance.
Prozesse	Wie die Rollen miteinander agieren und welche Aufgaben sie erfüllen, um die Ziele von Data Governance zu erreichen, definieren die Governance-Prozesse, z. B. Qualitätssicherung, Problemlösung und Schutz.
Kommuni-kation	Durch Kommunikation wird allen Organisationsmitgliedern vermittelt, wie wichtig Daten für die Organisation sind, welche Standards und Regeln gelten und wohin sie sich bei Fragen und Problemen wenden können.
Kennzahlen	Um den Nutzen von Data Governance für die Organisation nachzuweisen, müssen Kennzahlen definiert und regelmäßig erhoben werden.
Tools	Tools unterstützen die Data-Governance-Aktivitäten, z. B. das Messen der Datenqualität oder die Beschreibung von Prozessen und Metadaten.

Die ausgefüllte Matrix soll Unternehmen als Ausgangspunkt für die Diskussion und ihre eigene Interpretation und spezifische Ausgestaltung von Data Governance dienen. Ganze

Spalten oder Zeilen oder einzelne Elemente der Matrix können z. B. aus der Betrachtung weggelassen werden, wenn sie für das Unternehmen nicht relevant sind.

Die Definition von Rollen und Verantwortlichkeiten (Komponente *Rollen*) stellt häufig den Ausgangspunkt für Data-Governance-Initiativen dar. Tabelle 3.3 nennt typische Rollen auf den fünf Ebenen des NIDG Frameworks und beschreibt grob deren Aufgaben.

Tabelle 3.3 Rollen auf den fünf NIDG-Ebenen [in Anlehnung an Sein19]

Ebene	Typische Rollen	Beschreibung
Exekutiv	Organisationsleitung Steering Committee	Aufgabe des Steering Committees ist es, Data Governance zu finanzieren, zu verstehen, voran-zutreiben und für die nötige Unterstützung in der Organisation zu sorgen.
Strategisch	Vorsitzende Data-Governance-Programm Data Governance Council	Das Data Governance Council trifft strategische datenbezogene Entscheidungen und leitet Daten-projekte. Es bildet die organisatorische Klammer für alle Data Stewards.
Taktisch	Domain Stewards Data Owner Fachexperten	Die Domain Stewards bilden den Kern von Data Governance. Sie kümmern sich um die Qualität und den Schutz der Daten in ihrem Verantwor-tungsbereich.
Operativ	Operative Data Stewards Anwender	Die Aufgabe der operativen Data Stewards ist es, Daten in ihrer täglichen Arbeit regelkonform zu bearbeiten, zu erfassen oder zu nutzen.
Unter-stützend	Programmmanagement Verwaltung Arbeitsgruppen Partner	Bei den vielfältigen Aufgaben sind die Data-Governance-Rollen auf allen Ebenen auf Unter-stützung aus anderen Bereichen der Organisation angewiesen. Sie beteiligen sich in Arbeitsgruppen oder helfen mit fachbezogenen Ratschlägen.

3.2.2 Das DGI Data Governance Framework

DGI steht für Data Governance Institute, dessen Gründerin Gwen Thomas vor über 15 Jahren das DGI Data Governance Framework erstellt hat [Thom00]. 2014 wurde die aktuellste, allerdings gegenüber vorherigen Veröffentlichungen kaum veränderte, Version der Frameworks veröffentlicht [vgl. Thom14].

Obwohl jedes Unternehmen andere Gründe hat, sich mit Data Governance zu beschäftigen, oder andere Ziele mit einem Data-Governance-Programm verfolgt, gibt es gemeinsame Grundlagen und Komponenten von Data Governance. Das DGI Data Governance Framework stellt insgesamt zehn Komponenten bereit, die ein Unternehmen zur Formalisierung von Data Governance ausarbeiten sollte. Die Komponenten lassen sich den drei Kategorien Regeln, Rollen und Prozesse zuordnen. Bild 3.1 zeigt das Framework im Überblick. Tabelle 3.4 beschreibt die zehn Komponenten.

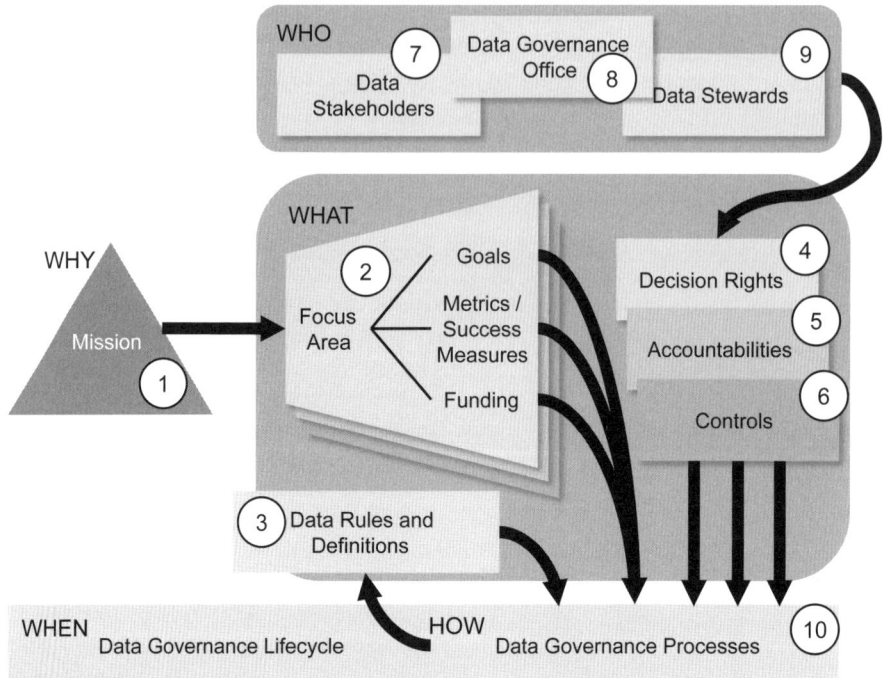

Bild 3.1 Die zehn Komponenten des DGI Data Governance Frameworks
(in Anlehnung an [Thom14, S.13])

Die spezifische Zielsetzung des Data Governance Programms („Focus Area") in der Organisation beeinflusst die Ausgestaltung der Komponenten des Frameworks. Steht die Erhöhung der Datenqualität im Vordergrund? Sollen Datenschutz und Informationssicherheit gewährleistet werden? Geht es um die unternehmensweite Integration von Daten? Je nachdem, welches Thema im Fokus steht, müssen unterschiedliche Stakeholder involviert, Arten von Regeln definiert, Probleme adressiert sowie Entscheidungen und Aufgaben betont werden. Das DGI-Framework unterscheidet die folgenden sechs Data-Governance-Zielsetzungen [Thom14, S.7ff]:

- Leitlinie, Standards, Strategie
- Datenqualität
- Datenschutz, Compliance, Sicherheit
- Architektur, Integration
- Data Warehouse und Business Intelligence
- Managementunterstützung

Tabelle 3.4 Komponenten des DGI Data Governance Frameworks (in Anlehnung an [Thom14])

Komponente	Beschreibung
Regeln	
(1) Mission und Vision	Mission und Vision definieren die Ausrichtung und langfristige Zielsetzung (Strategie) des Data-Governance-Programms.
(2) Ziele, Kennzahlen, Erfolgsmessung und Finanzierung	Diese Komponente setzt die Strategie in konkret messbare Ziele um, definiert entsprechende Kennzahlen und klärt die Finanzierung des Data-Governance-Programms.
(3) Datenregeln und -definitionen	Für den Umgang mit Daten werden Regeln aufgestellt, z. B. Richtlinien, Definitionen, Standards und Geschäftsregeln.
(4) Entscheidungs-rechte	Entscheidungsrechte definieren, wer, wann und unter welchen Voraussetzungen Entscheidungen treffen darf.
(5) Verantwortlich-keiten	Für die Erfüllung datenbezogener Aufgaben werden verantwortliche Personen oder Rollen benannt.
(6) Steuerung	Die Risikosteuerung definiert Mechanismen, um datenbezogene Risiken zu entdecken, zu verhindern oder zu minimieren.
Rollen	
(7) Data Stakeholder	Stakeholder sind alle Personen(-gruppen), die in datenbezogene Entscheidungen einbezogen werden oder davon betroffen sind, z. B. Datennutzer und Datenpfleger.
(8) Data Governance Office	Das Data Governance Office unterstützt die Aktivitäten des Data-Governance-Programms, z. B. Erfolgsmessung, Kommunikation und Schulung.
(9) Data Stewards	Data Stewards sind alle Personen, die datenbezogene Entscheidungen treffen, z. B. bezüglich der Definition von Standards.
Prozesse	
(10) Proaktive, reaktive und fort-laufende Prozesse	Data-Governance-Prozesse definieren alle Methoden und Prozeduren zur formalen Umsetzung der Data-Governance-Aktivitäten, z. B. Konflikt-lösung, Entscheidungsfindung und Festlegung von Regeln.

Den Kern von Data Governance bilden auch im DGI-Framework die Data Stewards (oder Data Governors). Data Stewards aus verschiedenen Fachbereichen kommen in einem Data Governance Council zusammen, um datenbezogene Entscheidungen zu treffen. Sie definieren Leitlinien und Standards oder geben Empfehlungen ab, die von einem höherrangigen Data Governance Board entschieden werden. Je nach Größe der Organisation kann es Data Stewards zu verschiedenen Themen und auf den verschiedenen Ebenen der Organisation geben, sodass eine Hierarchie von Data Stewards entsteht.

3.2.3 SAS® Data Governance Framework

SAS®, ein Software-Unternehmen für Lösungen im Bereich Business Analytics, also für die Erforschung, Aufbereitung und Visualisierung von Daten, hat 2017 ein eigenes Data Governance Framework veröffentlicht [vgl. Sas17]. Das Framework hat keine durchgängige Systematik, sondern ist eher eine Sammlung und Darstellung aller Komponenten, die rund um Data Governance adressiert werden sollten (siehe Tabelle 3.5). Die Anordnung der Kompo-

nenten folgt allerdings grob dem Business-Engineering-Ansatz (siehe Abschnitt 4.3): Oben
steht die strategische Zielsetzung, darunter folgen Organisation und Prozesse und unten
steht die technische Umsetzung (Bild 3.2).

Tabelle 3.5 Komponenten des SAS® Data Governance Frameworks [nach Sas17]

Komponente	Beschreibung
Strategische Treiber (Corporate Drivers)	Mögliche strategische Treiber für Data Governance sind Compliance, Kundenorientierung, Entscheidungsunterstützung und Prozesseffizienz.
Data Governance	Data Governance legt den organisatorischen Rahmen fest, in welchem die Ziele des Programms definiert, Leitlinien erarbeitet, Entscheidungsorgane etabliert und Entscheidungsbefugnisse erlassen werden.
Data Stewardship	Data Stewards verwalten die Daten verantwortlich. Die Data Stewards sorgen für die taktische Umsetzung der Data-Governance-Regeln.
Datenmanage-ment (Data Management)	Das Datenmanagement adressiert Themen wie Datenarchitektur, Metadaten, Datenqualität, Datenlebenszyklus und Datensicherheit und verankert Data Governance somit in konkreten Unternehmensprozessen.
Methoden (Methods)	Mensch, Prozess und Technologie bestimmen die Umsetzung des Data-Governance-Programms.
Lösungen (Solutions)	Anwendungen, die Data-Governance-Aufgaben implementieren oder auto-matisieren, sind u. a. Datenintegration, Master Data Management, Meta-datenmanagement, Visualisierungstools und Glossare.

Im Framework sind viele Personen und Gruppen genannt, die an Data Governance beteiligt
sind [Sas17, S. 8]: „Enterprise-Data Governance-Abteilung, Lenkungsausschuss, Data
Governance-Rat, Data-Steward-Team (Chief Data Steward, Business Data Stewards, Tech-
nical Data Stewards oder Datentreuhänder, Arbeitsgruppen), Architekturteam, Datenanfor-
derungsmanager, Metadatenmanager, Datenqualitätsmanager, Sicherheits- und Zugriffs-
manager, Vertreter von Fachabteilungen." Nur wenige Rollen werden näher beschrieben,
wie Tabelle 3.6 zeigt.

Tabelle 3.6 Rollen im SAS® Data Governance Framework (nach [Sas17])

Rolle	Beschreibung
Data Governance-Rat	Der Data Governance-Rat sorgt dafür, dass die richtigen Stakeholder in datenbezogene Entscheidungen eingebunden werden. Der Rat setzt sich aus Führungskräften aus Business und IT zusammen, die ihre Anforderungen in die Entscheidungen einbringen.
Stakeholder	Stakeholder sind Vertreter des fachlichen und IT-Managements mit Interesse am Data-Governance-Programm. Sie geben dem Rat Feedback und werden über Data-Governance-Fortschritte informiert.
Stewards	Data Stewards sind unternehmensweite Datenhüter. Es sind die zentralen Datenexperten, die für die praktische Umsetzung der Data-Governance-Regeln und insbesondere für Datenqualität verantwortlich sind.
Datenproduzenten und -konsumenten	Datenproduzenten erstellen Daten. Datenkonsumenten nutzen die Daten.

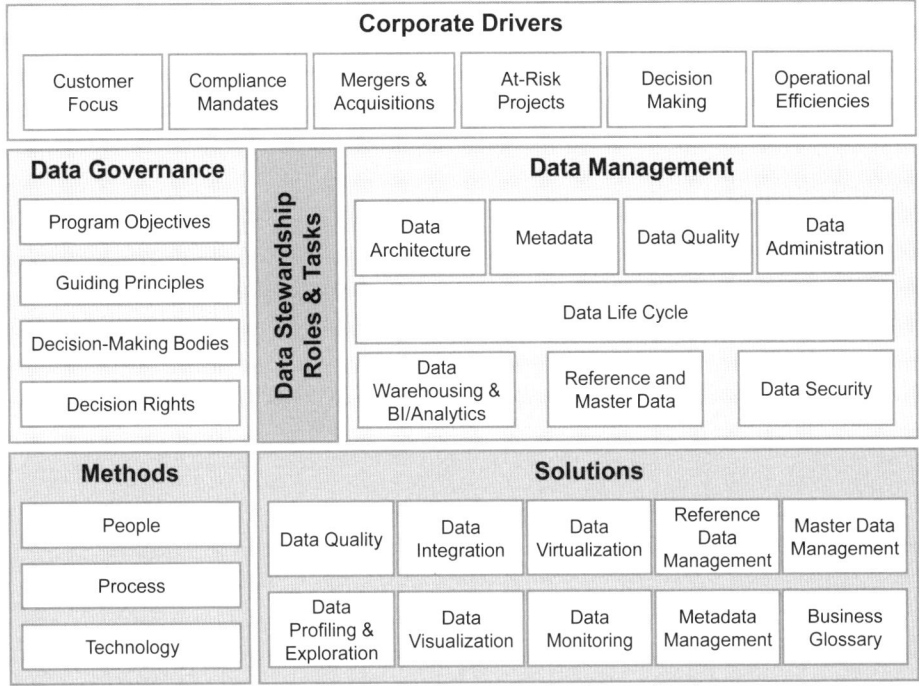

Bild 3.2 SAS Data Governance Framework (in Anlehnung an [Sas17, S. 4])

3.2.4 DAMA-DMBOK2

Das DMBOK (Data Management Body of Knowledge) der DAMA International beschreibt umfassend alle Wissensgebiete, die zusammen Datenmanagement ausmachen. In der zweiten Ausgabe des DMBOK von 2017 steht Data Governance im Zentrum der insgesamt zehn Themen und Aufgaben des Datenmanagements [vgl. HeED17, S. 67]. Zu den Themen gehören u. a. Datenmodellierung, Datensicherheit, Metadaten und Datenarchitektur. Das DMBOK beschreibt alle Themen nach einem einheitlichen Schema, und so auch Data Governance. Das Schema beinhaltet: geschäftliche Treiber, Ziele und Prinzipien, essenzielle Konzepte, Aktivitäten, Tools und Techniken, Umsetzungshinweise sowie Kennzahlen.

Aufgrund des sehr umfangreich beschriebenen Data Governance Frameworks zeigt Tabelle 3.7 nur ausgewählte essenzielle Konzepte und Aktivitäten.

Das DMBOK macht sehr konkrete Vorschläge, welche Rollen und Gremien für Data Governance benötigt werden. Das Modell in Bild 3.3 ist aber in der Tat nur als Vorschlag zu verstehen. Jedes Unternehmen sollte die Data-Governance-Organisation an die jeweiligen Gegebenheiten anpassen, z. B. an die bestehende Aufbauorganisation, den gewünschten Grad der Formalisierung und Zentralisierung. In Anlehnung an die Gewaltenteilung sollten gesetzgebende, rechtsprechende und ausführende Rollen unterschieden werden. Die Ausführung wird hier bei der IT und speziell beim Datenmanagement gesehen. Der Kern von Data Governance sind die Rollen auf der linken Seite des Modells. Tabelle 3.8 beschreibt diese Rollen und Gremien näher. Zudem unterscheidet das Modell Verantwortlichkeiten auf drei Ebenen – von unternehmensweit über geschäftsbereichsspezifisch bis hin zu lokal. Je nach Ebene haben Entscheidungen eine andere Reichweite bzw. Gültigkeit.

Tabelle 3.7 Data-Governance-Komponenten im DAMA-DMBOK2 [vgl. HeED17, S. 72 ff]

Komponente	Beschreibung
Essenzielle Konzepte	
Data-Governance-Organisation	Die Data-Governance-Organisation sieht für jedes Unternehmen anders aus. Sie unterscheidet legislative, judikative und exekutive Aufgaben und umfasst alle Stakeholder aus den Fachbereichen und der IT.
Data Stewardship	Data Stewardship beschreibt Verantwortlichkeiten und Zuständigkeiten für Daten und datenbezogene Prozesse. Data Stewards kümmern sich um die Daten (Data Assets) und speziell um deren Qualität.
Datenleitlinien	Datenleitlinien beschreiben global gültige Regeln im Umgang mit Daten.
Bewertung der Data Assets	Der Wert der Daten für die Organisation muss verstanden und errechnet werden. Der Nutzen der Daten sollte höher sein als die mit dem Datenmanagement verbundenen Kosten.
Aktivitäten	
Data Governance definieren	Der Betrachtungsbereich bezogen auf Daten und Organisation von Data Governance wird definiert. Die Ist-Situation wird erhoben, zur besseren Planung und um später den Fortschritt bewerten zu können. Anknüpfungspunkte in der Organisation für Data-Governance-Initiativen werden identifiziert.
Data-Governance-Strategie definieren	Die Data-Governance-Strategie definiert das Ziel und den Weg dorthin. Das Operating Model beschreibt, wie die Verantwortung für Data Governance organisiert wird und wie die beteiligten Personengruppen miteinander arbeiten. Data-Governance-Leitlinien werden aus der Strategie abgeleitet. Data-Governance-Initiativen werden gestartet und durch Change Management begleitet. Fragen und Konflikte im Zusammenhang mit Datenqualität, Datenschutz, Verträgen usw. werden geklärt. Der Einfluss von gesetzlichen Regelungen auf Daten wird untersucht und Konformität sichergestellt.
Data Governance umsetzen	Die Umsetzung von Data Governance wird gemäß Zielsetzung und Priorisierung der einzelnen Aktivitäten geplant. Datenbezogene Standards, Prozesse und Techniken werden definiert und umgesetzt. Ein fachliches Datenglossar wird erstellt und gepflegt. Datenmodelle und Datenarchitekturen werden überprüft und angepasst.
Data Governance einbetten	Nach einem anfänglich projektartigen Charakter muss Data Governance in der Organisation fest verankert werden und die angefangenen Aktivitäten kontinuierlich fortgesetzt und weiterentwickelt werden.

Data Stewards sind auch im DMBOK die zentralen Rollen, die sich um die Daten und deren Qualität kümmern. Sie repräsentieren die Interessen aller Stakeholder und sind für die datenbezogene Aufgaben zuständig und verantwortlich. Je nach Komplexität und Zielsetzung der Organisation gibt es Data Stewards auf verschiedenen Ebenen und für verschiedene Themen (siehe Tabelle 3.8).

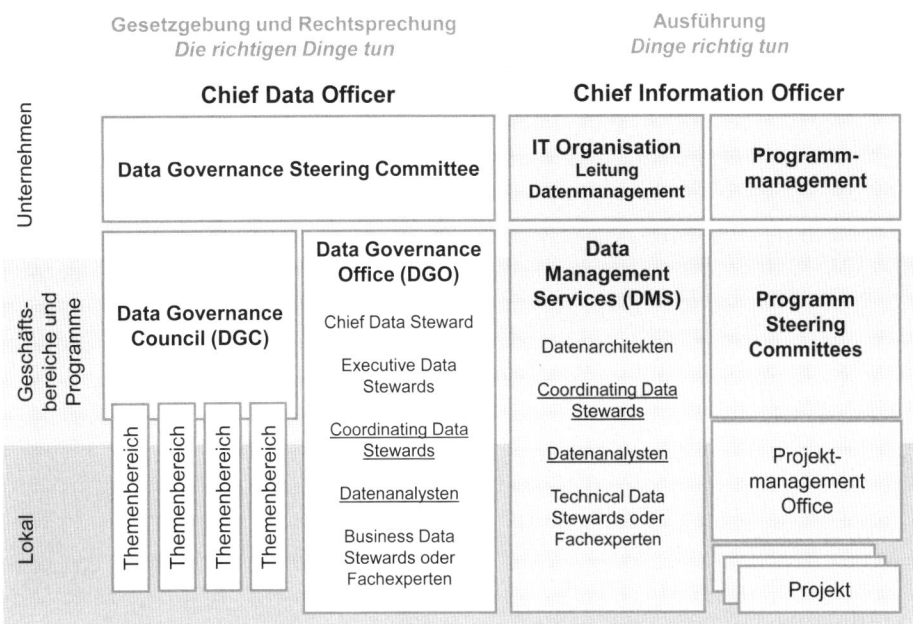

Bild 3.3 Modell einer Data-Governance-Organisation (in Anlehnung an [HeED17, S. 74])

Tabelle 3.8 Rollen und Gremien im DMBOK [vgl. HeED17, S. 74, 77f]

Rolle/Gremium	Beschreibung
Data Governance Steering Committee	Das DG Steering Committee ist das höchste Entscheidungsgremium für Data Governance. Es überwacht, finanziert und unterstützt Data-Governance-Initiativen. Mitglieder sind hochrangige Führungskräfte aus verschiedenen Fach- und Geschäftsbereichen.
Data Governance Council	Das DG Council leitet Data-Governance-Initiativen, klärt Fragen und Probleme. Die Mitglieder des Councils sind Führungskräfte.
Data Governance Office	Das DG Office ist für operative Data-Governance-Aufgaben, wie die Definition von Datenstandards, zuständig. Verschiedene Data Stewards und Data Owners sind Mitglieder im DG Office.
Data Stewardship Teams	Die Data Stewards kommen in Teams zusammen, um über bestimmte Datenthemen zu debattieren oder projektbezogen zusammenzuarbeiten.
Chief Data Stewards	Chief Data Stewards können anstelle des Chief Data Officers Data-Governance-Gremien leiten und können als Sponsoren auftreten.
Executive Data Stewards	Executive Data Stewards sind Führungskräfte, die in Data-Governance-Gremien mitwirken.
Business Data Stewards	Business Data Stewards kommen aus dem Fachbereich und sind als Experten für einen Teil der Daten verantwortlich.
Data Owners	Data Owners sind Business Data Stewards mit Entscheidungsrechten für eine Datendomäne.

(Fortsetzung nächste Seite)

Tabelle 3.8 Rollen und Gremien im DMBOK [vgl. HeED17, S. 74, 77f] *(Fortsetzung)*

Rolle/Gremium	Beschreibung
Technical Data Stewards	Technical Data Stewards sind IT-Experten, die in einem Teilbereich des Datenmanagements arbeiten, z. B. Datenintegration oder Datenbank-administration.
Coordinating Data Stewards	Coordinating Data Stewards leiten und repräsentieren Teams aus Business und Technical Data Stewards zur Diskussion übergreifender Fragestellungen.

4 Das qualitätsorientierte Data Governance Framework

Dieses Kapitel ist dem qualitätsorientierten Data Governance Framework gewidmet. Die Zielsetzung des Frameworks ist es, Daten in hoher Qualität für alle Nutzenden im Unternehmen bereitzustellen. Am Anfang des Kapitels steht eine kurze Zusammenfassung über die Entstehungsgeschichte, gefolgt von Zielsetzung und Fokus des Frameworks. Der nächste Abschnitt stellt das Framework im Überblick vor, bevor die dann folgenden Abschnitte die Handlungsfelder des Frameworks auf den drei Ebenen Strategie, Organisation und Informationssysteme im Detail beschreiben.

■ 4.1 Data Governance – a Journey

Dieses Kapitel führt in die Hintergründe der Entwicklung des qualitätsorientierten Data Governance Frameworks ein.

Die erste vollständige Version des Frameworks wurde 2009 in der Dissertation „Data Governance-Referenzmodell – Organisatorische Gestaltung des unternehmensweiten Datenqualitätsmanagements" veröffentlicht [Webe09]. Das Framework – oder ursprünglich einmal Referenzmodell – ist das Ergebnis dreijähriger Forschung am Competence Center Corporate Data Quality (CC CDQ)[1] an der Universität St. Gallen. In den Competence Centern des Instituts für Wirtschaftsinformatik wurde seit jeher Praxisorientierung großgeschrieben. Fast zehn Unternehmen haben sich als Praxispartner an der Forschung zu Corporate Data Quality beteiligt. Und so ist auch dieses Framework entstanden: aus der Praxis für die Praxis.

Im Jahr 2006 waren es nur einige Forscher weltweit, die sich mit den Themen Datenqualitätsmanagement (DQM) und Data Governance beschäftigt haben, das CC CDQ gehörte dazu. Gerade für Data Governance waren theoretische Grundlagen kaum vorhanden. Daher hat sich die Forschergruppe intensiv mit der Theorie von IT-Governance beschäftigt und gemeinsam mit den Praxispartnern überlegt, wie diese Theorie auf das Anwendungsfeld „Daten" übertragen werden kann. Die wenigen vorhandenen Überlegungen zu Data Governance aus der Praxis flossen ebenfalls in diese Forschung ein (siehe NDIG und DGI, Abschnitte 3.2.1 und 3.2.2). Die wichtigste Datenbasis für das Referenzmodell waren letzt-

---

[1] Heute fortgeführt unter der CDQ AG in St. Gallen (*www.cdq.ch*).

endlich Fallstudien. Die Fallstudien wurden bei drei Unternehmen erhoben, die sich schon seit vielen Jahren mit der Organisation von Datenqualität auseinandersetzten und dabei für ihr Unternehmen gute, praktisch taugliche Lösungen entwickelt haben. Exemplarisch soll kurz die Fallstudie von B. Braun Melsungen vorgestellt werden (siehe Kasten).

 Beispiel: Stammdatenmanagement bei B. Braun Melsungen [WeOf09]

Die B. Braun Melsungen AG versorgt mit über 35 000 Mitarbeitern (Stand 2007) u. a. Krankenhäuser, Dialysezentren und niedergelassene Ärzte mit verschiedenen Medizinprodukten für Anästhesie und Infusionstherapie. Das Unternehmen beschäftigte sich um das Jahr 2000 herum mit Stammdatendatenmanagement im Rahmen eines ERP-Harmonisierungsprojektes.

Im Projekt entstand ein zentrales Stammdatensystem für Materialstammdaten und eine eigene Organisation, die sich um die Pflege und Qualität der Daten in diesem und dem angeschlossenen ERP-System kümmert. Kern der Organisation ist eine zentrale Abteilung mit ca. 15 Mitarbeitern, die sich weltweit u. a. um operativen Support der Datenpfleger, Datenqualitätsmessung und Stammdatenprojekte kümmert. Die fachliche Verantwortung für die Stammdatenqualität übernehmen die 11 globalen und ca. 30 lokalen Transferpunkte. Transferpunkte sind organisatorische Rollen, die Experten aus Fachabteilungen, z. B. Marketing, Produktion oder Forschung & Entwicklung, zugeordnet sind (vergleichbar mit fachlichen Data Stewards). Weltweit gibt es zudem ca. 800 Anforderer, die z. B. Anträge für die Erstellung oder Änderung globaler Materialstammdaten stellen.

Der enorme Aufwand rechnet sich für B. Braun. Die so harmonisierten Stammdaten bilden die Grundlage für die globalen Geschäftsprozesse, wie z. B. das einheitliche Berichtswesen. Ebenso konnten die Lagerbestände deutlich reduziert werden. Durch die neu gewonnene Transparenz wurden Projekte für strategische Weiterentwicklungen des Unternehmens, u. a. in der Logistik, initiiert.

Der aus den Fallstudien und dem Studium der Wissensbasis zu Datenqualitätsmanagement, IT-Governance und Organisationsgestaltung entstandene erste Entwurf des Frameworks [vgl. Wend07, WeOO09] wurde in drei sogenannten Aktionsforschungsprojekten erprobt und verfeinert. Die Projekte wurden in drei Unternehmen durchgeführt, die am Anfang ihrer Überlegungen zu Datenqualität und Data Governance standen. Die Forscher haben sich in den Projekten aktiv an der Lösungsfindung beteiligt und dabei evaluiert, inwiefern sich der Entwurf des Frameworks für den Einsatz bei diesen Unternehmen eignet. Da, wo es noch nicht ganz passte, wurde das Framework verändert und letztendlich in der o. g. Dissertation veröffentlicht. Den Forschungsrahmen zeigt Bild 4.1.

In den letzten zehn Jahren wurde das Framework nicht mehr im Rahmen von Forschungsprojekten weiterentwickelt. Vielmehr wurden aus der Anwendung des Frameworks in Praxisprojekten neue Erkenntnisse gewonnen, die in die Weiterentwicklung eingeflossen sind.

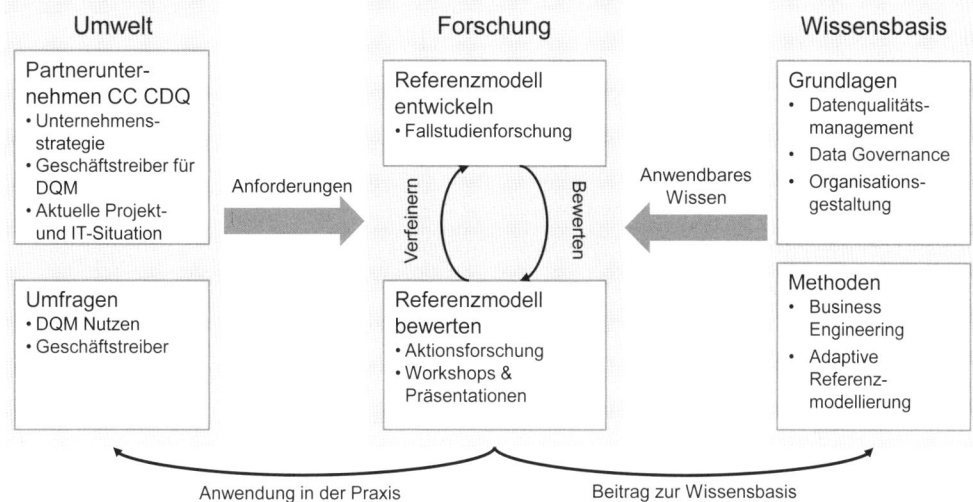

Bild 4.1 Forschungsrahmen für die Entwicklung des Data-Governance-Referenzmodells [Webe09, S. 5]

■ 4.2 Zielsetzung und Fokus des Frameworks

Das qualitätsorientierte Data Governance Framework orientiert sich an den zentralen Erkenntnissen und Erfolgsfaktoren aus den Fallstudien (siehe Abschnitt 4.1) sowie den praktischen Erfahrungen der Autorinnen. Diese sind [in Anlehnung an Webe09, S. 87 ff]:

- **Top-Management-Unterstützung:** Der Rückhalt des Top Managements für Data Governance verhindert unnötige politische Diskussionen, sorgt für das Vorhandensein notwendiger Ressourcen und ist sichtbares Zeichen der Bedeutung von Data Governance und Datenmanagement für das Unternehmen.

- **Ausdauer und Beharrlichkeit:** Data Governance zum Erfolg zu verhelfen, dauert mitunter viele Jahre. Währenddessen muss der Nutzen fortlaufend kommuniziert und das Vorhaben beharrlich verfolgt werden. Die organisatorischen Änderungen werden durch Change-Management-Aktivitäten begleitet.

- **Formale Organisation und Dokumentation der Verantwortlichkeiten:** Data Governance muss formalisiert und dokumentiert werden, durch die Etablierung und Verankerung entsprechender Organisationseinheiten, formale Rollenbeschreibungen, Erstellung von Geschäftsordnungen für Gremien und offizielle Ernennung der Verantwortlichen.

- **Fachliche Verantwortung:** Die Verantwortlichen für Daten sind in den Fachabteilungen zu finden und nicht in der IT.

- **Verteilung der Verantwortung:** Die fachliche Verantwortung kann nur verteilt wahrgenommen werden. Je nach Datenobjekt sitzen die Fachexperten in unterschiedlichen Abteilungen. Alle Experten dürfen und müssen ihre Anforderungen in Entscheidungen einbringen.

- **Vollzeit-Verantwortung:** Viele Data-Governance-Aufgaben können neben dem Tagesgeschäft wahrgenommen werden. Jedoch sollten einige Personen bestimmt werden, deren Hauptaufgabe die Verantwortung für Daten ist.

- **Aufbau auf bestehender Organisation:** Data Governance sollte nicht auf der grünen Wiese starten, sondern auf vorhandenen Strukturen aufbauen. Das senkt die Kosten und erhöht die Akzeptanz.

- **Globale und lokale Verantwortung:** Data Governance fokussiert (zunächst) auf organisationsweite Verantwortlichkeiten für wenige, sogenannte globale Datenobjekte oder Attribute. Der überwiegende Teil der Daten kann in lokaler Verantwortung geregelt werden.

Es ist von Anfang an zu definieren, für welche Arten von Daten Data Governance überhaupt Relevanz haben soll. Denn die Überlegungen gelten nur für die Daten im Betrachtungsbereich („Scope"). Das sind häufig nur wenige Attribute von Stammdaten oder anderer Daten, die organisationsweit von Bedeutung sind und für die daher organisationsweit gültige Regeln aufgestellt werden müssen („globale" Daten, „Golden Record"). Aus diesem Grund ist ein lokal begrenzter Bottom-up-Ansatz für Data Governance auch häufig zum Scheitern verurteilt. Aus den Fallstudien und Praxisprojekten wurden folgende inhaltliche Anforderungen abgeleitet, die in die Entwicklung des qualitätsorientierten Data Governance Frameworks eingeflossen sind [in Anlehnung an Webe09, S. 97 f].

- **Unternehmensweite Organisation:** Data Governance wird organisationsweit umgesetzt. Die aufgestellten Regeln für die betrachteten Daten sind organisationsweit gültig.

- **Koordination aller Stakeholder:** Die Interessen und Anforderungen aller Stakeholder an den Daten im Betrachtungsbereich, egal ob in oder außerhalb der Organisation und auf welcher Hierarchiestufe, werden berücksichtigt.

- **Data Governance als Funktion:** Einige Aufgaben von Data Governance sollten in einer dedizierten, zentralen Organisationseinheit gebündelt werden. „Datenmanagement" als Organisationseinheit koordiniert alle Stakeholder und Data-Governance-Rollen, ist Hauptansprechpartner und hat das Expertenwissen.

- **Dezentrale Verantwortung:** Die Verantwortung für die Qualität der Daten liegt jedoch nicht bei der zentralen Organisationseinheit „Datenmanagement", sondern bei jedem einzelnen Anwender, der mit Daten arbeitet. Die Anwender müssen befähigt werden, dieser Verantwortung gerecht zu werden.

- **Zusammenarbeit:** Die zentrale Data-Governance-Organisation arbeitet eng mit allen Stakeholdern zusammen. Im Fokus stehen die Fachbereiche als Datennutzer und damit diejenigen, die Anforderungen an die Datenqualität definieren, sowie die IT, die für die Umsetzung technischer Anforderungen verantwortlich ist.

- **Dezentrale Koordinationsstellen:** Organisationsweit müssen Beauftragte als Ansprechpartner für die Data-Governance-Organisation auf der einen Seite und die Datennutzer auf der anderen Seite etabliert werden.

- **Subsidiaritätsprinzip:** Die Richtlinienkompetenz von Data Governance beschränkt sich auf die im Betrachtungsbereich liegenden Daten. Für alle anderen Daten sind lokale Verantwortliche zu definieren.

- **Kommunikation und Konfliktlösung:** Mechanismen zur Kommunikation und Konfliktlösung sind wichtig, um Entscheidungen zu kommunizieren, durchzusetzen und herbei-
  zuführen. Die Dokumentation von Verantwortlichkeiten hilft Konflikten vorzubeugen.

Grundsätzliche Zielsetzung des qualitätsorientierten Data Governance Frameworks ist es,
die (wenigen) **Daten in hoher Qualität** für alle Nutzenden bereitzustellen, die im Betrachtungsbereich liegen. Der Fokus des Frameworks ist damit aber keinesfalls sehr eng gefasst,
wenn man das hier verwendete Verständnis von Datenqualität, dem „fitness vor use"
[WaSt96] zugrunde legt (siehe Abschnitt 6.1). Der Ansatz, dass Daten den **Anforderungen
der Nutzenden** entsprechen müssen, um von einer hohen Qualität dieser Daten zu sprechen, ist sehr vielfältig und umfassend. Die Gewährleistung von Datenschutz und Datensicherheit ist eine Anforderung, die Einhaltung von Gesetzen und Standards ebenso, und
auch die Bereitstellung der Daten in einem von Partnern verwendbaren Austauschformat.
Auch die Forderung der Unternehmensleitung, den Nutzen der Daten zu maximieren, Daten
als Assets zu betrachten und aus den Daten neue Geschäftsideen zu generieren, sind Anforderungen an Daten. Alle diese Aspekte können somit dem Appell, hohe Datenqualität zu
gewährleisten, zugeordnet werden. Aus diesem Verständnis heraus entstand der Name
„qualitätsorientiertes Data Governance Framework".

Das qualitätsorientierte Data Governance Framework definiert, welche Handlungsfelder
(Aufgaben) Data Governance hat. Die Handlungsfelder oder Gestaltungsbereiche zeigen als
eine Art Best Practice, woran Unternehmen denken sollten, wenn sie Data Governance definieren und umsetzen wollen. Die konkrete Ausgestaltung der Handlungsfelder sowie die
Festlegung, wer für welches Handlungsfeld verantwortlich ist, sind für jedes Unternehmen
anders. Kapitel 7 gibt Tools und Methoden an die Hand, wie Unternehmen die Handlungsfelder ausgestalten können, und gibt Empfehlungen für die dafür verantwortlichen Rollen.

Die folgenden Abschnitte geben einen Überblick über die Handlungsfelder, beschreiben sie
und zeigen ihre Bedeutung auf. Da Data Governance ein organisatorisches Thema ist, liegt
ein Fokus des Frameworks in der Festlegung der organisatorischen Rollen. Kapitel 5
beschreibt diese Rollen und ihre Zusammenarbeit ausführlich. Abschnitt 4.5.2.1 gibt einen
ersten Überblick über die Rollen. In den meisten Fällen starten Data-Governance-Initiativen
mit der Definition der Rollen. Sind die Rollen erst einmal definiert und im Unternehmen
Personen zugewiesen, dann übernimmt die so definierte Data-Governance-Organisation die
weitere Ausgestaltung der Data-Governance-Handlungsfelder.

◼ 4.3 Überblick über die Data-Governance-Handlungsfelder

Handlungsfelder und Gestaltungsbereiche von qualitätsorientierter Data Governance finden sich im gesamten Unternehmen in den verschiedenen Fach- und Geschäftsbereichen.
Data Governance betrachtet strategische Überlegungen zur Datenqualität genauso wie organisatorische und prozessorale Entscheidungen. Auch die Gestaltung von Informationssystemen, sei es in Form von Tools zur Bewertung von Datenqualität oder zur qualitätsorientierten Datenhaltung und Datenverarbeitung, wird durch Data Governance adressiert. Data

Governance adressiert somit die drei Ebenen der Unternehmensarchitektur Strategie, Prozesse/Organisation und Informationssysteme. Diese drei Ebenen bilden die Hauptstruktur für die Handlungsfelder von Data Governance [z.B. OtÖs16, S. 22 ff, OWSO07, Webe09, S. 127 ff].

Grundsätzlich bestimmt die Strategie die Organisation und die Geschäftsprozesse, die Ausführung der Geschäftsprozesse wird durch Informationssysteme unterstützt [ÖsHO11, S. 15]:

▪ Auf strategischer Ebene werden Grundsätze festgelegt und strategische Ziele definiert.

▪ Auf der Ebene der Prozesse und Organisation werden auf Basis der strategischen Vorgaben Prozesse abgeleitet und eine geeignete Aufbauorganisation definiert.

▪ Auf der Ebene der Informationssysteme fließen die auf den beiden oberen Ebenen getroffenen Entscheidungen in die Gestaltung der Systemarchitektur ein.

Auf den drei Ebenen weist Data Governance insgesamt sechs Handlungsfelder bzw. Gestaltungsbereiche auf (Bild 4.2). Über alle Ebenen hinweg und für alle Handlungsfelder gültig ist die Orientierung an der Datenqualität, illustriert durch den Querbalken auf der rechten Seite des Frameworks.

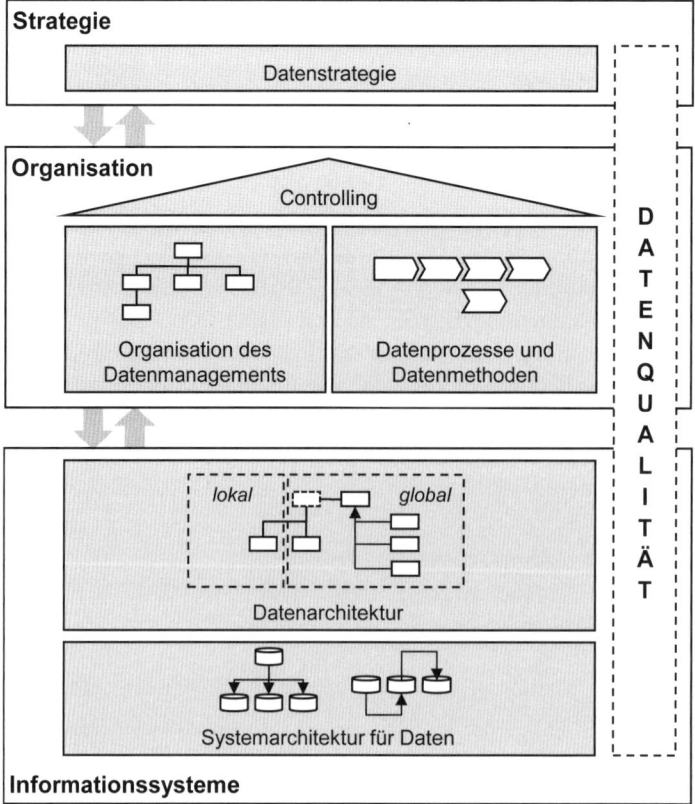

Bild 4.2 Data-Governance-Handlungsfelder im qualitätsorientierten Data Governance Framework (in Anlehnung an [OKWG11, S.10])

Typische Handlungsfelder der **strategischen Ebene** sind die Ausrichtung von Data Governance an den Unternehmenszielen, die Definition des Betrachtungsbereichs des Datenmanagements, die Festlegung der mittel- bis langfristigen Ziele und die Erarbeitung eines Maßnahmenplans, um die strategischen Ziele zu erreichen (siehe Abschnitt 4.4).

Auf der **organisatorischen Ebene** werden Entscheidungen zum Controlling, zur datenbezogenen Organisation und zu Prozessen getroffen (siehe Abschnitt 4.5). Das Controlling steuert und überprüft die Umsetzung der in der Strategie definierten Ziele z. B. durch die Messung der Datenqualität. Zur Organisation gehört die Definition von Rollen und von Kommunikations- und Schulungsmaßnahmen zur Erhöhung der Data Quality Awareness. Die wichtigsten datenbezogenen Prozesse sind die Datenproduktions-Prozesse, z. B. zur Erfassung und Pflege.

Auf der dritten Ebene, der **Informationssystemebene**, werden die Datenarchitektur und die Systemarchitektur gestaltet (siehe Abschnitt 4.6). Entscheidungen auf dieser Ebene betreffen beispielsweise die Architekturvariante für Stammdatenhaltung und -verteilung (z. B. zentrales oder führendes System) und die Verwendung von Werkzeugen zur technischen Unterstützung des Datenmanagements.

■ 4.4 Handlungsfeld der strategischen Ebene

Data Governance muss sich stets an den Unternehmenszielen ausrichten. Die strategische Verankerung ist wichtig, um der Unternehmensleitung aufzuzeigen, dass Data Governance kein Kosten- oder Hygienefaktor ist, sondern wesentlich zu den Unternehmenszielen beiträgt. Die unternehmensweite Ausrichtung von Data Governance und das Ziel der Vermeidung nicht abgestimmter Einzelinitiativen machen eine Strategie für das Datenmanagement notwendig.

Die **Datenstrategie** hebt die wirtschaftliche Relevanz von Daten hervor, legt die Ziele des Datenmanagements fest und gibt den Rahmen für den Umgang mit Daten innerhalb des Unternehmens vor. Beispielsweise legt die Datenstrategie fest, dass das Unternehmen die Unternehmensdaten als „Assets" betrachtet und diese umsatzsteigernd und gewinnbringend einsetzen möchte. Die Strategie ist eine Art Absichtserklärung der Unternehmensleitung, sich um das Thema Daten zu kümmern. Auf diesem Bekenntnis der Unternehmensleitung basiert auch die Bereitstellung von finanziellen Ressourcen, um z. B. Mitarbeiter zu beschäftigen, die sich um den gewinnbringenden Einsatz der Daten kümmern.

Die Datenstrategie beinhaltet strategische Leitlinien für Data Governance, beispielsweise den Grundsatz, dass jeder Mitarbeiter für die Qualität der von ihm erstellten Daten verantwortlich ist und dass Transparenz und Offenheit einem Silodenken vorzuziehen sind (siehe Kasten). Die Strategie gibt somit auch Hinweise zu relevanten Datenqualitätsdimensionen und zur Datensicherheit. Ausgehend vom betriebswirtschaftlichen Nutzen legt sie den Betrachtungsbereich von Data Governance fest, also welche Daten und welche Bereiche des Unternehmens betroffen sind. Aufgrund deren Bedeutung sind es häufig Stammdatenobjekte wie Kunden, Produkte und Anlagen, die im Betrachtungsbereich von Data Governance liegen. Die Strategie nennt auch die für Datenqualität und das Datenmanagement grundsätzlich Verantwortlichen. Daraus folgen die entsprechende organisatorische Aufstellung des Unternehmens und die Definition und Anpassung von Prozessen.

 Beispiel: Die Information Policy der British Telecom (BT)

Die Zielsetzung der „Information Policy" von BT ist, den Nutzen von Informationen innerhalb des Unternehmens zu maximieren – unter Beachtung strategischer und gesetzlicher Vorgaben. Das Strategiedokument gilt für die gesamte BT-Gruppe und alle Informationen. Der CIO der BT-Gruppe ist für die Entwicklung, das Management und die Steuerung der Information Policy zuständig. Die CIOs der BT-Unternehmensbereiche sind verantwortlich, die Information Policy für ihren Bereich zu verfeinern und umzusetzen. Die Information Policy legt die Verantwortung für Informationen in die Hände aller Mitarbeiter, die Informationen erstellen oder verarbeiten. Das Dokument definiert fünf Grundsätze für den Umgang mit Information: Zugänglichkeit, Offenheit, Unversehrtheit, Gegenseitigkeit und Eigentum. Das Dokument enthält zudem Angaben zum Nutzen und zu Risiken der Umsetzung der Policy sowie einen Umsetzungsplan. [OtWe09]

Ein Leitbild oder „Mission Statement" fasst die Ziele und den Zweck des Datenmanagements in wenigen Sätzen zusammenfassen. Ein Leitbild dient der einfachen, schnellen Kommunikation der Strategie.

 Beispiel: Leitbild für Data Governance von Stammdaten

Das Leitbild eines Chemieunternehmens für die Data Governance von Stammdaten lautet: „Master Data Governance ensures quality, stewardship and accountability for the core data of the company. Master Data Governance sets up a Master Data Management organization on a global level and provides employees with practical guidelines for their daily work in order to manage harmonized master data. Sustainably improved master data quality leads to business benefits in the fields of compliance, operational efficiency, and customer satisfaction." [Webe09, S. 131 f]

Darüber hinaus trifft die Datenstrategie Aussagen zu den wichtigsten Maßnahmen und Projekten zur Verbesserung des Datenmanagements im Unternehmen und zeigt einen langfristigen Umsetzungsplan auf.

Aus den in der Strategie festgehaltenen Zielen können die Verantwortlichen konkrete Projekte zur Umsetzung des Datenmanagements im Unternehmen und zur Verbesserung der Datenqualität ableiten. Ein Umsetzungsplan definiert die wichtigsten Maßnahmen und einen Zeitplan für deren Umsetzung. Die Umsetzungsplanung muss mit anderen fachlichen oder informationstechnischen Maßnahmen des Unternehmens abgestimmt werden, in denen Daten eine große Rolle spielen, wie beispielsweise Digitalisierungsprojekten oder Maßnahmen zur IT-Konsolidierung. Da die Umsetzung von Data Governance meist mehrere

Jahre dauert, hilft ein langfristiger Plan, kontinuierlich auf die definierten Ziele hinzuarbeiten.

Maßnahmen können nach ihrem Beitrag zu den Unternehmenszielen, der Lösung der dringendsten betriebswirtschaftlichen Probleme, der Verbesserung der Daten mit der derzeit schlechtesten Qualität oder der Beseitigung der höchsten Kosten schlechter Datenqualität priorisiert werden [ReBl97, S. 28].

Beispiel: Definition von Maßnahmen in der Information Policy von BT

Die „Information Policy" von BT definiert Maßnahmen für die Umsetzung der Strategie. Neben einzelnen, konkreten Projekten wurden allgemeine Kommunikations- und Schulungsmaßnahmen festgelegt. Die CIOs der BT-Unternehmensbereiche sind für die Durchführung der Projekte verantwortlich, die häufig Teil anderer IT-Projekte sind. Daneben gibt es einen Revisionsprozess zur Überwachung des Fortschritts der Maßnahmen. [OtWe09]

Zur Rechtfertigung des gesamten Data-Governance-Programms und einzelner, konkreter Maßnahmen sollten stets Wirtschaftlichkeitsbetrachtungen angestellt werden. Die Bewertung von Kosten und Nutzen ist für die Finanzierung und für die Priorisierung der Maßnahmen erforderlich. Grundsätzlich kann sich der Nutzen in der Unterstützung und Umsetzung strategischer Ziele des Unternehmens zeigen, in der Behebung von Prozessineffizienzen oder in qualitativen Verbesserungen. Idealerweise ist der Nutzen auch quantitativ messbar, wie die folgenden Beispiele zeigen.

Beispiele: Monetärer Nutzen von Data Governance

Ein Hersteller von Pflanzenschutzmitteln musste in einem Fall einen sechsstelligen Eurobetrag als Entschädigung an einen Landwirt zahlen. Aufgrund gleicher Produktnummern zweier unterschiedlicher Produkte in zwei ERP-Systemen lieferte das Unternehmen dem Landwirt das falsche Produkt. Das Ergebnis war die Zerstörung der kompletten Ernte des mit dem falschen Produkt behandelten Feldes.

Ein Unternehmen der Uhrenindustrie schätzt, dass schlechte Datenqualität pro Jahr Fehlerkosten in Höhe von ca. 400 000 CHF verursacht. Die Kosten setzen sich zusammen aus der Produktion von Ausschuss durch falsche Spezifikationen und Personalkosten für die dadurch verursachte Doppelarbeit.

Das Information-Management-Programm bei BT erzielte insgesamt einen Nutzen von über 700 Mio. GBP. Quellen dieses Nutzens waren u. a. Prozessverbesserungen, die Erhöhung des Return on Investment von Investitionen in IT-Systeme, gesunkene Lagerhaltungskosten, Vermeidung von Investitionen, höhere Einnahmen und verbesserte Nutzung von Anlagegütern. [Webe09, S. 133]

■ 4.5 Handlungsfelder der organisatorischen Ebene

In den folgenden Abschnitten werden die Handlungsfelder der organisatorischen Ebene des qualitätsorientierten Data Governance Frameworks beschrieben. Die Handlungsfelder sind das Controlling, die Organisation des Datenmanagements und die Datenqualitätsmanagement-Prozesse und -methoden.

4.5.1 Controlling

Das Handlungsfeld Controlling stellt das Bindeglied zwischen der strategischen und der organisatorischen Ebene dar. Übersetzt bedeutet Controlling steuern bzw. regeln. Das Controlling arbeitet eng mit dem Management zusammen: Das Controlling sammelt und bewertet Informationen und bereitet diese als Entscheidungsvorlage für das Management auf, welches letztendlich die Entscheidungen trifft [Gada16, S. 1]. Aktuelle und verlässliche Informationen über das zu steuernde Objekt sind die Voraussetzung für zielgerichtetes und wirtschaftliches Handeln. Nur wenn bekannt ist, wie der aktuelle Zustand ist, kann man gezielte Maßnahmen ergreifen, um diesen zu verbessern. Ob die Maßnahmen erfolgreich waren, sieht man nach einem gewissen zeitlichen Abstand an einer positiven Veränderung des Istzustandes. Kurz gesagt, um etwas zu verbessern, muss man es messen. Das Handlungsfeld Controlling im qualitätsorientierten Data Governance Framework dreht sich daher im Wesentlichen um das Thema Messen (siehe auch Abschnitt 7.3.2).

Konzeptionell orientiert sich das Handlungsfeld am IT-Controlling-Regelkreis (Bild 4.3). Das zu steuernde (zu beeinflussende) Objekt ist die Qualität der im Betrachtungsbereich liegenden Daten. Der Nutzen bzw. Erfolg der im Umsetzungsplan festgelegten Maßnahmen sollte sich in einer Erhöhung der Datenqualität zeigen. Letztendlich also darin, dass die Daten für die definierten Einsatzzwecke nutzbar sind. Die Einführung von Quality Gates bei der Datenerfassung (siehe Beispiel in Abschnitt 8.1) sollte z. B. dazu führen, dass neu erstellte Stammdaten den definierten Anforderungen entsprechen und somit eine hohe Qualität aufweisen.

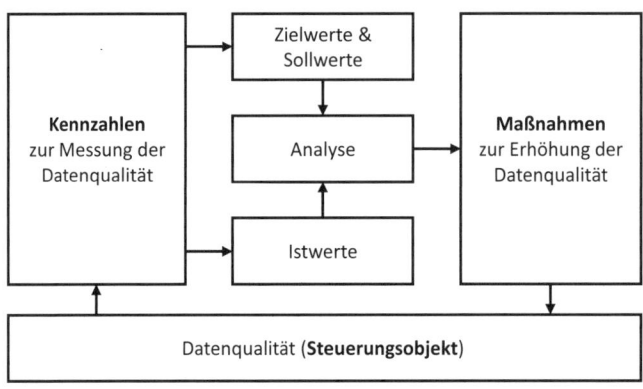

Bild 4.3
Datenqualität als Steuerungsobjekt im IT-Controlling-Regelkreis (in Anlehnung an [Kütz10, S. 4])

Ausgangspunkt sind die Anforderungen an die Datenqualität, die aus der Datenstrategie abgeleitet werden. Zunächst muss festgelegt werden, wie die Datenqualität und – ebenso wichtig – die Wirkung von hochqualitativen Daten gemessen wird und welche Messverfahren angewendet werden. Datenqualitäts-Kennzahlen orientieren sich an den Datenqualitäts-Dimensionen wie Vollständigkeit, Korrektheit und Aktualität (siehe Abschnitt 6.2). Die meist verbal beschriebenen Anforderungen (z. B. „Die DUNS-Nummer im Lieferantenstamm muss richtig und vollständig gepflegt sein.") müssen auf quantitativ messbare Größen abgebildet werden. Die Darstellung der Messwerte erfolgt häufig unter Nutzung sogenannter „Data Quality Scorecards" (siehe Abschnitt 7.3.2.3). Datenqualitäts-Kennzahlen sollten stets an den Anforderungen der Datennutzer, also am geschäftlichen Nutzen gemäß Datenstrategie, ausgerichtet sein.

 Beispiel: DQ-Kennzahlen an den Anforderungen der Datennutzer ausrichten

Ein Automobilzulieferer misst den Grad der Vollständigkeit des Attributs „DUNS-Nummer" im Lieferantenstamm. Die Vollständigkeit liegt bei ca. 98 %. Eine gute Nachricht? Es stellte sich heraus, dass die Nummer zwar fast überall gepflegt ist, aber nur in ca. 60 % mit der korrekten Nummer – und damit völlig unbrauchbar ist für die gewünschten Auswertungen über Umsätze mit Lieferanten über Konzernzugehörigkeiten hinweg. [Webe09, S. 135]

 Hinweis: Was sind gute Kennzahlen?

Geeignete Kennzahlen müssen verschiedene Anforderungen erfüllen [vgl. Lelk05, S. 9 f]. Kennzahlen sollten **zielbezogen** sein, also Aussagen über den Zielerreichungsgrad zulassen. Sie müssen zeigen, dass sich die Qualität der Daten verbessert hat. Kennzahlen müssen **beeinflussbar** sein. Änderungen an den gemessenen Werten sollten auf die getroffenen Maßnahmen zurückzuführen sein und nicht auf andere Einflüsse. Sie sollten **operationalisierbar** (also messbar) sein und effizient erhoben werden können. Idealerweise können sie automatisiert über IT-Tools erhoben werden.

Grundsätzlich gilt, dass die Aussage von Einzelkennzahlen kritisch zu hinterfragen ist, da sie immer nur einen sehr engen Ausschnitt der komplexen Realität darstellen [Kütz10, S. 5]. Verlässlichere Aussagen über die Datenqualität erhält man durch ein Kennzahlensystem wie eine Data Quality Scorecard, welche mehrere Einzelkennzahlen in Zusammenhang bringt und somit den Zustand der Datenqualität mehrdimensional abbildet.

Bevor konkrete Maßnahmen zur Verbesserung der Datenqualität umgesetzt werden, muss der Istwert der definierten Kennzahlen erhoben werden. Im Anschluss erfolgt die Bestimmung der Sollwerte oder Zielvorgaben. Sind Mitarbeiter – wie beim Datenmanagement – im Unternehmen verteilt organisiert und müssen zur Erreichung gemeinsamer Ziele koordiniert werden, dann sind Zielvorgaben ein probater Koordinationsmechanismus. Die Zielvorgaben motivieren die Mitarbeiter, ihre Arbeit an den in der Datenstrategie vorgegebenen Zielen auszurichten.

Die definierten Zielwerte müssen in konkrete Zielvorgaben für Personen, Abteilungen oder Unternehmensbereiche übersetzt werden. Die individuellen Ziele müssen so gewählt werden, dass die betroffenen Mitarbeiter durch ihre Arbeit einen Einfluss auf die Zielerreichung haben. Jeder Mitarbeiter trägt dann durch die Erreichung seiner Ziele zur Erreichung der Unternehmensziele bei [KaNo92]. In der Praxis hat sich bewährt, diese Ziele in die Anreizsysteme des Unternehmens zu integrieren, beispielsweise durch Aufnahme in die Zielvereinbarungen von Führungskräften wie Prozess- und Fachbereichsverantwortlichen.

 Beispiel: Zielwerte für Stammdatenqualität im Einzelhandel

Ein Einzelhändler misst verschiedene Kennzahlen der Stammdatenqualität, z. B. den Anteil von Einkaufs-Differenzen (fehlerhafte Rechnungspositionen), Anzahl Minusbestände (Bestellpositionen mit negativen Beständen) und „Pseudo-Bestellpositionen". Pseudo-Bestellpositionen entstehen, wenn Kassierer einen von der Kasse nicht automatisch erkannten Artikel unter Angabe von Menge und Preis auf eine Pseudo-Artikelnummer buchen. Derartige Buchungen führen zu einem fehlerhaften Bestand. Die Kennzahlen ermittelt das Unternehmen monatlich pro Filiale. Alle Kennzahlen werden gewichtet und auf eine einzige Datenqualitäts-Kennzahl verdichtet. Der Zielwert für diese aggregierte Kennzahl ist für alle Filialen 95 %. [ScOt07]

Um den Grad der Zielerreichung nach der Durchführung der Maßnahmen oder nach einem bestimmten Zeitraum zu ermitteln, werden die gemessenen Istwerte mit den Zielwerten der Kennzahlen verglichen. Die gemessenen Werte können aber auch durch andere Vergleiche an Aussagekraft gewinnen. Beispielsweise können die Messergebnisse mehrerer Organisationseinheiten miteinander verglichen werden, oder die Entwicklung der Datenqualität kann über mehrere Perioden hinweg beobachtet werden.

Bild 4.4 zeigt eindrücklich, welche Wirkung auf die Datenqualität die Durchführung von Messungen und die Einleitung von Gegenmaßnahmen haben können. Es wird die Kennzahl „Minusbestand" eines Einzelhändlers und deren Entwicklung über zwei Jahre hinweg in sieben Filialen dargestellt. Der Minusbestand konnte in dem Zeitraum von Werten über 15 % deutlich auf Werte unter 5 % gesenkt werden. In diesem Fall waren die Filialleiter aufgefordert worden, selbstständig Maßnahmen in ihren Filialen zu ergreifen, um den Minusbestand zu verringern.

Werden die Zielwerte (regelmäßig) unterschritten, sollten die Ursachen dafür analysiert werden und entsprechende Gegenmaßnahmen eingeleitet werden. Es gibt verschiedene Möglichkeiten, warum Maßnahmen nicht erfolgreich waren und je nachdem müssen andere Gegenmaßnahmen getroffen werden (siehe Tabelle 4.1).

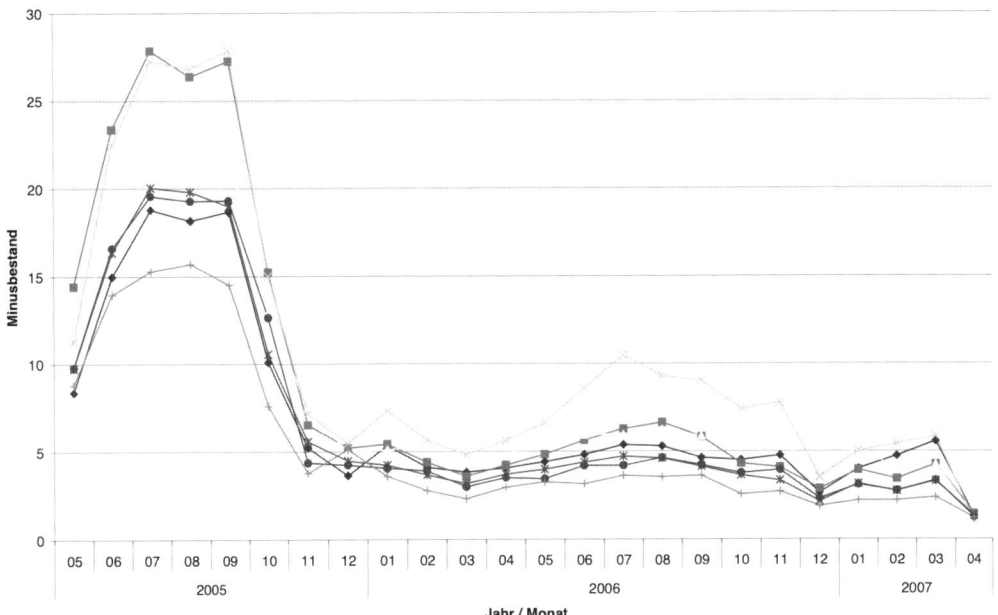

Bild 4.4 Wirkung der Messung von Datenqualität am Beispiel der Kennzahl „Minusbestand" bei sieben Filialen eines Einzelhändlers [ScOt07, S.14]

Tabelle 4.1 Ursachen für die Unterschreitung der Sollwerte und passende Gegenmaßnahmen (eigene Darstellung)

Ursache	Gegenmaßnahme
Die Maßnahmen waren nicht geeignet, die Datenqualität zu erhöhen.	Andere Maßnahmen ergreifen.
Die Wirkung der gewählten Maßnahmen war zu gering.	Zusätzliche Maßnahmen ergreifen.
Die Maßnahmen wirken zeitverzögert und der Messzeitraum war zu kurz.	Messung zu einem späteren Zeitpunkt wiederholen.
Äußere Einflüsse führten dazu, dass sich die Datenqualität nicht verbesserte, z.B. eine nicht geplante Datenmigration, gesetzliche Änderungen, unplanmäßige Verzögerungen bei der Umsetzung der Maßnahmen.	Hat sich das Ziel geändert, Kennzahlen, Sollwerte und Maßnahmen anpassen. Andernfalls die Messung zu einem späteren Zeitpunkt wiederholen.
Die Maßnahmen wurden seitens der Verantwortlichen nicht oder nur unzureichend umgesetzt.	Ansprache der Verantwortlichen, Eskalation an definierte Rollen, Ursachenanalyse und gegebenenfalls Sanktionierung der Verantwortlichen.
Die Kennzahlen sind nicht geeignet, die Wirkung der Maßnahmen zu messen.	Andere Kennzahlen definieren.
Die Sollwerte waren unrealistisch.	Realistische Sollwerte definieren.

Das Controlling muss auch Aussagen über Eskalations- und Sanktionierungsmechanismen treffen für den Fall, dass die Ursachen bei den Verantwortlichen zu finden sind. Eskalation bedeutet meist die Information der übergeordneten Rollen, z. B. der strategischen Data Stewards oder des Datenkomitees. Diese müssen dann entscheiden, wie mit den Verantwortlichen weiter verfahren wird.

4.5.2 Organisation des Datenmanagements

Auf der organisatorischen Ebene des qualitätsorientierten Data Governance Frameworks wird der Kern von Data Governance definiert – das Rollenmodell. Sind die Rollen definiert, werden Mitarbeiter den Rollen zugeordnet und die Gremien konstituiert. Die Besetzung der Rollen muss nicht notwendigerweise in Vollzeit erfolgen. Beispielsweise werden die Rollen der fachlichen und technischen Data Stewards in der Regel mit Mitarbeitern besetzt, die weiterhin ihre operativen Aufgaben wahrnehmen. Das ist auch insofern notwendig, damit die erforderliche Expertise in einzelnen Geschäftsprozessen, Anwendungssystemen etc. dauerhaft vorgehalten werden kann. Jedoch sind zentrale Rollen wie der Konzern Data Steward häufig Vollzeitstellen.

4.5.2.1 Rollenmodell

Rollen übernehmen die Aufgaben der einzelnen Data-Governance-Handlungsfelder oder sind dafür verantwortlich, Entscheidungen zu treffen (im Folgenden nach [Webe09, S. 106 ff, Webe12]). Das Rollenmodell unterscheidet Einzelrollen, die meist einzelnen Personen bzw. Stellen im Unternehmen zugeordnet werden, und Gremien, die sich aus mehreren Einzelrollen zusammensetzen.

Die Data-Governance-Rollen können den vier Entscheidungsebenen exekutiv, strategisch, taktisch und operativ zugeordnet werden (vgl. [Sein19]). Eine Zuordnung zu Ebenen ist sinnvoll, um den Entscheidungsraum und -horizont der Verantwortlichen klar abzugrenzen. Die Zuordnung veranschaulicht zudem die Bedeutung der Rollen im Unternehmen (vgl. [SoSo08, S. 3, WCOC08]):

- Die **exekutive Ebene** hat die oberste Aufsicht über das gesamte Data-Governance-Programm des Unternehmens. Sie sorgt für dessen ideelle und finanzielle Unterstützung.

- Die **strategische Ebene** trifft Entscheidungen mit unternehmensweiter Relevanz und langfristigem oder grundlegend gestaltendem Charakter. Zwei Beispiele sind die Verabschiedung der Datenstrategie und eine Änderung an der Organisationsstruktur.

- Die **taktische Ebene** ist die Ebene der Data Stewards. Die Data Stewards unterstützen die ausführende, operative Ebene und bereiten Entscheidungen für die strategische Ebene vor. Sie sind für einen Teil der Datenobjekte verantwortlich und erarbeiten Konzepte, Verfahren und Templates für Data Governance, unterbreiten Vorschläge für Standards und Richtlinien und leiten Maßnahme und Projekte.

- Die **operative Ebene** beschäftigt sich im Tagesgeschäft mit Datenmanagement, z. B. mit der Erstellung und Pflege von Daten. Sie setzt die auf den oberen Ebenen getroffenen Entscheidungen um, arbeitet in Maßnahmen und Projekten mit.

Bild 4.5 zeigt das Rollenmodell im Überblick und die Zuordnung der Rollen zu den vier Ebenen.

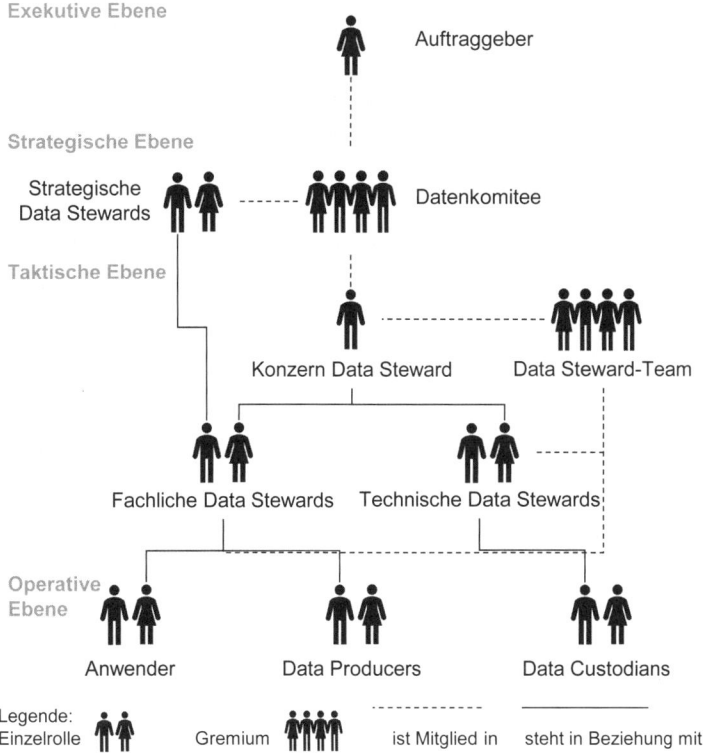

Bild 4.5 Data-Governance-Rollenmodell (eigene Darstellung, in Anlehnung an [Webe09, S.106])

Kapitel 5 beschreibt jede Rolle und jedes Gremium sehr ausführlich mit Aufgaben, Kompetenzen und anhand von Beispielen. Tabelle 4.2 zeigt alle Rollen und Gremien mit einer Kurzbeschreibung im Überblick.

Tabelle 4.2 Data-Governance-Rollen und -Gremien (in Anlehnung an [Webe09, S.107])

Rolle/Gremium	Beschreibung
Exekutive Ebene	
Auftraggeber (Sponsor, Chief Data Officer)	Der Auftraggeber verkörpert die ideelle und finanzielle Unterstützung des Datenmanagements durch die Unternehmensleitung. Er ist auf der höchsten Unternehmensebene für das Datenmanagement verantwortlich.
Strategische Ebene	
Datenkomitee	Das Datenkomitee ist das strategische Entscheidungsgremium des Datenmanagements. Es hat die Aufsicht über die Umsetzung und Einhaltung der Datenstrategie und kontrolliert alle datenbezogenen Projekte und Maßnahmen.
Strategische Data Stewards (Data Owner)	Die strategischen Data Stewards haben die strategische Verantwortung und höchste Entscheidungsbefugnis für einen Teil der Datenobjekte. Sie besitzen die notwendige Kompetenz, um Entscheidungen des Datenkomitees in die Organisation zu tragen.

Tabelle 4.2 Data-Governance-Rollen und -Gremien (in Anlehnung an [Webe09, S.107]) *(Fortsetzung)*

Rolle/Gremium	Beschreibung
Taktische Ebene	
Konzern Data Steward	Der Konzern Data Steward hat die taktische Leitung und Verantwortung für das Datenmanagement. Er koordiniert alle anderen Rollen.
Data Steward-Team	Das Data Steward-Team repräsentiert alle Data Stewards des Unternehmens. Es trifft sich regelmäßig, um Erfahrungen auszutauschen und über aktuelle Probleme zu diskutieren und sie zu lösen.
Fachliche Data Stewards	Fachliche Data Stewards kümmern sich in ihrem Verantwortungsbereich um die Qualität der Datenobjekte aus fachlicher Sicht. Sie repräsentieren als Experten die Interessen ihres Fachgebiets.
Technische Data Stewards	Technische Data Stewards sind verantwortlich für die informationstechnische Unterstützung des Datenmanagements.
Operative Ebene	
Anwender	Anwender nutzen Daten innerhalb von Geschäftsprozessen oder zur Entscheidungsfindung und definieren somit deren fachliche Anforderungen.
Data Producers	Data Producers erstellen und pflegen Daten gemäß den Regeln des Datenmanagements.
Data Custodians	Data Custodians implementieren die fachlichen Anforderungen in die datenverarbeitenden und datenhaltenden Informationssysteme.

Im Folgenden zeigen Beispiele der fiktiven Spec AG, wie einige Handlungsfelder umgesetzt sind (siehe Kasten). Kapitel 5 verwendet die Spec AG, um die Umsetzung der Data-Governance-Rollen und -Gremien in der Praxis zu zeigen.

 Einführung in das Fallbeispiel der Spec AG

Die Spec AG ist ein Unternehmen der Spezialchemie. Mit ca. 15 000 Mitarbeitern und einem Umsatz von mehreren Milliarden EUR bedient das Unternehmen Kunden in über 120 Ländern, u.a. aus den Bereichen Verpackung, Automobil und Landwirtschaft. Das Unternehmen hat drei operative Geschäftseinheiten in drei globalen Regionen. Konzernweite Unterstützungsaufgaben wie IT, Personalwesen und Finanzwesen sind im Zentralbereich Group Services gebündelt.

Die Organisation des Stammdatenmanagements wurde konzeptioniert im Rahmen einer Operational-Excellence-Initiative. Ziel der Initiative war, die Kosteneffektivität und die Effizienz zu verbessern, die Transparenz zu erhöhen sowie profitables Wachstum zu fördern. Eines der Kernthemen der Initiative war die Einführung eines unternehmensweiten ERP-Systems. Teil des Projektes war eine Stammdatenmanagement-Initiative mit den Zielen:

- unternehmensweite Konsolidierung der Stammdaten,
- Einführung von Data-Governance-Regeln und -Verantwortlichkeiten,
- Formalisierung von Stammdatenproduktions- und -validierungs-Prozesse zur Sicherstellung der Datenqualität und
- Dokumentation der Kerndatenobjekte in einer zentralen Datenbank.

4.5.2.2 Koordination der Rollen

Neben den Rollen etablieren größere Unternehmen spezielle Abteilungen zur Bündelung der Aufgaben des Datenmanagements. Das Datenmanagement als Organisationseinheit ist für die unternehmensweite Koordination, Leitung, Unterstützung und Überwachung aller Aktivitäten, Aufgaben und Entscheidungen und aller daran beteiligten Mitarbeiter des Datenmanagements zuständig. Der Konzern Data Steward oder der Chief Data Officer (CDO) leitet das Datenmanagement. Wie viele Mitarbeiter diese Abteilung hat, hängt entscheidend von der Datenstrategie und dem dort definierten Umfang und der Reichweite des Datenmanagements ab. Bei sehr großen Unternehmen (mehr als 10 000 Mitarbeiter) mit unternehmensweiter Ausrichtung des Datenmanagements finden sich Beispiele zwischen vier und zwölf Vollzeit-Mitarbeitern (vgl. [Webe09, S. 125 f]).

Für die organisatorische Umsetzung des Datenmanagements gibt es verschiedene Optionen. Das Datenmanagement kann dezentral als Fachabteilung oder Stabsstelle in den Geschäftsbereichen etabliert werden. Es kann zentral in Form eines Zentralbereiches oder eines Shared Service Centers organisiert werden. Auch Outsourcing des Datenmanagements kommt in Frage, also die Vergabe der Aufgaben des Datenmanagements an einen Dienstleister. Große Unternehmen etablieren das Datenmanagement häufig als Zentralbereich. Diese Option berücksichtigt am besten die Anforderungen des Gesamtunternehmens an ein unternehmensweites Datenmanagement, wie beispielsweise Prozessharmonisierung, einheitliches Berichtswesen oder die Erfüllung regulatorischer Anforderungen.

 Fallbeispiel Spec AG: Datenmanagement

Der Kern der Organisation für Material-, Kunden- und Lieferantenstammdaten bei der Spec AG ist das Data Standards Team. Das Data Standards Team ist verantwortlich für Stammdatenmanagement, Stammdatenqualität und Stammdatenpflege. Im Fokus stehen die Entwicklung der Stammdatenproduktions-Prozesse, das Erbringen von Dienstleistungen für die Anspruchsgruppen des Stammdatenmanagements und die Weiterentwicklung der Stammdaten-Strategie und Stammdaten-Organisation. Die Abteilung hat 17 Vollzeit-Mitarbeiter, von denen fünf für die Pflege globaler Stammdaten zuständig sind. Das Data Standards Team ist Teil des Zentralbereichs Business Process Services der Spec AG.

Das Beispiel der British Telecom zeigt, dass das Datenmanagement nicht nur als Shared Service Center, sondern sogar als Profit Center organisiert sein kann (siehe Kasten).

 Beispiel: Das IM-Team der British Telecom (BT)

Das Information Management Team (IM-Team) bei BT bestand aus bis zu 60 Experten mit technischen Fähigkeiten, datenqualitätsbezogenem Wissen und Projekterfahrungen (vgl. [OtWe09]). Darunter waren Business Analysts, Data Analysts und Solution Designer. Das IM-Team führte Datenqualitäts-Projekte für die gesamte BT-Gruppe durch. Die drei Kommunikationsmanager im Team sorgten für die Akquise neuer Projekte.

> Die Geschäftsbereiche als Auftraggeber bezahlten für die Projekte und andere Datenqualitäts-Dienstleistungen des IM-Teams. Für jedes Projekt musste somit die Wirtschaftlichkeit nachgewiesen werden. Positive Effekte resultieren z. B. aus gesunkenen Lagerhaltungskosten, Vermeidung von Investitionen, höheren Einnahmen und der verbesserten Nutzung von Anlagegütern. Außerdem konnte die Genauigkeit der Rechnungsstellung verbessert, die Voraussetzung für E-Business geschaffen, die Kundenzufriedenheit gesteigert und die Prozesseffizienz erhöht werden.

Bei einem unternehmensübergreifenden Thema wie dem Datenmanagement trägt ein regelmäßiger Austausch über aktuelle Themen, Probleme, Erfahrungen, Neuerungen oder geplante Änderungen aller Beteiligten wesentlich zu dessen Erfolg bei. Die Kommunikation zwischen verschiedenen Rollen erhöht das Verständnis für die Anforderungen und Probleme des anderen. Die Anwender sollten beispielsweise die Data Producer über ihre Anforderungen informieren und könnten ihnen positives oder negatives Feedback zur Datenqualität geben. Wichtig ist, nicht davon auszugehen, dass dieser Austausch automatisch stattfinden wird. Kommunikationswege müssen institutionalisiert werden. Das Gremium Data Steward-Team ist z. B. die Institutionalisierung der Kommunikation unter den Data Stewards.

 Fallbeispiel Spec AG: Kommunikation

> Die Stammdatenorganisation der Spec AG, bestehend aus Regional Data Manager, Data Stewards und Data Standards Team, diskutiert in wöchentlichen Jours Fixes über anstehende Projekte, den Status laufender Projekte, ungelöste Probleme und Neuerungen. Da die Data Stewards den Data Producern gegenüber nicht weisungsbefugt sind, ist eine auf Vertrauen und Kooperation basierende Zusammenarbeit für den Erfolg des Stammdatenmanagements notwendig. Jeder Data Steward pflegt daher das Netzwerk der Data Producer seiner Region mit regelmäßigen Telefonkonferenzen und Besuchen vor Ort.

Zusätzlich zu der Überlegung, welche Data-Governance-Rollen das Unternehmen braucht, müssen die Verantwortlichen entscheiden, wie diese Rollen in die bestehende Aufbauorganisation eingeordnet und konkreten Organisationseinheiten (Abteilungen bzw. Stellen) zugeordnet werden. Soll ein Chief Data Officer (CDO) die unternehmensweite Verantwortung und Führungsrolle für das strategisch wichtige Datenmanagement im Rahmen der Digitalisierung wahrnehmen, impliziert dies eine Zuordnung zur obersten Managementebene als Teil der Unternehmensführung. Damit grenzt sich der CDO deutlich von der Rolle des Konzern Data Stewards ab. Diese ist meist der mittleren oder unteren Managementebene zugeordnet und ist für die Finanzierung und für strategische Entscheidungen auf den Auftraggeber angewiesen. Mit dem CDO ist der Auftraggeber für das Datenmanagement im Unternehmen gefunden.

Zuletzt ist noch zu klären, wie die Koordination zwischen den Rollen stattfindet und in welchem Umfang die Rollen an der Aufgabenerfüllung und Entscheidungsfindung beteiligt sind. Dies kann beispielsweise mit RACI-Matrizen definiert und dokumentiert werden (siehe Abschnitt 7.3.5). Berichtslinien und Weisungsbefugnisse müssen vor allem zwischen Data Producern und Anwendern, Data Stewards, Datenmanagement-Abteilung und Datenkomitee definiert werden.

Konflikte sind bei den organisationseinheitsübergreifenden Fragestellungen des Datenmanagements und den unterschiedlichen Anforderungen, z. B. an die fachliche Definition eines Stammdatums, vorprogrammiert. Wichtigstes Instrument zur Lösung strategischer Konflikte ist das Datenkomitee, dessen Mitglieder alle Anspruchsgruppen des Datenmanagements repräsentieren. Die Abteilung Datenmanagement definiert weitere Konfliktlösungsmechanismen für nichtstrategische Fragestellungen, z. B. wie Entscheidungen im Data Steward-Team oder in Arbeitsgruppen getroffen werden.

4.5.2.3 Data Quality Awareness

Awareness-Maßnahmen sollen das Bewusstsein für die Bedeutung von Daten und ihrer Qualität im Unternehmen bei den Mitarbeitern auf allen Ebenen erhöhen. Zu Awareness gehören das Verständnis, in welcher Art und Weise gute Datenqualität dem Unternehmen hilft, seine strategischen und operativen Ziele zu erreichen. Ebenfalls müssen alle Mitarbeiter wissen, wie sie mit ihrem Verhalten dazu beitragen können, die Qualität auf einem hohen Niveau zu halten oder weiter zu erhöhen. Das ist insbesondere für die Mitarbeiter wichtig, die durch ihre Rolle als Data Producer einen großen Einfluss auf die Datenqualität haben. Es sind insbesondere Kommunikations- und Schulungsmaßnahmen, die geeignet sind, die Data Quality Awareness zu erhöhen.

Regelmäßige Kommunikation soll das Datenmanagement gegenüber seinen Stakeholdern präsentieren. Ziele von Kommunikationsmaßnahmen sind die Verankerung des Datenqualitäts-Gedankens in der Unternehmenskultur, die Motivation der Stakeholder zur aktiven Mitarbeit und die Beseitigung von Widerständen. Durch regelmäßige Kommunikation kann das Datenmanagement über Neuerungen und Änderungen informieren und für eine gleichbleibend hohe Wahrnehmung von Datenqualität sorgen. Geeignete Kommunikationsmedien sind z. B. eine Seite im Intranet des Unternehmens, Broschüren mit „Success Stories", Beiträge in Unternehmenszeitschriften, regelmäßig erscheinende Newsletter und Informationsveranstaltungen.

Beispiel: Werbung für das Stammdatenmanagement

Umfangreich ist die Kommunikation der Stammdatenorganisation bei einem Düngemittelhersteller. Das Stammdatenmanagement hat ein eigenes Logo. Jedes Jahr denkt sich der Konzern Data Steward neue Möglichkeiten aus, das Stammdatenmanagement innerhalb des Unternehmens zu vermarkten. Er verteilt regelmäßig kleine Aufmerksamkeiten wie z. B. Eiskratzer (für den klaren Stammdaten-Durchblick), T-Shirts, Ordner und Stifte mit dem MDM-Logo. Es gibt Broschüren, die die zehn wichtigsten Stammdatenregeln auf einen Blick erklären, die Funktionsweise des Workflows zur Stammdatenpflege darstellen und die Bedienung des Business Data Dictionaries erläutern. Der Konzern Data Steward nutzt jede Gelegenheit, um bei unternehmensinternen und -externen Veranstaltungen über die Bedeutung und die bisherigen Erfolge des Stammdatenmanagements zu berichten.

Fehlendes oder unzureichendes Training der Data Producer ist eine häufige Ursache für schlechte Datenqualität. Schulungen zum Datenmanagement richten sich neben den Data Producern an alle anderen Mitarbeiter des Unternehmens, da alle Mitarbeiter Daten nutzen. Eine Grundlagenschulung informiert alle (neuen) Mitarbeiter des Unternehmens über Ziele, Umfang und Bedeutung des Datenmanagements, über Datenqualität, Verantwortlichkeiten, Organisationsstruktur, Informationsquellen und Richtlinien.

Personen mit besonders wichtigen Rollen wie Data Producer und Data Stewards erhalten ein zusätzliches, auf ihre Rollen angepasstes, Training. Data Producer müssen die Anforderungen der Datennutzer verstehen, datennutzende Prozesse kennen und über die Konsequenzen schlechter Datenqualität aufgeklärt werden. Sie müssen über einzuhaltende Richtlinien, Vorgaben und Standards unterrichtet werden. Die Mitarbeiter des Datenmanagements müssen vor allem für Datenmanagement-Methoden und -Tools qualifiziert werden.

 Fallbeispiel Spec AG: Schulung der Data Stewards und Data Producer

Für die Spec AG war die Schulung der Data Producer und der zukünftigen Data Stewards ein wichtiger Bestandteil des Change Managements im Projekt. Das Data Standards Team reiste in alle Regionen und unterrichtete an je zwei Tagen die regionalen Data Stewards über die zukünftige Stammdatenmanagement-Organisation und den Datenpflege-Workflow. Manager der Regionen und Mitglieder des Lenkungskreises erhielten Schulungen zu Richtlinien, zu den Aufgaben und Verantwortlichkeiten der Process Owner sowie zu den Prinzipien des Stammdatenmanagements. Die geschulten Data Stewards übernahmen dann die Ausbildung der Data Producer.

Ein weiterer Aspekt von Awareness ist, Informationskanäle und Dokumentationen als Hilfestellung für die Data Producer, Data Stewards und Anwender zu erstellen und bereitzuhalten. Häufig werden Fehler in der Dateneingabe durch Unwissenheit oder Unsicherheit verursacht. Durch die Nutzung der Informationskanäle und Dokumentationen sollen möglichst viele auftretende Fragen und Probleme der Data Producer und Data Stewards zeitnah beantwortet werden – bei geringem Aufwand für die Informationsbeschaffung. Anwender können Dokumentationen als Nachschlagewerke für die von ihnen genutzten Daten heranziehen. Das Business Data Dictionary (siehe Abschnitt 4.6.1.1) ist eine mögliche Informationsquelle. Eine Hotline oder eine zentrale E-Mail-Adresse bieten für die Hilfesuchenden einfache Möglichkeiten des Erstkontakts. Durch eine Supportorganisation mit First-, Second- und Third-Level-Support kann sichergestellt werden, dass alle Fragen den richtigen Adressaten erreichen.

Fallbeispiel Spec AG: Support für die Data Stewards

Für die Data Power User bei der Spec AG ist der zuständige Data Steward in der Regel der erste Kontakt bei auftretenden Fragen und Problemen rund um das Stammdatenmanagement. Zusätzlich setzt die Spec AG ein Ticketsystem ein. Die Regional Data Manager verteilen diese Tickets an den jeweils Zuständigen. Bei technischen Fragen zum Workflow kann dies die IT-Abteilung sein. Einen Großteil des Supports übernehmen die Data Stewards und die Regional Data Manager selbst. Schwierige Supportanfragen werden in den regelmäßig stattfindenden Treffen oder Telefonkonferenzen besprochen.

4.5.3 Datenmanagement-Prozesse

Bei den Datenmanagement-Prozessen sind die Datenproduktions-Prozesse von den Datenqualitätsmanagement-Prozessen zu unterscheiden.

4.5.3.1 Datenproduktions-Prozesse

Bei Datenproduktions-Prozessen handelt es sich um Datenanlage- und Datenpflegeprozesse, z. B. die Erfassung von Logistikdaten zu einem Artikelstammdatum oder die Neuanlage eines potenziellen Kunden. Datenproduktions-Prozesse sind auch unter dem Kürzel CRUD (Create – Read – Update – Delete) bekannt (siehe auch Abschnitt 7.3.4). Das Management der Datenproduktions-Prozesse beinhaltet die Identifikation eines Prozessverantwortlichen, die Modellierung des Prozesses, die Etablierung eines Prozesscontrollings und die kontinuierliche Verbesserung [ReBl97, S. 104]. Durch ein aktives Management der Datenproduktions-Prozesse soll die Datenqualität während des gesamten Datenlebenszyklus sichergestellt werden.

Nach dem Informationsproduktansatz (vgl. [WLPS98]) sind Daten (hier: Informationen) das Ergebnis eines Produktionsprozesses. Ebenso wie die Produktion physischer Produkte soll demnach der Prozess der Datenerzeugung gemanagt werden (siehe Bild 4.6). Das Ergebnis eines Produktionsprozesses ist ein Datenprodukt, welches den Anforderungen der Nutzer genügt. Ein solches Datenprodukt könnte das Risikoprofil eines Kunden oder eine Rechnung sein. Der Lebenszyklusgedanke beschreibt die verschiedenen Phasen eines Datenproduktes von dessen Entstehung bzw. Beschaffung über die Analyse, Bewertung, Anreicherung und Nutzung bis hin zur Entsorgung. Auch zur Wiederverwendung der Datenprodukte sollten gezielte Aktivitäten zur Pflege und Wartung unternommen werden. Dadurch kann die Qualität langfristig sichergestellt werden.

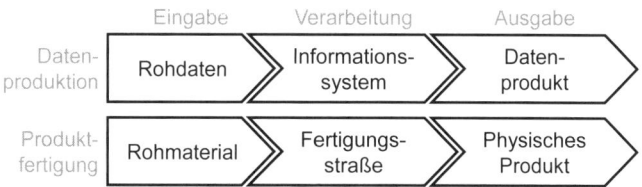

Bild 4.6 Datenproduktion (in Anlehnung an [Wang98, S. 59])

In die Modellierung der Datenproduktions-Prozesse fließen die Anforderungen der Nutzer an das Datenprodukt ein sowie weitere Vorgaben, z. B. aus Gesetzen, Standards und Richtlinien. Die wesentlichen Elemente der Datenproduktions-Prozesse sind Datenquellen (Input), Verarbeitungsschritte, Datenspeicher, Qualitätskontrollen und Datensenken (Output). Data Governance hat für diese Prozesse Vorgaben zu machen und Standards zu setzen. Es wird definiert, wie Datenqualität in den Prozessen einzuhalten ist, z. B. durch Erfassungsrichtlinien, Anforderungen an (externe) Data Producer und Datenqualitäts-Kontrollen mittels Quality Gates (siehe Beispiel in Abschnitt 8.1). Dieses aufwendige Management der Datenproduktions-Prozesse betrifft vor allem die in der Datenstrategie festgelegten Kerndatenobjekte.

 Beispiel: Geschäftsregeln bei der Pflege von Materialstammdaten

Viele Geschäftsprozesse eines Düngemittelproduzenten verwenden das Attribut „Maßeinheit" des Materialstammsatzes. Um Fehlern vorzubeugen, belegt ein Workflow zur Materialstammdaten-Erfassung dieses Attribut automatisch anhand von Geschäftsregeln mit vordefinierten Werten. [Webe09, S. 142]

Data Governance muss auch Aussagen treffen, in welchem Umfang die Datenproduktions-Prozesse in die operativen Geschäftsprozesse (z. B. Produktentwicklung, Beschaffung, Marketing, Vertrieb) eingebettet sind. Ereignisse der Geschäftsprozesse lösen Aktivitäten der Datenproduktions-Prozesse aus (Beispiel Materialstammdaten) [OWSH08, S. 225]:

- Auslöser für die Anlage eines Stammsatzes ist der Einkauf eines neuen Rohmaterials oder der Abschluss der Entwicklung eines neuen Produktes.
- Eine Änderung der Verpackung oder die Erweiterung des Verkaufsgebiets führen zu Anpassungen im Stammsatz.
- Der Stammsatz wird deaktiviert und archiviert, wenn das Produkt vom Markt genommen wird.

Bild 4.7 zeigt exemplarisch den Prozess von der Anfrage für ein neues Material durch die Fachabteilung bis das Material im zentralen Stammdatensystem angelegt ist. Auslöser für den Prozess sind verschiedene Geschäftsprozesse, z. B. die Entwicklung eines neuen Produktes oder die Einführung einer neuen Produktvariante. Die Anlage selbst erfolgt automatisch auf Basis der in der Anfrage enthaltenen Daten. Verschiedene Beteiligte prüfen und genehmigen den Stammsatz vor der Anlage.

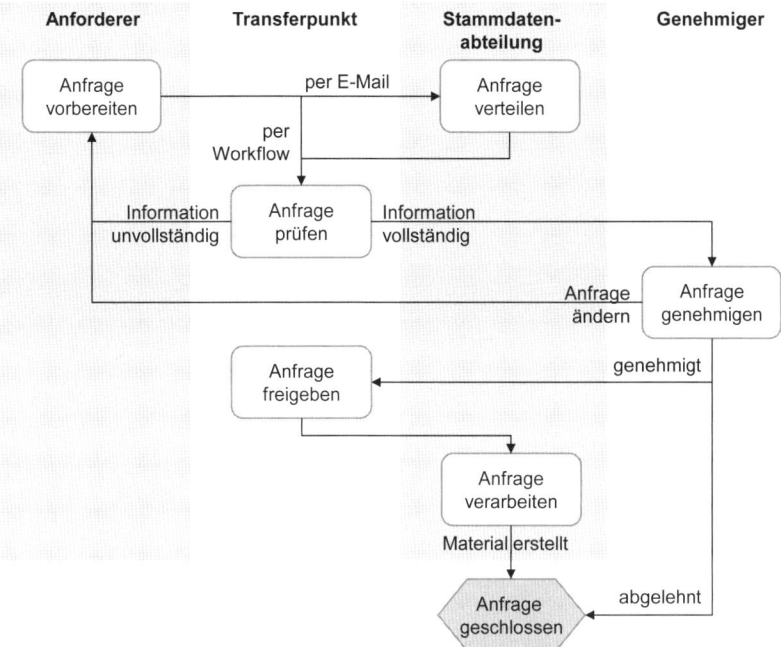

Bild 4.7 Beispiel für einen Prozess zur Beantragung und Anlage eines neuen Materials
(in Anlehnung an [WeOf09, S. 22])

4.5.3.2 Datenqualitätsmanagement-Prozesse und -Methoden

Die Datenproduktions-Prozesse sind die Kernprozesse des Datenmanagements. Daneben hat aber vor allem die Datenmanagement Organisation zahlreiche Aufgaben, die sich um die Sicherstellung und Erhöhung der Datenqualität drehen und die sich als Prozesse organisieren lassen. Diese Aufgaben umfassen z. B. die Identifikation und Lösung von Datenqualitäts-Problemen, den Umgang mit und die Pflege von Metadaten sowie die Unterstützung der Data Producer, Data Stewards und Anwender. Die Aufgaben (oder Makro-Prozesse) lassen sich in einer Prozesslandkarte visualisieren [s. ÖsHO11, S. 63 ff].

Letztendlich decken die anderen Handlungsfelder des Frameworks die meisten Aufgaben des Datenmanagements ab. Hier sind daher nur die Aufgaben des Datenqualitätsmanagements im engeren Sinne gemeint. Ziel des Datenqualitätsmanagements ist die kontinuierliche Verbesserung der Datenqualität mit den vier Phasen definieren, messen, analysieren und verbessern [Wang98, S. 60]. Die ersten beiden Phasen identifizieren die Anforderungen der Datennutzer, übersetzen diese in Datenqualitäts-Kennzahlen und messen die Datenqualität (siehe Abschnitt 7.3.2).

Beispiel: Prozesslandkarte des Infrastrukturdatenmanagements

Der Entwurf einer Prozesslandkarte der Abteilung Infrastrukturdatenmanagement eines Logistikdienstleisters zeigt die fünf Kernaufgaben, welche die Fachbereiche bei der Erfassung, Vorhaltung und Bereitstellung von Infrastrukturdaten unterstützen (Bild 4.8).

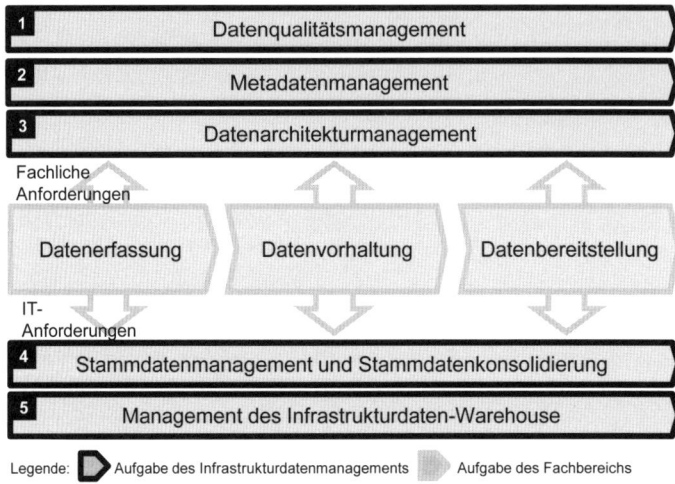

Bild 4.8 Prozesslandkarte im Infrastrukturdatenmanagement [Webe09, S.143]

Zur Analyse und Verbesserung der Datenqualität existieren zahlreiche Methoden und Techniken. Eine grundsätzliche Unterscheidung besteht zwischen reaktiver, nachträglicher Datenbereinigung („Data Cleansing") und proaktiver, vorbeugender Verbesserung der Datenqualität.

 Beispiel: Methode für die Durchführung von Datenqualitäts-Projekten

Die „Data Quality Methodology" von British Telecom (BT) beschreibt die Durchführung von Datenqualitäts-Projekten in fünf Phasen (Bild 4.9). Die ersten beiden Phasen identifizieren und analysieren die Probleme. Anschließend entwirft das Projektteam einen Lösungsvorschlag inklusive einer Wirtschaftlichkeitsbetrachtung. In der Re-Engineering-Phase führt das Projektteam sowohl vorbeugende als auch bereinigende Maßnahmen zur Verbesserung der Datenqualität durch. Die letzte Phase Consolidation sorgt für die dauerhafte Sicherung der Datenqualität. [OtWe09, S. 14 ff, Webe09, S. 144]

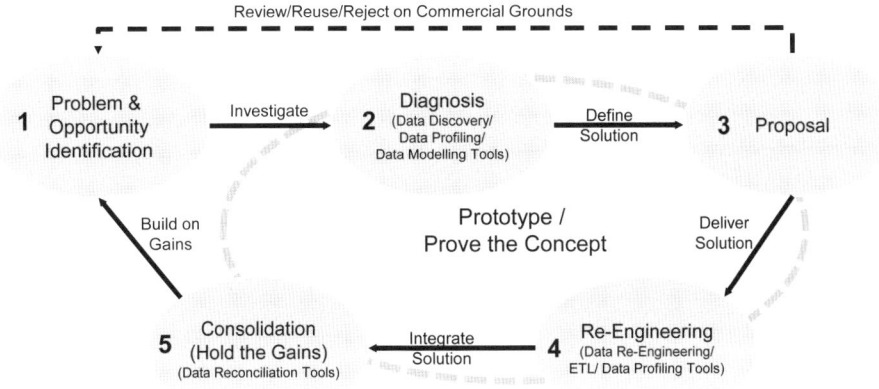

Bild 4.9 Die fünf Phasen der Data Quality Methodology von BT [Webe09, S.144]

■ 4.6 Handlungsfelder auf Ebene der Informationssysteme

Die Ebene der Informationssysteme beschäftigt sich mit der Datenarchitektur und der Systemarchitektur. Diese Handlungsfelder sind sehr IT-nah. Daher sollte die Zusammenarbeit und gegebenenfalls die Abgrenzung zu IT-Governance diskutiert und geklärt werden, um gemeinsame Lösungen zu finden und sich nicht in unnötigem Kompetenzgerangel zu verlieren.

4.6.1 Datenarchitektur

Aus den Geschäftsprozessen leiten sich die Anforderungen an die Datenarchitektur ab. Data Governance gestaltet beispielsweise, welche Datenobjekte konzernweit gültig sind und daher einheitlich interpretiert werden müssen, welche Attribute global gelten und welche lokal ausgestaltet werden dürfen. Das Business Data Dictionary dokumentiert das gemeinsame Verständnis der wichtigsten Datenobjekte. Zudem umfasst die Datenarchitektur eines Unternehmens das Datenobjektmodell.

4.6.1.1 Business Data Dictionary

Die Fachbereiche eines Unternehmens belegen gleiche Begriffe mit unterschiedlichen, fachspezifischen Bedeutungen oder verwenden unterschiedliche Begriffe für gleiche Inhalte. Die unternehmensweite Verwendung von Kerndatenobjekten bedingt aber ein einheitliches Verständnis über gleiche Sachverhalte. Ein fachlicher Metadatenkatalog (z.B. [Broc18]) enthält diese unternehmensweit eindeutig und widerspruchsfrei definierten Datenobjekte. In der Praxis wird dafür auch der Begriff „Business Data Dictionary" (BDD) verwendet.

Ein BDD vereinfacht die Kommunikation über Fach- oder Geschäftsbereichsgrenzen hinweg. Ein gleiches Verständnis schafft die Voraussetzung für den Austausch von Daten zwischen Informationssystemen. Es trägt zur Erhöhung der Datenqualität bei, da Redundanzen in der Datenhaltung identifiziert werden können. Primäre Adressaten eines fachlichen Datenkatalogs sind Anwender und Data Producer, also Mitarbeiter aus den Fachbereichen. Aber auch technische Anwender finden hier Informationen für die Ableitung formalisierter Datenmodelle oder die technische Abbildung der Datenobjekte in Datenbanken. Fachliche Datenkataloge dienen auch der Abstimmung zwischen Data Stewards.

Der Datenkatalog definiert die in der Datenstrategie identifizierten Kerndatenobjekte durch fachliche Metadaten (siehe Abschnitt 2.5). Der Zusatz „fachlich" macht deutlich, dass der Datenkatalog sich von den reinen „Data Dictionaries" oder „Metadaten Repositories" unterscheidet, welche zumeist technische Metadaten in strukturierter Form enthalten. Ein BDD stellt eine Kombination aus Data Dictionary und Glossar dar (siehe Abschnitt 2.6).

 Beispiel: Ein Business Data Dictionary (BDD) für Materialstammdaten

> Ein Hersteller von Düngemitteln hat ein BDD als Lotus-Notes-Anwendung implementiert. Das BDD ist allen Mitarbeitern im Unternehmen zugänglich. Es enthält pro Attribut des SAP-Materialstammsatzes Beschreibungen, Pflegerichtlinien, Geschäftsregeln, Informationen zur Nutzung, Terminologien und Verantwortlichkeiten. [Webe09, S. 146]

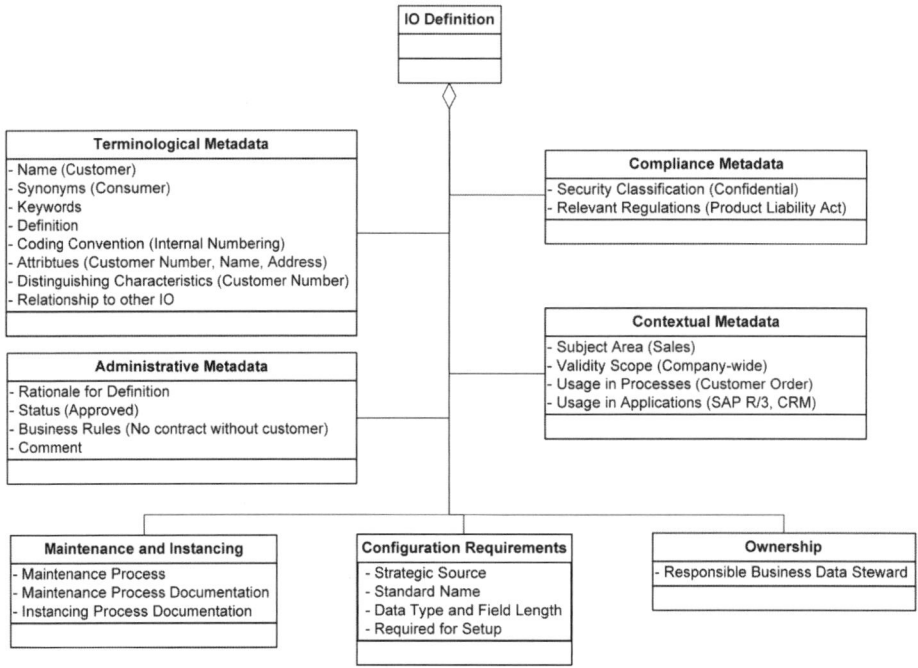

Bild 4.10 Metadaten zur Beschreibung von Datenobjekten (hier: „Information Object", IO) in einem Business Data Dictionary [ScOt08, S. 226]

Ein Business Data Dictionary enthält überwiegend fachliche Metadaten über die relevanten Datenobjekte, wie Definition, Beschreibung, Schlagwörter, Synonyme, Homonyme, Datenstandards, Datenqualitäts-Regeln, Geschäftsregeln, Datenqualitäts-Kennzahlen, Sicherheitsinformationen, Verantwortliche inklusive Kontaktinformationen, Pflegerichtlinien, regulatorische Anforderungen und Zugriffsbeschränkungen. Ein Beispiel für Metadaten in einem BDD gibt Bild 4.10. Da das BDD die fachliche Sicht beschreibt, sollte es an die Sprache des Fachbereiches angelehnt sein. Ein BDD ist somit wenig formalisiert und besteht meist aus Texten und Tabellen.

Einen Ausschnitt aus einem BDD eines Transportunternehmens zeigt Tabelle 4.3.

Tabelle 4.3 Ausschnitt aus dem BDD eines Transportunternehmens [in Anlehnung an Schm10, S. 66]

Name	Beschreibung	Fach-bereich	Master-Prozess (produziert)	Nutzer-Prozess (konsumiert)	Master-System	Nutzer-System	Data Steward
Wagen-typ	Typisierung/Codierung unterschiedlicher Waren. Die Wagentypen beschreiben die Bauart und die Eigenschaften des Fahrzeugs. Wagen-typ ist eine Teilmenge von Fahrzeug.	Instand-haltung	Planung	Angebots-planung, Machbarkeit, Offerte, Leistung, Life Cycle Management, Bereitstellung	SAP/ERP		M. B.

4.6.1.2 Datenobjektmodell

Das Datenobjektmodell (auch „Business Information Model") ist eine formalisierte Version der im Business Data Dictionary definierten und beschriebenen Kerndatenobjekte. Es überführt einen Teil der textuell definierten Metadaten jedes Datenobjektes in ein konzeptionelles Datenmodell. Im Vordergrund des Modells stehen die grafische Darstellung der wesentlichen Datenobjekte und deren fachliche Beziehungen untereinander. Jede Entität wird nur durch die wesentlichen, aus fachlicher Sicht bedeutsamen Attribute beschrieben. Der Schwerpunkt der Modellierung liegt wie beim BDD auf der unternehmensweiten Vereinheitlichung und einvernehmlichen Definition der Kerndatenobjekte.

Der Zweck des Datenobjektmodells ist zweigeteilt: erstens, die Kommunikation und das Verständnis der grundlegenden Datenanforderungen des Unternehmens zu fördern, und zweitens, die Planung und Entwicklung detaillierter Datenmodelle zu steuern. Der erstgenannte Zweck bedingt, dass das Datenobjektmodell so definiert sein muss, dass es im Prinzip von allen Mitarbeitern im Unternehmen verstanden werden kann. Fernziel ist, dass alle Datenmodelle des Unternehmens konsistent zum Datenobjektmodell sind. Wenigstens kann es als Vorlage für die Definition neuer Datenmodelle dienen, damit die darin definierten fachlichen Anforderungen in der Entwicklung von Anwendungssystemen und Datenbanken berücksichtigt werden.

Beispiel: Datenobjektmodell der British Telecom (BT)

Das Datenobjektmodell von BT (Bild 4.11) beruht auf den Erkenntnissen über die Zusammenhänge der Datenobjekte. Die Erkenntnisse entstanden durch die Analyse von Datenqualitäts-Problemen in verschiedenen Datenqualitäts-Projekten. Das Modell repräsentiert die fachliche Sicht auf die Datenobjekte. [Webe09, S. 146] ∎

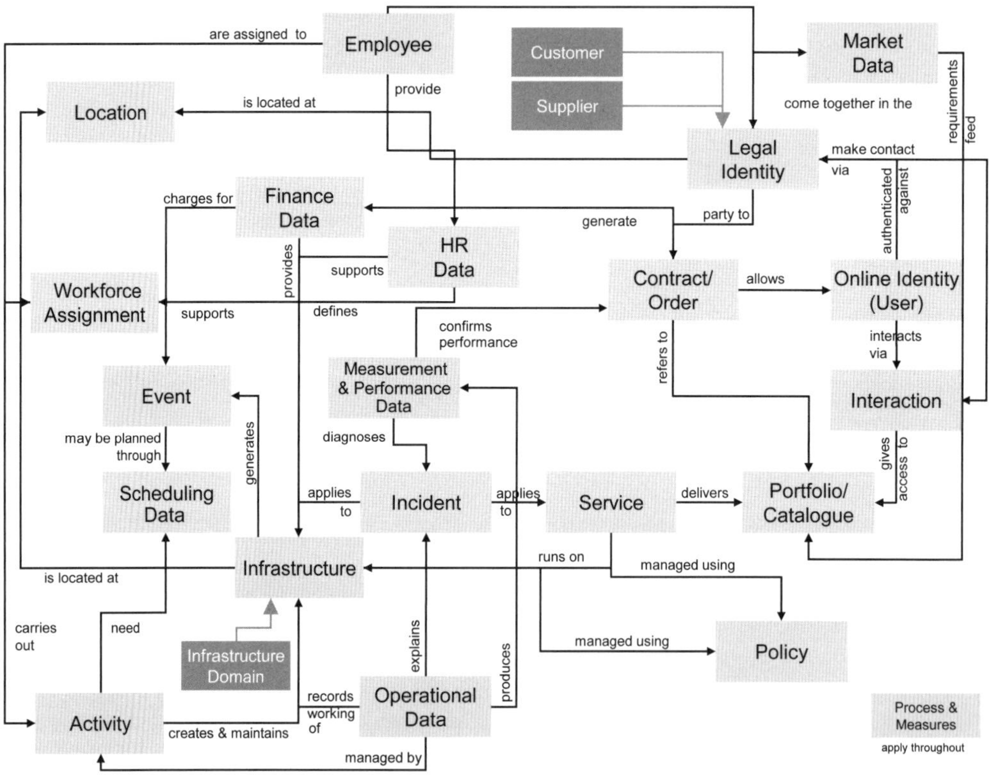

Bild 4.11 Ausschnitt des Datenobjektmodells bei BT [Webe09, S. 147]

4.6.1.3 Datenhaltungs- und Datenverteilungsarchitektur

Die Datenhaltungs- und Datenverteilungsarchitektur beschreibt, wie und in welchen Anwendungssystemen und Datenbanken Datenobjekte gespeichert, bewirtschaftet und verwendet werden. Die Architektur legt Richtlinien für Datenoperationen fest, durch welche Datenflüsse zwischen Systemen modelliert, beurteilt und überwacht werden können.

Durch die Architektur wird beispielsweise festgelegt, dass globale Stammdaten nur in einem zentralen Master Data Management (MDM) System angelegt und gepflegt werden dürfen. Die operativen Systeme, z.B. das ERP-System, erhalten die Stammdaten dann in regelmäßigen Abständen vom MDM-System. Im ERP-System selber werden keine Berechtigungen für die Stammdatenpflege vergeben. Somit ist sichergestellt, dass nur entsprechend geschulte und berechtigte Data Producer im MDM-System Stammdaten pflegen und es in allen datennutzenden Systemen nur eine Version der Wahrheit dieser Stammdaten gibt („Single Point of Truth").

Zur Gestaltung der Datenhaltungs- und Datenverteilungsarchitektur gehört es, festzulegen, welche Datenobjekte bzw. Attribute konzernweit gültig sind („globale Daten") und welche Datenobjekte lokal gültig sind. Im Fokus von Data Governance stehen meist globale Daten. In einem sogenannten harmonisierten Datenmodell sind die Attribut (z. B. Name und Feldlänge) und deren Inhalte (z. B. Wertebereiche) unternehmensweit festgelegt. Bei einem nicht oder nur partiell harmonisierten Datenmodell sind die Daten in den lokalen Systemen unterschiedlich ausgeprägt, z. B. abhängig von einer Region oder einem Geschäftsbereich.

Außerdem definiert die Architektur, inwieweit Datenobjekte an nur einer Stelle („zentral") angelegt und gepflegt werden oder ob das an mehreren Stellen („dezentral" oder „verteilt") passieren darf. Bei der dezentralen Pflege in lokalen Systemen werden Daten eventuell doppelt oder inkonsistent gespeichert. Die zentrale Erfassung und Pflege der Stammdaten sichern die Konsistenz der Daten. Ein zentraler Ansatz ist hingegen weniger flexibel und langsamer, da die Daten zentral vorhanden sein müssen bzw. nach der Anlage im zentralen System an die lokalen Systeme verteilt werden müssen.

Legner und Otto [LeOt07] unterscheiden anhand der Kombination der jeweils zwei Ausprägungen dieser zwei Dimensionen „Datenmodell" sowie „Datenpflege und -haltung" die vier idealtypischen Architekturvarianten führendes System, zentrales Datensystem, Verzeichnis/Registry und Standards (siehe Bild 4.12).

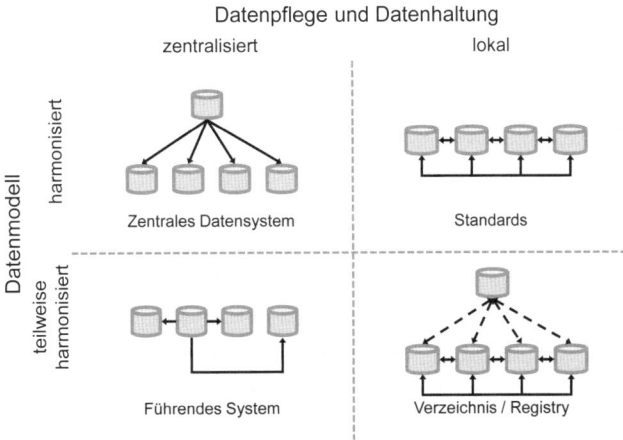

Bild 4.12 Varianten der Datenhaltungs- und Datenverteilungsarchitektur [LeOt07, S. 8]

Die Varianten der Stammdatenarchitektur sind (im Folgenden nach [LeOt07]):

Führendes System ist das am häufigsten verwendete Verfahren für die Stammdatenverteilung. Ein bestehendes System wird als führendes System für ein Stammdatum definiert und ist Ausgangspunkt für die Verteilung der Daten an die anderen Systeme. Die Verteilung erfolgt asynchron im Push- oder im Pull-Verfahren. Die Stammdaten werden erstmalig im führenden System angelegt und die dort vorhandenen Attribute befüllt. Da in dieser Variante kein vollständig harmonisiertes Datenmodell vorliegt, ist bei der Verteilung eine Zuordnung der Primärschlüssel und Attribute auf das Datenformat des Zielsystems notwendig. In den empfangenden Systemen können die Daten um weitere Attribute ergänzt werden.

Bei einem **zentralen Stammdatensystem** werden die Stammdaten in einem separaten Stammdatensystem erfasst und gepflegt, basierend auf einem harmonisierten Stammdatenmodell. Das zentrale System verteilt die Stammdaten synchron oder asynchron an die lokalen Systeme, in der Regel im Push-Verfahren. Die Stammdaten werden meist auch lokal gespeichert, sollten dort aber nicht geändert werden. Im Vergleich zu einem führenden System verfügt ein dediziertes zentrales Stammdatensystem oft über zusätzliche Funktionalitäten und Workflow-Unterstützung für die Stammdatenprozesse.

Bei der Variante **Standards** werden unternehmensweit einheitliche Strukturen definiert. Stammdaten werden nicht zentral gespeichert und verteilt. Ein harmonisiertes Stammdatenmodell gewährleistet, dass Aufbau und Befüllung eines Stammdatensatzes über verschiedene Systeme hinweg gleich sind. Die Daten werden jedoch dezentral in den lokalen Systemen erfasst, gepflegt und vorgehalten. Die Standardisierung der globalen Attribute stellt sicher, dass ein Minimum an Attributen erfasst wird und diese in jedem System dieselbe Bedeutung haben. In der praktischen Umsetzung führt ein auf Standards basierender Ansatz häufig zu gewissen Inkonsistenzen im Datenbestand (z. B. zu Dubletten), da kein Stammdatenabgleich vorgesehen ist.

Mittels **Verzeichnis/Registry** wird ein übergreifendes Verzeichnis implementiert, das Zuordnungen der verschiedenen Stammdatensätze zu den verschiedenen Quellsystemen enthält. Benötigt beispielsweise ein System Daten zu einem bestimmten Kunden, startet es eine Anfrage an die Registry. Die Registry antwortet, in welchem System die Daten zu dem Kunden abgelegt sind. Im nächsten Schritt werden die Daten direkt aus dem entsprechenden System abgerufen. Die Datensätze werden dezentral in den lokalen Systemen angelegt, gepflegt und gehalten. Eine Datenverteilung gibt es in diesem Szenario nicht. Änderungen in den Stammdatensätzen sind bei jedem Zugriff sofort verfügbar.

Tabelle 4.4 vergleicht die vier Ansätze.

Tabelle 4.4 Vergleich der vier Varianten der Stammdatenarchitektur [LeOt07]

Kriterium	Führendes System	Zentrales Stammdaten-system	Standards	Verzeichnis/Registry
Datenpflege	Zentral	Zentral	Dezentral	Dezentral + Anlage in Registry
Datenhaltung	Mehrfach (führendes System und lokale Systeme)	In der Regel mehrfach	Einmal	Einmal
Verteilung	Asynchron/Pull oder Push	Synchron oder asynchron/in der Regel Push	Keine Verteilung notwendig	Keine Verteilung
Harmonisierter Datenbestand	Eingeschränkt gewährleistet	Gewährleistet durch globales Datenmodell	Gewährleistet durch globales Datenmodell	Nur teilweise gewährleistet

(Fortsetzung nächste Seite)

Kriterium	Führendes System	Zentrales Stammdaten-system	Standards	Verzeichnis/ Registry
Konsistenz des Datenbestands über System-grenzen hinweg	Gewährleistet, führendes System ist „Single Point of Truth"	Gewährleistet, Stammdaten-system ist „Single Point of Truth"	Nur teilweise gewährleistet, Redundanzen und Inkonsistenzen möglich	Nicht gewährleis-tet, Redundanzen und Inkonsisten-zen möglich
Aktualität des Datenbestands in den Systemen	Im führenden System hoch, je-doch Verzögerun-gen bei Verteilung in lokale Systeme möglich	Im Stammdaten-system hoch, jedoch Verzöge-rungen bei Vertei-lung in lokale Sys-teme möglich	Hoch	Hoch

Für jedes Kerndatenobjekt gilt es, die passende Architekturvariante auszuwählen und umzusetzen. Die Vor- und Nachteile der Architekturvarianten können anhand von Kriterien wie Sicherheit, Skalierbarkeit, Auswirkung auf die Datenqualität, Automatisierungsgrad und Kosten beurteilt werden.

 Beispiel: Globale und lokale Attribute

B. Braun Melsungen hat für Material-, Kunden- und Lieferantenstammdaten glo-bale und lokale Attribute definiert. Beispiele für globale Attribute des Material-stamms sind Materialart, Maße und Gewichte, Herkunftsland, Produkthierarchie, Haltbarkeitsdatum, EAN-Nummer und Materialbeschreibung. Globale Attribute werden im zentralen Stammdatenserver angelegt und gepflegt. Von dort werden sie ca. alle 30 Minuten an die vier regionalen ERP-Systeme verteilt. Die Architek-tur entspricht damit der Variante „Zentrales Stammdatensystem". [WeOf09]

4.6.2 Systemarchitektur

Auf Basis der logischen Strukturierung der Daten in der Datenarchitektur beschreibt die Systemarchitektur die technische Umsetzung der in den anderen Handlungsfeldern erar-beiteten fachlichen, organisatorischen, prozessbezogenen und architektonischen Vorgaben in den operativen Anwendungssystemen und Datenbanken. Dazu gehört beispielsweise, welche Datenqualitätsvorgaben bei der Entwicklung bzw. Änderung von Systemen zu beachten sind und welche Systeme zur Verbesserung der Datenqualität eingesetzt werden.

Die definierten Regeln, Richtlinien, Kennzahlen und Standards führen zu Anpassungen der **operativen Anwendungssysteme und Datenbanken** sowie zu Vorgaben für Anschaffun-gen, Neu- und Weiterentwicklungen. Durchdachtes und ergonomisches Design von Anwen-dungssystemen kann Fehler bereits bei der Dateneingabe verhindern und damit helfen, Datenqualität zu verbessern [Engl99, S. 362]. Anforderungen des Datenmanagements können auch zur Ablösung alter Anwendungssysteme und Datenbanken führen, wenn notwendige Anpassungen nicht oder nur mit hohem Aufwand umgesetzt werden können.

Idealerweise werden Regeln in automatisiert ausführbare Aktivitäten übersetzt und implementiert:

- Regeln über Berechtigungen werden in Zugangsbeschränkungen übersetzt.
- Informationssicherheitsvorgaben führen zur verschlüsselten Aufbewahrung und Kennzeichnung von Daten.
- Aufbewahrungsregeln definieren die Einstellungen in Archivierungssystemen, z. B. Löschfristen.
- Regeln über Verantwortlichkeiten führen zu Protokollierung von Zugriffen und Änderungen.
- Datenmanagement- und Datenproduktions-Prozesse werden als Workflows und Datenflüsse zwischen Anwendungssystemen umgesetzt.

 Fallbeispiel Spec AG: Berechtigung für Datenpflege

Die neue Organisation der Stammdatenpflege bei der Spec AG spiegelt sich in Änderungen der Berechtigungen im ERP-System wider. Globale Stammdatenattribute werden ausschließlich von den spezialisierten globalen Data Producern der Zentrale erfasst. Lokale Attribute werden nur von lokalen Data Producern in den Landesgesellschaften gepflegt. Im ERP-System wurden dazu neue Berechtigungsrollen für die lokale und globale Kunden-, Lieferanten- und Materialstammdaten-Pflege definiert, die nur an diese Mitarbeiter vergeben werden. Die neuen Berechtigungen sorgen dafür, dass nur die speziell geschulten Mitarbeiter Stammdaten bearbeiten können.

Den für das Datenmanagement Verantwortlichen stehen zahlreiche **Software-Tools** zur Verfügung, die sie bei ihrer Arbeit unterstützen sollen. Tools können die Effizienz der Aktivitäten zur Bewertung, Messung, Bereinigung und Verbesserung von Datenqualität erhöhen, vorausgesetzt, die Anforderungen an diese Tools aus fachlicher, organisatorischer, prozessbezogener und architektonischer Sicht sind vorher bekannt.

English [Engl99, S. 312 ff] unterscheidet bereits 1999 fünf Kategorien von Tools im Bereich Datenqualität. Heute sind diese Tools im Kontext von (Stamm-)Daten-Management und Data Governance zum Standard geworden und haben damit teilweise eine größere Bedeutung bekommen. Die fünf Kategorien haben damit heute immer noch ihre Gültigkeit, können aber mit zusätzlichen Perspektiven aus der praktischen Umsetzung angereichert werden:

- **Tools zur Datenqualitäts-Analyse** automatisieren Teile des Prozesses zur Bewertung, Messung und Prüfung der Datenqualität. Sie testen Datenbestände auf die Einhaltung von Datenqualitäts- und Geschäftsregeln. Es gibt eine Vielzahl von Software-Anbietern, die diese Tools anbieten. Oft gibt es diese Tools in Kombination mit MDM-Systemen oder spezieller Software zur Optimierung der Datenqualität.
- **Tools zum Auffinden von Geschäftsregeln** identifizieren, wie Daten tatsächlich gepflegt und genutzt werden. Sie finden implizit vorhandene Muster, Beziehungen und Regeln in

Datenbeständen. Aus dieser Idee ist das Berufsbild des Data Scientist entstanden. Die Aufgabe von Data Science ist unter anderem Muster in (großen) Datenbeständen zu erkennen und diese mit den Fachbereichen zu diskutieren.

- **Tools zur Datenkorrektur** verbessern die Qualität von Datenbeständen. Sie automatisieren die Extraktion, Standardisierung, Transformation, Bereinigung und Anreicherung der Daten nach definierten Regeln. Heute wird das Thema der Datenkorrektur auf unterschiedlichen Ebenen betrachtet (siehe Abschnitt 7.4.2). Neben automatisierten Batch-Prozessen und der Bereinigung nach der Datenerfassung gibt es heute die Möglichkeit, Daten direkt bei der Eingabe zu korrigieren.

- **Tools zur Fehlerprävention** verhindern das Entstehen von Fehlern bei der Datenerfassung und während des Datenproduktions-Prozesses. Sie automatisieren die Überprüfung von Regeln in Anwendungssystemen. Eine Herausforderung ist, dass es oft nicht nur eine Möglichkeit der Dateneingabe gibt. Datenlieferanten als Teil einer Supply Chain erfassen ihre Daten oft unter Berücksichtigung anderer Anforderungen.

- **Tools für das Metadatenmanagement** unterstützen die Verwaltung und Qualitätskontrolle von Datendefinitionen, Datenmodellen und der Datenarchitektur. Metadatenmanagement und die Umsetzung in Business Data Dictionaries gewinnen an Bedeutung und es gibt zunehmend Anbieter, die entsprechende Lösungen zur Verfügung stellen.

 Fallbeispiel Spec AG: Software für Master Data Management

Das Data Standards Team bei der Spec AG setzt eine Master Data Management (MDM)-Suite ein, die aus drei integrierten Modulen besteht. Das Modul *MDM Workflow* ist ein Tool zur Fehlerprävention. Workflows unterstützen die Datenpfleger bei der Anlage der Materialstammdaten und stellen dabei die Einhaltung der definierten Datenqualitäts- und Geschäftsregeln sicher. Das *MDM Repository* enthält technische und fachliche Metadaten. Technische Metadaten, wie beispielsweise Pflichtfelder, Feldlängen, Wertelisten und Berechtigungen, steuern die Workflows. Fachliche Metadaten geben Auskunft über Verantwortlichkeiten oder Instruktionen zur Verwendung und Pflege der Daten. Die Data Stewards nutzen das Modul *MDM Data Quality Analysis* zur Analyse und Messung der Datenqualität. Das Modul erstellt Berichte und Statistiken über Datenqualitäts-Messungen und die Leistung der Workflows.

5 Data-Governance-Rollen

Dieses Kapitel beschreibt die in Kapitel 4 nur kurz vorgestellten Data-Governance-Rollen und Data-Governance-Gremien ausführlich. Die Rollen werden nach den vier Ebenen exekutiv, strategisch, taktisch und operativ geordnet vorgestellt, beginnend bei der obersten (siehe Bild 4.5). Je eine Tabelle beschreibt die Rollen anhand typischer Aufgaben, Beziehungen zu anderen Rollen und Anforderungen an die Fähigkeiten der Mitarbeiter, die diese Rolle ausüben sollen. Beispiele der fiktiven Spec AG zeigen die Umsetzung der jeweiligen Rollen in der Praxis (siehe Kasten in Abschnitt 4.5.2.1).

5.1 Exekutive Ebene

Der **Auftraggeber** (oder Sponsor) unterstützt Data Governance als Mitglied der Unternehmensleitung. Es kann sich dabei um eine bestehende Rolle im Unternehmen handeln, wie den Chief Executive Officer (CEO), Chief Financial Officer (CFO) oder Chief Information Officer (CIO). Immer mehr Unternehmen ernennen jedoch mit dem Chief Data Officer (CDO) eine für das Datenmanagement verantwortliche Person auf der obersten Managementebene [LMWW14], da sich die Aufgaben und Prozesse des klassischen Datenmanagements durch die Digitalisierung und die gestiegene Bedeutung der Daten ausweiten. Gartner schätzte 2016, dass 90 % aller Großunternehmen bis 2020 einen CDO haben werden [Benn16]. Der Chief Data Officer leitet das unternehmensweite Datenmanagement und ist für Datenqualitätsmanagement, Data Governance und den Aufbau einer Datenkultur zuständig. Er verantwortet die gesamte datenbezogene Wertschöpfungskette und unterstützt Business Intelligence durch Data Mining, Data Analytics, Advanced Analytics und Data Science. Das Top-Management berät der CDO in datenbezogenen Fragestellungen.

Egal ob CDO oder CxO: der Auftraggeber gibt die strategische Ausrichtung des Datenmanagements vor, er budgetiert das Datenmanagement und hat für die wesentlichen Entscheidungen ein Vetorecht.

Tabelle 5.1 Charakterisierung der Rolle „Auftraggeber" (in Anlehnung an [Webe09, S.108])

Aufgaben	• Dauerhafte Sichtbarkeit des Datenmanagements und der strategischen Bedeutung von Daten für das Unternehmen bewirken.
	• Eine aktive Führungsrolle für Datenmanagement einnehmen mit dem Ziel anhaltender Datenqualitätsverbesserung.
	• Die strategische Ausrichtung des Datenmanagements vorgeben und die Grundsätze des Datenmanagements bestätigen.
	• Das Datenmanagement finanzieren.
	• Dafür Sorge tragen, dass die Ziele des Datenmanagements in Zielvereinbarungen aufgenommen werden.
Beziehung zu anderen Rollen	• Hat für strategische Entscheidungen ein Vetorecht.
	• Ist Mitglied oder Vorsitzender des Datenkomitees.
	• Unterstützt die Arbeit des Konzern Data Stewards.
Anforderungen	• Benötigt die Kompetenz und die Macht, Entscheidungen unternehmensweit durchzusetzen.
	• Muss von der Bedeutung von Daten für den Unternehmenserfolg überzeugt sein und das Datenmanagement aktiv fördern wollen.

 Fallbeispiel Spec AG: Auftraggeber

Bei der Spec AG wechselte die Rolle, nicht aber die Person des Auftraggebers. Zunächst war der CIO als Unterstützer des Teilprojekts „Stammdatenmanagement" im Rahmen des ERP-Projektes der Auftraggeber. Nach Abschluss des Projektes übernahm er die neu geschaffene Position des Leiters des Zentralbereiches „Business Process Services". Zum Zentralbereich gehört auch das Data Standards Team, das sich nach Abschluss des Projekts um das Stammdatenmanagement kümmert. Während des Projekts vermittelte der Auftraggeber in politischen Diskussionen und vertrat die Interessen des Stammdatenmanagements. Nun stellt er die finanziellen Mittel für Investitionen, Mitarbeiter und Beratungsleistungen bereit.

5.2 Strategische Ebene

Die **strategischen Data Stewards** (auch Data Owner) haben die strategische Verantwortung für einen Teil der Datenobjekte und für diese die höchste Entscheidungsbefugnis. Die Leiterin des Kundenservices könnte beispielsweise die Rolle des strategischen Data Stewards für Kundendaten übernehmen, der Leiter Produktion die des strategischen Data Stewards für Produktstammdaten. Die strategischen Data Stewards vertreten diese Datenobjekte in den Sitzungen des Datenkomitees. Als Vertretung der Fachbereiche sind sie meistens einem oder mehreren fachlichen Data Stewards vorgesetzt.

Tabelle 5.2 Charakterisierung der Rolle „Strategische Data Stewards"
(in Anlehnung an [Webe09, S.109])

Aufgaben	In ihrem Verantwortungsbereich nehmen sie folgende Aufgaben wahr:
	▪ Datenobjekte strategisch verantworten, vor allem ihre Struktur, Definition, Dokumentation, Datenqualität, Bewertung und Verbesserung.
	▪ Datenobjekte im Datenkomitee vertreten.
	▪ Entscheidungen des Datenkomitees durch- und umsetzen.
	▪ Autonome Entscheidungen zu Datenpflege-Prozessen, Datendefinitionen, Standards, Richtlinien, Geschäftsregeln etc. treffen.
	▪ Konflikte lösen.
Beziehung zu anderen Rollen	▪ Stimmen sich mit dem Auftraggeber und dem Konzern Data Steward durch ihre Mitgliedschaft im Datenkomitee ab.
	▪ Vorgesetzte der fachlichen Data Stewards beraten ihre Entscheidungen mit diesen und lösen auftretende Konflikte.
Anforderungen	▪ Sind Mitglieder der oberen Managementebene.
	▪ Benötigen die Kompetenz, die strategischen Entscheidungen des Datenkomitees in ihrem Verantwortungsbereich zu vertreten, zu verantworten und umzusetzen.
	▪ Benötigen Fachwissen und Erfahrung zur Abbildung der marktorientierten, betrieblichen und strategischen Anforderungen auf die verantworteten Datenobjekte.

 Fallbeispiel Spec AG: Strategische Data Stewards

Bei der Spec AG sind die Business Process Owner als Verantwortliche der wichtigsten Geschäftsprozesse (z. B. Finance, Order to Cash, Procurement) auch für Stammdaten fachlich verantwortlich. Business Process Owner sind Mitglieder des Top Managements, und diese Rolle nimmt ca. 5 % ihrer Arbeitszeit in Anspruch. Jeder Business Process Owner verantwortet eine Teilmenge aller Attribute eines Datenobjektes (z. B. Vertriebsattribute eines Kunden, Einkaufsattribute eines Lieferanten). In dieser Rolle genehmigen sie für ihren Verantwortungsbereich Stammdaten-Pflegeprozesse, Richtlinien, Standards und Organisation.

Das **Datenkomitee** (auch Data Quality Board, Data Governance Board) ist das zentrale Entscheidungsgremium für bereichsübergreifende Fragestellungen, wie z.B. welchem Fachbereich die fachliche Verantwortung (also die Rolle des strategischen Data Stewards) für Materialstammdaten übertragen wird (Einkauf, Produktion oder Logistik) oder ob Kundenstammdaten zukünftig in einem zentralen MDM-System erfasst und gepflegt werden sollen. Das Datenkomitee verantwortet die Umsetzung der Datenstrategie. Das Komitee ist für die Festlegung von Standards zuständig, z.B. für Datenproduktions-Prozesse und für die Kennzahlen zur Messung von Datenqualitäts-Dimensionen. Es macht zudem Vorschläge für Maßnahmen und Projekte zur Verbesserung der Datenqualität und überwacht deren Umsetzung sowie das Maßnahmenportfolio.

Mitglieder im Datenkomitee sind der Auftraggeber, der Konzern Data Steward und die strategischen Data Stewards. Es ist das zentrale Diskussions-, Informations- und Entscheidungsgremium für Daten im Unternehmen. Den Vorsitz hat zumeist der Konzern Data Steward inne, der in dieser Rolle auch zu Sitzungen einlädt und Entscheidungen und Beschlüsse festhält. Das Datenkomitee bildet das Bindeglied zwischen der taktischen Ebene und der exekutiven Ebene.

Tabelle 5.3 Charakterisierung des Gremiums „Datenkomitee" (in Anlehnung an [Webe09, S.109])

Aufgaben	▪ Strategische Ziele des Datenmanagements in Übereinstimmung mit der Unternehmensstrategie festlegen.
	▪ Wichtige Entscheidungen des Konzern Data Stewards genehmigen und freigeben, beispielsweise mit Bezug zu unternehmensweiten Standards, Datendefinitionen, Richtlinien und zur Datenarchitektur.
	▪ Konflikte und Probleme im Datenmanagement mit unternehmensweiter Auswirkung lösen.
	▪ Über das Maßnahmenportfolio entscheiden, Maßnahmen überwachen und finanzieren.
	▪ Grundsätzliche Entscheidungen zur Organisation des Datenmanagements treffen, beispielsweise zu Anzahl und Zuordnung der Data Stewards und zu Datenqualitäts-Zielen.
Beziehung zu anderen Rollen	▪ Bietet ein Forum für alle am Datenmanagement beteiligten Geschäfts- und Fachbereiche sowie für die IT-Organisation.
	▪ Ist das Bindeglied zwischen dem taktischen Datenmanagement, repräsentiert durch den Konzern Data Steward, und der exekutiven Ebene, repräsentiert durch den Auftraggeber.
Anforderungen	▪ Ist ein Instrument zur Entscheidungsfindung, zur Kommunikation, zum Informationsaustausch und zur Konfliktlösung.

 Fallbeispiel Spec AG: Datenkomitee

Ein eigenes Gremium für Stammdatenmanagement gibt es bei der Spec AG nicht. Während der einmal im Monat stattfindenden Treffen der Business Process Owner werden regelmäßig auch Entscheidungen zu geschäftsbereichsübergreifenden Stammdatenthemen getroffen. Der Leiter des Data Standards Teams setzt die anstehenden Entscheidungen auf die Agenda und nimmt an diesen Treffen teil.

■ 5.3 Taktische Ebene

Die taktische Ebene ist die Ebene der Data Stewards und bildet somit den Kern des Data-Governance-Rollenmodells. Das absolute Minimum an verantwortlichen Rollen ist die Benennung eines fachlichen Data Stewards. Ist dieser erst einmal gefunden, ernannt und mit den notwendigen Kompetenzen ausgestattet, kann die Organisation schrittweise erweitert werden.

Data Stewards übernehmen fachliche oder technische Verantwortung für Daten. Data Stewards werden für einen bestimmten Verantwortungsbereich benannt, z.B. ein bestimmtes Stammdatenobjekt, einen Fachbereich, ein IT-System oder eine Region. Sie sind Treuhänder und kümmern sich im Auftrag des Unternehmens um die ihrem Verantwortungsbereich zugehörigen Datenobjekte (siehe Abschnitt 3.1). Data Stewards sind einerseits wichtige Inputgeber für fachliche und technische Anforderungen. Andererseits setzen sie die getroffenen Entscheidungen in ihrem Verantwortungsbereich um und sorgen für die Einhaltung von Standards und Prinzipien.

Der **Konzern Data Steward** (auch Data Quality Officer, Data Quality Manager, Corporate Data Steward) hat die zentrale Data-Governance-Rolle. Bei ihm laufen alle Fäden zusammen. Er koordiniert konzernweit alle Rollen und Aktivitäten rund um Data Governance und ist auf der taktischen Ebene für Daten verantwortlich. Je nach organisatorischer Ausgestaltung berichten ihm die fachlichen und technischen Data Stewards als fachlichen Vorgesetzten. Zumindest steht er ihnen aber als Ansprechpartner und Coach zur Seite. Er agiert in enger Kooperation mit den strategischen Data Stewards bzw. den Prozess- und Systemverantwortlichen. Im Gegensatz zu den meisten anderen Rollen führt der Konzern Data Steward diese Rolle in Vollzeit aus. Er setzt die Entscheidungen und Beschlüsse des Datenkomitees in die Praxis um, koordiniert die dazugehörenden Projekte, er leitet oder überwacht sie. Er gibt die wesentlichen Kennzahlen für die Datenqualität vor und überprüft, inwieweit Maßnahmen zur Erhöhung der Datenqualität zur Zielerreichung beitragen. Er besitzt ausgeprägte Kompetenzen in allen datenbezogenen Aspekten und verfügt über umfassendes Wissen über betriebliche Abläufe.

Unternehmen, die einen Chief Data Officer ernannt haben, brauchen möglicherweise keinen Konzern Data Steward mehr. Sie haben bereits auf strategischer Ebene eine Person benannt, die in Vollzeit unternehmensweit für Datenmanagement verantwortlich ist und die anderen beteiligten Rollen koordinieren kann. Hier vereinen sich die Rollen des Auftraggebers und die des Konzern Data Stewards.

Tabelle 5.4 Charakterisierung der Rolle „Konzern Data Steward" (in Anlehnung an [Webe09, S. 110])

Aufgaben	▪ Die Datenstrategie umsetzen und die Einhaltung der Richtlinien überwachen.
	▪ Datenbezogene Maßnahmen und Projekte identifizieren, planen und koordinieren sowie den Grad der Zielerreichung überprüfen.
	▪ Entscheidungen des Datenkomitees vorbereiten.
	▪ Das Datenmanagement in anderen Projekten des Unternehmens vertreten.
	▪ Kennzahlen und Zielwerte für das Datenmanagement ableiten und deren Einhaltung überprüfen.
	▪ Regelmäßig über den Fortschritt von Maßnahmen und den Zielerreichungsgrad berichten.
Beziehung zu anderen Rollen	▪ Koordiniert unternehmensweit alle Mitarbeiter mit Datenmanagement-Aufgaben, insbesondere die verschiedenen Data Stewards, und hilft ihnen bei der Ausführung ihrer Aufgaben.
	▪ Kooperiert eng mit Prozess- und Systemverantwortlichen.
Anforderungen	▪ Besitzt ausgeprägte Fähigkeiten in allen Aspekten des Datenmanagements inklusive technischem Grundwissen.
	▪ Verfügt über umfassendes Wissen über betriebliche Abläufe.
	▪ Ist eine zuverlässige Person, kennt sich mit den politischen Aspekten im Unternehmen aus und weiß damit umzugehen.
	▪ Besitzt gute Führungsqualitäten, Kommunikationsfähigkeit und diplomatisches Geschick.

 Fallbeispiel Spec AG: Konzern Data Steward

Der Leiter des Data Standards Team ist der Konzern Data Steward bei der Spec AG. In dieser Funktion ist er verantwortlich für das konzernweite Stammdatenmanagement und die Qualität und Pflege der Stammdaten. Der Konzern Data Steward kam als Leiter des Teilprojektes Stammdatenmanagement im ERP-Projekt zur Spec AG. Er hatte bereits erfolgreich in einem anderen Unternehmen ein konzernweites Stammdatenmanagement aufgebaut und brachte daher umfangreiches Wissen und Erfahrungen mit. Konzern Data Steward und Auftraggeber tauschen sich einmal wöchentlich über ungelöste Probleme und Fortschritte in datenbezogenen Maßnahmen aus.

Im **Data Steward-Team** treffen sich die fachlichen und technischen Data Stewards regelmäßig, um Erfahrungen auszutauschen und über aktuelle Probleme zu diskutieren. Der Konzern Data Steward leitet die Sitzungen des Teams. Je nach Anzahl und geographischer Verteilung der Data Stewards sind sie alle Mitglieder im Data Steward-Team. Das Data Steward-Team trifft sich häufiger als das Datenkomitee, z. B. einmal pro Woche oder alle zwei Wochen. Das Data Steward-Team ist ein Gremium, das je nach Aufgabenstellung Informations-, Beratungs-, Entscheidungs- oder Ausführungscharakter hat.

Tabelle 5.5 Charakterisierung des Gremiums „Data Steward-Team"
(in Anlehnung an [Webe09, S. 113])

Aufgaben	▪ Fachliche Bedeutung, Definition, Terminologien, Wertebereiche Datenqualitäts-Regeln, Geschäftsregeln und Datensicherheitsanforderungen von Datenobjekten festlegen.
	▪ Entscheidungen des Datenkomitees zu o. g. Themen vorbereiten und Empfehlungen aussprechen.
	▪ Ergebnisse der Datenqualitäts-Messung diskutieren.
	▪ Datenqualitäts-Probleme lösen.
	▪ Statusberichte verfassen, Fortschritt von Projekten diskutieren, Vorschläge für Maßnahmen erarbeiten.
	▪ Dokumentationsrichtlinien und Feedbackmechanismen erarbeiten.
Beziehung zu anderen Rollen	▪ Bereitet Entscheidungen für den Konzern Data Steward vor.
	▪ Forum für alle oder ausgewählte Data Stewards des Unternehmens.
Anforderungen	▪ Ist ein Instrument zur Diskussion und zum Informationsaustausch.

Fallbeispiel Spec AG: Data Steward-Team

Ein Data Steward-Team ist bei der Spec AG durch regelmäßige Telefonkonferenzen institutionalisiert. Die Regional Data Manager und Data Stewards einer Region stimmen sich so einmal in der Woche ab und besprechen offene Supportanfragen, Probleme und anstehende und laufende Projekte.

■

Fachliche Data Stewards (auch Business Data Stewards) sind Mitarbeiter des Fachbereichs. Üblicherweise sind sie entweder einem Geschäftsbereich (z. B. einer Sparte), einem Hauptgeschäftsprozess (z. B. Einkauf, Vertrieb, Produktion) oder einem bestimmten Stammdatenobjekt (z. B. Lieferantenstammdaten, Kundenstammdaten) zugeordnet. Für ihren Verantwortungsbereich detaillieren die fachlichen Data Stewards die unternehmensweiten Datenstandards, welche vom Datenkomitee vorgegeben werden. Ihr Aufgabenbereich kann die Entwicklung von Geschäftsregeln für Daten umfassen, die Entwicklung von Datenmodellen, die Implementierung von Datenproduktions-Prozessen sowie die Messung der Datenqualität. Sie bewerten die Ergebnisse der Datenqualitäts-Messung, geben Hinweise zu deren Optimierung und untersuchen die Ursachen schlechter Datenqualität. Fachliche Data Stewards kennen die betriebswirtschaftliche Terminologie in ihrem Verantwortungsbereich und wissen, welche Datenobjekte in welcher Form in welchen Geschäftsprozessen verwendet werden. Sie bringen diese Expertise in Vorschläge für unternehmensweite Standards und Richtlinien ein.

Tabelle 5.6 Charakterisierung der Rolle „fachliche Data Stewards"
(in Anlehnung an [Webe09, S. 111])

	Fachliche Data Stewards
Aufgaben	Für ihren Verantwortungsbereich übernehmen sie folgende Aufgaben: ▪ Unternehmensweite Ziele und Grundsätze des Datenmanagements detaillieren. ▪ Fachliche Anforderungen in unternehmensweite Standards und Richtlinien einbringen. ▪ Bei Entwurf, Kontrolle und Weiterentwicklung von Datenproduktions-Prozessen mitwirken. ▪ Geschäftsregeln, Datendefinitionen, Terminologien und Datenqualitäts-Kennzahlen entwickeln, dokumentieren, aktualisieren und kommunizieren. ▪ Einhaltung aller Regeln, Richtlinien, Prozesse und Standards überwachen und durchsetzen. ▪ Verantwortung für Datenqualität und deren Messung sowie die Identifikation, Bewertung und Lösung von Datenqualitäts-Problemen übernehmen. ▪ In datenbezogenen Projekten mitwirken.
Beziehung zu anderen Rollen	▪ Arbeiten eng mit dem Konzern Data Steward zusammen und tragen fachliche Anforderungen sowie übergreifende Probleme und Fragen an ihn heran. ▪ Bereiten Entscheidungen für die strategischen Data Stewards vor, unterstützen sie in der Wahrnehmung ihrer Verantwortung und beraten sich regelmäßig mit ihnen. ▪ Arbeiten innerhalb ihrer Verantwortungsbereiche mit weiteren Experten sowie den Anwendern zusammen, um sich über fachliche Anforderungen zu einigen.
Anforderungen	▪ Kennen die betriebswirtschaftliche Terminologie in ihren Verantwortungsbereichen und wissen, welche Datenobjekte (Geschäftsobjekte) in welcher Form in welchen Geschäftsprozessen verwendet werden. ▪ Wissen um die fachlichen und regulatorischen Anforderungen an Datenobjekte. ▪ Haben gute Kommunikations-, Motivations- und Verhandlungsfähigkeiten.

 Fallbeispiel Spec AG: Fachliche Data Stewards

Die Rolle der fachlichen Data Stewards ist bei der Spec AG auf drei Rollen aufgeteilt. Pro Region führt ein Regional Data Manager die Data Stewards und globalen Datenpfleger dieser Region. Die Regional Data Stewards sind Ansprechpartner der Fachbereiche, überwachen die Datenpflege und machen regelmäßig Auswertungen zur Datenqualität. Die acht Data Stewards unterstützen und schulen die lokalen Datenpfleger. Sie kontrollieren die Einhaltung von Datenstandards, entwerfen und dokumentieren lokale Datenproduktions-Prozesse und lösen lokale Probleme. Die Business Process Leads sind als Stellvertreter der Business Process Owner fachlich verantwortlich für Datenstandards, Datendefinitionen und Richtlinien. Sie prüfen die Gestaltung der globalen Datenproduktions-Prozesse inklusive Berechtigungen und Dokumentation.

Den Gegenpart zu den fachlichen bilden die **technischen Data Stewards**, die sich mit Fragen der Datenarchitektur und der Systemunterstützung für Daten beschäftigen. Technische Data Stewards sind typischerweise Personen aus der IT-Organisation. In Analogie zum fachlichen Data Steward kann ein technischer Data Steward einem Geschäftsbereich, einem Geschäftsprozess oder einem bestimmten Informationssystem zugeordnet sein. Für ihren Verantwortungsbereich liefern technische Data Stewards standardisierte Datendefinitionen und -formate und sie dokumentieren die Quellsysteme für Datenobjekte sowie die Datenflüsse zwischen den Informationssystemen. Ins Datenkomitee bringen sie Anforderungen der Informationstechnik an Data Governance ein und prüfen und begleiten die technische Umsetzung von datenbezogenen Maßnahmen.

Tabelle 5.7 Charakterisierung der Rolle „technische Data Stewards"
(in Anlehnung an [Webe09, S. 112])

Aufgaben	Haben in ihrem Verantwortungsbereich folgende Aufgaben:
	▪ Anforderungen der IT an das Datenmanagement einbringen.
	▪ Fachliche Richtlinien, Terminologien, gesetzliche Anforderungen und Geschäftsregeln in informationstechnische Anforderungen übersetzen.
	▪ Technische Datendefinitionen und -formate sowie Datenmodelle entwickeln.
	▪ Technische Unterstützung von Datenqualitätsmanagements- und Datenproduktions-Prozessen sowie datenbezogenen Maßnahmen prüfen und begleiten.
	▪ Datenqualitäts-Messung implementieren.
	▪ Quellsysteme für Datenobjekte und Datenflüsse zwischen Anwendungssystemen definieren, dokumentieren und kommunizieren.
	▪ Datenqualitäts- und Data Governance Tools evaluieren und auswählen.
Beziehung zu anderen Rollen	▪ Arbeiten eng mit dem Konzern Data Steward und den fachlichen Data Stewards zusammen.
	▪ Prüfen die fachlichen Vorgaben der fachlichen Data Stewards auf technische Umsetzbarkeit und suchen gemeinsam mit ihnen nach technischen Ursachen für Datenqualitäts-Probleme.
	▪ Koordinieren und überwachen die datenbezogenen Maßnahmen mit der IT.
Anforderungen	▪ Haben umfangreiches Wissen über die informationstechnische Repräsentation der Datenobjekte in Anwendungssystemen und Datenbanken.
	▪ Kennen sich mit Datenbanken, Datenmodellierung, Datenarchitekturen, Prozessmodellierung und Datenqualitäts-Techniken aus.
	▪ Haben einen Überblick über die Systemlandschaft ihrer Verantwortungsbereiche.
	▪ Müssen analytische und kommunikative Fähigkeiten haben.

Fallbeispiel Spec AG: Technische Data Stewards

Für die technische Umsetzung des Stammdatenmanagements ist bei der Spec AG die zentrale IT-Abteilung zuständig. Sie übernimmt somit die Rolle des technischen Data Stewards. Zu ihren Aufgaben gehört die Abbildung der Datenproduktions-Prozesse als Workflows und der dafür notwendigen Berechtigungen sowie die Umsetzung der Anforderungen des Stammdatenmanagements im zentralen Stammdatensystem durch Customizing.

■ 5.4 Operative Ebene

Die Rollen der operativen Ebene treffen selbst keine Entscheidungen im Datenmanagement. Aber sie definieren Anforderungen an Daten und müssen die Regeln des Datenmanagements einhalten.

Anwender (auch Datennutzer) sind diejenigen Personen im Unternehmen, die Daten nutzen – also im Prinzip jeder in einem Unternehmen. Für Data Governance nehmen sie eine wichtige Rolle ein, weil sie die Anforderungen an die Nutzbarkeit der Daten am besten kennen. Sie arbeiten damit den fachlichen Data Stewards zu und besprechen gemeinsam, wie die Daten gestaltet sein müssen (welche Datenqualitätskriterien gelten sollen), damit sie ihren Zweck erfüllen. Das können zum einen operative Anforderungen aus den Geschäftsprozessen sein („Die Adresse der Kunden muss aktuell und richtig sein, damit wir unsere Waren schnellstmöglich zustellen können.") und zum anderen strategische Anforderungen oder Anforderungen aus dem Berichtswesen („Wir erstellen einmal im Monat einen Verkaufsbericht nach Kundengruppen. Damit dieser stimmt, müssen alle Kunden der richtigen Kundengruppe zugeordnet sein.").

 Fallbeispiel Spec AG: Anwender

Bei der Spec AG haben die Anwender die Rolle der „Anforderer". Sie können die Anlage oder Änderung von Stammdaten beantragen und sind damit Auslöser der Datenproduktions-Prozesse. Typische Anforderer für Kundenstammdaten sind Mitarbeiter der Auftragsabwicklung und der Vertriebsunterstützung. Vor Durchführung des Projektes durften sie die Stammdaten selbst ändern, was zu zahlreichen Problemen führte.

Data Producer (auch Datenpfleger) erstellen oder pflegen die Daten. Sie sind eine wichtige Zielgruppe für Data Governance, weil sie den entscheidenden Beitrag zur Datenqualität leisten. Bei der Erstellung und Pflege der Daten müssen sie sich an die Vorgaben halten, damit eine hohe Datenqualität gewährleistet wird. Es ist weniger aufwendig, Daten richtig zu erfassen, als sie später zu korrigieren: „data quality means creating data correctly the first time" [Redm20]. Zur korrekten Erfassung und Pflege müssen Data Producer die Daten-qualitäts-Vorgaben kennen, geschult werden, wie diese Vorgaben beachtet und umgesetzt werden und wissen, an wen sie sich bei Fragen und Problemen wenden können. Häufig ist das die Aufgabe der fachlichen Data Stewards. Die Datenproduktions-Prozesse müssen so unkompliziert wie möglich gestaltet werden, sodass keine unabsichtlichen Fehler passieren können.

Data Producer können sich auch außerhalb des Unternehmens befinden. Kunden, die bei einem Onlinehändler ihre eigenen Adressdaten erfassen, sind ebenso Data Producer wie Lieferanten von externen Referenzdaten.

 Fallbeispiel Spec AG: Data Producer

Die Spec AG unterscheidet zwischen Data Producern für globale Stammdaten und für lokale Stammdaten. Die „Data Maintainer" sind Mitglieder des Data Standards Teams und pflegen die globalen Stammdaten in Vollzeit. Sie pflegen alle Datenobjekte für alle Regionen. Bei Materialstammdaten sind das Attribute auf Mandantenebene wie Materialbeschreibung, Materialklassen, Basistexte, Sprachen und Adressdaten.

Die „Data Power User" sind als fachliche Experten für die Pflege der lokalen Stammdaten zuständig. Bei Materialstammdaten sind das Buchungskreis-, Werks- und Lagerattribute aus den Bereichen Planung, Kostenrechnung, Vertrieb und Einkauf. Data Power User sind lokalen Fachabteilungen zugeordnet. Jeder Standort hat entweder mehrere Data Power User, die diese Rolle nur zu einem Teil ihrer Arbeitszeit wahrnehmen, oder wenige Data Power User in Vollzeit. Data Power User stellen nur einen kleinen Prozentsatz der Endnutzer dar (maximal 5 %), um die Pflege kritischer Stammdaten und den Zugang zu diesen Daten auf wenige Personen zu beschränken. Data Power User unterstützen die Endnutzer in allen Fragen rund um die Datenpflege, schulen sie, stellen die Einhaltung der Datenproduktions-Prozesse sicher und helfen, Datenqualitäts-Probleme zu beheben.

Data Custodians sind alle Personen im IT-Bereich, die Aufgaben in der Implementierung, im Customizing und im Betrieb von den Informationssystemen übernehmen, sofern diese Aufgaben ein Handlungsfeld von Data Governance darstellen. Sie arbeiten eng mit den tech-nischen Data Stewards zusammen und setzen deren Vorgaben in den Informationssystemen um. Sie administrieren Datenbanken, definieren Pflichtfelder und erstellen Data Mappings. Sie sorgen somit dafür, dass die Informationssysteme die Daten so vorhalten und verar-beiten, wie es die fachlichen und technischen Anforderungen vorsehen. Machen sie dabei Fehler, kann das schwerwiegende Folgen für die Datenqualität nach sich ziehen, wenn z. B. systematisch und automatisch Daten beim Einspielen in ein System verändert werden. Inso-fern müssen auch sie auf ihre Rolle hin sensibilisiert werden.

6 Datenqualität

Data Governance hat das Ziel, den Wert oder Nutzen der Daten für ein Unternehmen zu optimieren. Der Nutzen eines Datums ist dann hoch, wenn das Datum eine hohe Qualität hat. Dieses Kapitel befasst sich mit dem Begriff der Datenqualität genauer und beschreibt verschiedene Dimensionen, anhand derer Datenqualität bestimmt und gemessen werden kann. Weiterhin geht das Kapitel auf die Bedeutung hoher Datenqualität im unternehmerischen Kontext anhand von Beispielen ein. Es widmet sich dem Messen von Datenqualität, denn nur, was gemessen werden kann, kann auch verbessert werden.

■ 6.1 Begriffsabgrenzung

Von Informationen spricht man, wenn Daten in einem Kontext stehen und in einen Zusammenhang gebracht werden. Informationen sind Ausgangspunkt für unternehmerische Entscheidungen und werden in Geschäftsprozessen verarbeitet. Daten repräsentieren das „Rohmaterial" für Informationen.

Grenzt man Daten und Informationen voneinander ab, so unterscheiden sich auch Datenqualität und Informationsqualität. Streng genommen betrachtet Datenqualität (DQ) lediglich die regelkonforme Ausprägung der Daten (die korrekte Syntax) und verzichtet auf den fachlichen Kontext bzw. die Semantik. Beispielsweise handelt es sich bei dem 01.08.1865 um ein gültiges Datum in der Form dd.mm.yyyy. Die Datenqualität ist hoch, da die Syntax korrekt ist. Wird allerdings der Kontext mit betrachtet, dass es sich um das Geburtsdatum einer lebenden Person handelt, kann man davon ausgehen, dass das Datum nicht korrekt ist. Die Informationsqualität ist somit niedrig.

Im Gegensatz zur Informationsqualität ist die Beschreibung und Bewertung von Datenqualität einfacher, da DQ-Regelwerke meist technisch abbildbar sind. In der Praxis (und auch in der Literatur) allerdings werden beide Begriffe kaum voneinander abgegrenzt [vgl. Wang98]. Es hat sich sogar eher der Begriff der Datenqualität durchgesetzt, ohne jedoch die unternehmerische, zweckorientierte Dimension außer Acht zu lassen. Daher verwendet auch dieses Buch den Begriff Datenqualität.

Als Definition für Datenqualität hat sich durchgesetzt: „we define 'data quality' as data that are fit for use by data consumers" von Richard Wang und Diane Strong [WaSt96a] Auch diese Definition bezieht den Kontext bzw. den Zweck mit ein. Daten sollen für einen bestimmten Zweck brauchbar oder nutzbar sein. Die Datennutzer müssen in der Lage sein, mit den Daten zu arbeiten („fit for use"). Damit sie mit den Daten arbeiten können, müssen sie eben nicht nur gewissen Syntaxregeln entsprechen, sondern für den aktuellen Einsatzzweck brauchbar sein. Was nützen vollständig und korrekt befüllte E-Mail-Adressen im Kundenbestand, wenn nicht geklärt ist, ob diese im Rahmen einer Marketing-Kampagne genutzt werden dürfen? Von einer hohen Datenqualität spricht man, wenn die Daten in einer Ausprägung vorliegen, die es den Nutzern erlaubt, die anstehende Aufgabe möglichst effizient zu bearbeiten. Kurz gesagt, **Daten haben dann eine hohe Qualität, wenn sie für den jeweiligen Zweck nutzbar sind**.

Daran zeigt sich auch, dass Datenqualität immer auch eine subjektive Komponente hat. Der Einsatzzweck der Daten bestimmt die Anforderungen an die Qualität. Unterschiedliche Nutzer oder unterschiedliche Verwendungsszenarien können den gleichen Datenbestand hinsichtlich der Qualität anders bewerten (siehe Kasten). Die Datennutzer legen fest, wann die Qualität der Daten gut ist.

 Beispiel: Gleiches Datum – unterschiedlicher Verwendungszweck

Der Mitarbeiterstammsatz enthält das Datum des Eintritts der Mitarbeiter in das Unternehmen. Soll für die Statistik die Betriebszugehörigkeit der Mitarbeiter in Jahren ermittelt werden, reicht das Jahr des Eintritts aus. Für die Eingruppierung der Mitarbeiter in einen Tarifvertrag sind Monat und Jahr des Eintritts entscheidend. Das komplette Datum muss für die Ermittlung des Endes der Probezeit bekannt sein. Gleiches gilt, wenn den Mitarbeitern am Tag ihrer 10-, 20- oder 30-jährigen Betriebszugehörigkeit ein Präsent überreicht werden soll. In allen Fällen muss das Datum korrekt sein, also mit dem tatsächlichen Datum des Eintritts der Mitarbeiter übereinstimmen. Die Statistik lässt sogar eine gewisse Toleranz in der Korrektheit zu. Die Anforderungen an die Genauigkeit – Tag, Monat oder Jahr – sind aber verschieden.

■ 6.2 Dimensionen der Datenqualität

In der Praxis lässt sich Datenqualität am besten anhand der Symptome beschreiben, die auftreten, wenn die erwartete Qualität nicht gegeben ist. Datennutzer äußern dann typische Beschreibungen wie:

- Bevor die Daten für eine Mailing-Kampagne genutzt werden, müssen die Dubletten manuell gesucht, gefunden und gelöscht werden.
- Die Daten sind allgemein fehlerhaft und damit nicht vertrauenswürdig.
- Die Daten scheinen veraltet zu sein, das hat eine Stichprobe ergeben.
- Die notwenigen Informationen sind in den Datenextrakten nicht enthalten.

- Es ist nicht klar, aus welcher Datenquelle die vorliegenden Daten stammen.

- Die manuelle Bereinigung ist zeitaufwendig.

- Die Zahl der Rückläufer der versendeten Briefe ist zu hoch. Die Postsendungen konnten nicht zugestellt werden, weil die Adresse nicht korrekt war.

Typisch bei diesen Aussagen ist, dass es sich in der Regel um die Beschreibungen von Symptomen handelt, die oft von Annahmen geprägt sind. Das eigentliche Problem zu benennen fällt schwer. Konkrete Hinweise zur Art der Herausforderung, z. B. ob es um die Aktualität der Daten geht, und zur tatsächlichen Größe der Herausforderung, also wie viele Datensätze betroffen sind, werden selten genannt.

Daher gibt es die Möglichkeit, die Qualität der Daten in Form von Dimensionen, den sogenannten Datenqualitäts-Dimensionen zu beschreiben. Das sind Begriffe, die konkrete Eigenschaften der Daten beschreiben, wie z. B. Vollständigkeit, Aktualität, Relevanz und Korrektheit. So beschreibt die Dimension Vollständigkeit den Anteil der vollständig befüllten Datensätze oder ob die Anzahl der in einem Datenbestand vorhandenen Datensätze der Anzahl der Objekte (z. B. Kunden, Artikel, Mitarbeiter) in der Realität entspricht. Es gibt viele Vorschläge für derartige Dimensionen [BCFM09] (siehe Abschnitt 6.3). Ob die Verantwortlichen ein ganzes Konzept für Datenqualitäts-Dimensionen übernehmen oder nur einzelne Dimensionen, ist abhängig von den jeweiligen Bedürfnissen des Unternehmens. Wichtig ist, dass die eigenen Datenqualitäts-Themen mit den Dimensionen bzw. Begriffen charakterisiert werden, welche die Herausforderungen am besten beschreiben und die innerhalb des Unternehmens verstanden werden. Wenn es einfacher ist, eigene Begriffe zu nutzen, ist auch das eine Möglichkeit. Unabhängig davon, mit welchen Dimensionen oder Begriffen man die Datenqualität beschreibt, sind konkrete Erklärungen des jeweiligen Begriffs zum allgemeinen Verständnis nicht nur sinnvoll, sondern notwendig. Dazu kommt, frei nach Peter Drucker, dass nur die Dinge (hier Datenqualität) gemanagt werden können, die auch messbar sind. Das bedeutet, dass zu jeder Datenqualitäts-Dimension Metriken oder Hinweise auf Metriken gehören, mit denen die Dimension gemessen werden kann. Ein gutes Beispiel zur Definition, Beschreibung und Messung von Datenqualität gibt es von der DAMA UK [Dama13] (siehe Abschnitt 6.3.2).

 Beispiel: DQ-Dimension „Dubletten-Freiheit"

Bei Kundenstammdaten ist das Thema Dubletten, also Datensätze, die in einem Datenbestand mehrfach vorkommen, ein Problem. Sind viele Dubletten vorhanden, kann der „single point of view", also der eindeutige Blick auf einen Kunden nicht geschaffen werden, da die unterschiedlichen Informationen zu diesem einen Kunden an verschiedenen Datensätzen hängen. Ein Datenbestand mit eindeutigen Datensätzen ohne Dubletten ist also erstrebenswert. Diese Eigenschaft des Datenbestandes könnte man als DQ-Dimension „Dubletten-Freiheit" bezeichnen. Eine Metrik wäre, den Anteil der mehrfach vorkommenden Datensätze im Verhältnis zum Gesamtdatenbestand zu ermitteln. Als Bedingung dafür muss noch die Eindeutigkeit eines Datensatzes definiert werden. Bei Kundenstammdaten ist das in der Regel die Kombination aus Namen und Adresse.

Die Dimensionen zeigen sich häufig in Datenqualitäts-Regeln, die auf einen Datenbestand angewandt werden können, um letztendlich die Datenqualität zu messen. Tabelle 6.1 listet einige Beispiele für Datenqualitäts-Regeln mit Hinweisen, wie diese gemessen werden können, auf.

Tabelle 6.1 Beispiele für Datenqualitäts-Regeln (eigene Darstellung)

Regel	Hinweis
Das Attribut „Unternehmen" muss gefüllt sein.	Über einfache Abfragen kann geprüft werden, ob in dem Attribut Inhalt ist. Es gibt keine Angaben zu syntaktischen Regeln (erlaubte oder nicht erlaubte Zeichen). So wäre die Nennung von 1&1 genauso valide wie 1und1 oder Eins & Eins. Ebenso wird nicht geprüft, ob es sich um ein real existierendes Unternehmen handelt. Dimension: Vollständigkeit
Die E-Mail-Adresse muss syntaktisch korrekt sein.	Bei dieser Regel wird die Syntax geprüft, also ob es sich beim Inhalt um eine formal gültige E-Mail-Adresse handelt. Im Idealfall wird noch eine Referenz angegeben, auf welche Syntax genau geprüft werden kann. Details dazu können z. B. bei Resnick [Rfc508, S. 17f] nachgelesen werden. Es wird nicht geprüft, ob es die richtige und aktuelle E-Mail-Adresse der Person oder des Unternehmens ist. Dimension: Korrektheit (Syntax)
Das Attribut „opt-in" muss gefüllt sein.	Ähnlich wie beim ersten Beispiel wird hier ein Inhalt erwartet. Je nachdem, auf welche Entität sich dieses Attribut bezieht, kann es sich bei diesem opt-in um einen bestimmten Kommunikations-Kanal wie einen Newsletter handeln. Der Wert des Attributs kann 0 oder 1 sein. Möglich ist, dass 1 bedeutet, dass der Empfänger einem Newsletter-Erhalt zugestimmt hat. Der Wert 0 bedeutet demnach, dass an die hinterlegte Adresse kein Newsletter gesendet werden darf. Dimension: Vollständigkeit
Die postalische Anschrift ist korrekt.	Um die Korrektheit einer Adresse bewerten zu können, müssen zumindest in Deutschland vier Angaben zur Adresse vorliegen: die Straße, die Hausnummer, die Postleitzahl und der Ortsname. Aus der Kombination der Angaben lässt sich bei der Prüfung gegen Referenzdaten (z. B. von der Deutschen Post [Deut00]) feststellen, ob die angegebene Adresse auf einen real existierenden Briefkasten referenziert. Hier wird also nicht nur geprüft, ob alle Daten vorliegen, sondern auch, ob sie in ihrer Kombination zusammenpassen. Dimension: Korrektheit (Syntax)

Im Gegensatz zu den in Tabelle 6.1 genannten Beispielen gibt es auch Datenqualitäts-Regeln, die sich nicht einfach technisch prüfen lassen. So können Regeln wie „Die Information muss glaubwürdig sein." (Dimension: Glaubwürdigkeit) nur sehr bedingt geprüft werden. Hier müssen vielmehr die Prozesse, nach denen die Information erhoben wird, betrachtet werden. Ebenso von Interesse können bei diesen eher weichen Datenqualitäts-Kriterien Informationen über den Grad der Qualifizierung der Personen sein, welche die Daten erfassen. Also ob es sich gegebenenfalls um eine Fachkraft mit einer gezielten und zum Kontext passenden Ausbildung handelt und man davon ausgehen kann, dass sich diese

Person der Relevanz der Information bewusst ist und diese somit gewissenhaft in die Datenbank einpflegt.

 Praxistipp: Die benötigte Datenqualität ist festzulegen

Welche Qualitätsdimensionen relevant sind, ist von denjenigen Mitarbeitern festzulegen, die die betreffenden Daten verwenden. Somit liegt diese Verantwortung üblicherweise in den Fachabteilungen – und nicht bei der IT! Dennoch ist eine isolierte Sichtweise auf einen einzelnen Anwendungszweck zu vermeiden. Ohne einen Blick auf den gesamten Geschäftsprozess oder manchmal gar das ganze Unternehmen lassen sich die Anforderungen an die Datenqualität nicht bestimmen. Data Governance sorgt für eine übergreifende Sichtweise auf Datenqualität und versucht die Interessen aller Nutzer unter einen Hut zu bringen.

■ 6.3 Konzepte zur Datenqualität

In der Literatur gibt es unterschiedliche Konzepte zur Datenqualität, die beschreiben, anhand welcher Dimensionen Datenqualität gemessen und bewertet werden kann. Die Beschreibung der Datenqualität anhand von Dimensionen ist Voraussetzung, um die Qualität der Daten in einzelnen Aspekten zu betrachten, zu messen, zu bewerten und letztendlich zu optimieren. Im Folgenden werden zwei unterschiedliche Konzepte kurz vorgestellt. Der „Fitness for use"-Ansatz ist der erste Ansatz, der bereits 1996 beschrieben wurde und heute noch sehr geläufig ist. Der zweite Ansatz kommt von der Data Management Association (DAMA), einer international agierenden Organisation, die ein Referenzwerk zu Data Management veröffentlicht hat, das DAMA-DMBOK [HeED17].

6.3.1 Der „Fitness for use"-Ansatz

Der älteste Ansatz, den Begriff Datenqualität greifbar zu machen, der „Fitness for use"-Ansatz, kommt von Richard Wang und Diane Strong [WaSt96b]. Das Ergebnis ihrer mehrstufigen Studie ist ein Satz von 15 Datenqualitäts-Dimensionen, die wiederum in vier Kategorien eingeordnet werden.

Eine Übertragung dieser Dimensionen und Kategorien inklusive der Beschreibung der Dimensionen und Beispiele für Stamm- und Bewegungsdaten in deutscher Sprache wurde von Rohweder et al. [RKMP18] publiziert (siehe Tabelle 6.2).

Tabelle 6.2 Datenqualitäts-Dimensionen im „Fitness for Use"-Ansatz (vgl. [RKMP18])

Dimension	Beschreibung
Dimensionen der Kategorie Systemunterstützung	
Zugänglichkeit (accessibility)	Daten sind zugänglich, wenn sie anhand einfacher Verfahren und auf direktem Weg für den Anwender abrufbar sind.
Bearbeitbarkeit (ease of manipulation)	Daten sind leicht bearbeitbar, wenn sie leicht zu ändern und für unterschiedliche Zwecke zu verwenden sind.
Dimensionen der Kategorie Inhärenz	
Hohes Ansehen (reputation)	Daten sind hoch angesehen, wenn die Informationsquelle, das Transportmedium und das verarbeitende System im Ruf einer hohen Vertrauenswürdigkeit und Kompetenz stehen.
Fehlerfreiheit (free of error)	Daten sind fehlerfrei, wenn sie mit der Realität übereinstimmen.
Objektivität (objectivity)	Daten sind objektiv, wenn sie streng sachlich und wertfrei sind.
Glaubwürdigkeit (believability)	Daten sind glaubwürdig, wenn Zertifikate einen hohen Qualitäts-standard ausweisen oder die Informationsgewinnung und -verbreitung mit hohem Aufwand betrieben werden.
Dimensionen der Kategorie Darstellungsbezug	
Verständlichkeit (understandability)	Daten sind verständlich, wenn sie unmittelbar von den Anwendern verstanden und für deren Zwecke eingesetzt werden können.
Übersichtlichkeit (concise representation)	Daten sind übersichtlich, wenn genau die benötigten Informationen in einem passenden und leicht fassbaren Format dargestellt sind.
Einheitliche Darstellung (consistent representation)	Daten sind einheitlich dargestellt, wenn die Informationen fort-laufend auf dieselbe Art und Weise abgebildet werden.
Eindeutige Auslegbarkeit (interpretability)	Daten sind eindeutig auslegbar, wenn sie in gleicher, fachlich korrekter Art und Weise begriffen werden.
Dimensionen der Kategorie Zweckabhängigkeit	
Aktualität (timeliness)	Daten sind aktuell, wenn sie die tatsächliche Eigenschaft des beschriebenen Objektes zeitnah abbilden.
Wertschöpfung (value-added)	Daten sind wertschöpfend, wenn ihre Nutzung zu einer quantifi-zierbaren Steigerung einer monetären Zielfunktion führen kann.
Vollständigkeit (completeness)	Daten sind vollständig, wenn sie nicht fehlen und zu den fest-gelegten Zeitpunkten in den jeweiligen Prozess-Schritten zur Verfügung stehen.
Angemessener Umfang (appropriate amount of data)	Daten sind von angemessenem Umfang, wenn die Menge der verfügbaren Information den gestellten Anforderungen genügt.
Relevanz (relevancy)	Daten sind relevant, wenn sie für den Anwender notwendige Informationen liefern.

Es gibt zwei Unterschiede zwischen der englischen und der deutschen Version. Zum einen fehlt in der deutschen Version die Dimension „Sicherheit". Rohweder et al. gehen davon aus, dass die Sicherheit aus der Perspektive des Datennutzers kein qualitatives Merkmal von Daten ist. Der andere Unterschied ist die Dimension „Bearbeitbarkeit" (ease of manipulation). Wang und Strong erwähnen diese Dimension zumindest in der ersten Veröffentlichung nicht, während diese Dimension in der deutschen Variante aufgeführt wird.

Für das Messen der Datenqualitäts-Dimensionen wurden von Piro und Rohweder [PiRo14] verschiedene Methoden entwickelt und beschrieben. Damit ist die Voraussetzung gegeben, die Datenqualität zu messen, zu bewerten und letztendlich zu erhöhen. So kann man die Glaubwürdigkeit messen, indem man anhand einer Checkliste prüft, ob Prozesse zur Datenentstehung und Bearbeitung verfügbar sind. Alternativ oder zusätzlich kann eine Anwenderbefragung erfolgen, welche die Glaubwürdigkeit der Daten abfragt. Wird diese Befragung mit mehreren Leuten unabhängig voneinander durchgeführt, lassen sich auch hier objektive Ergebnisse erzielen.

6.3.2 Die sechs primären Datenqualitäts-Dimensionen der DAMA UK

Die DAMA (The Data Management Association) UK (*https://www.dama-uk.org*) hat 2013 eine Arbeitsgruppe ins Leben gerufen, deren Ziel es war, die sechs primären Datenqualitäts-Dimensionen zu identifizieren, zu definieren und Hinweise zu deren Messung zu geben [Dama13]. Somit wurde ein Best-Practice-Ansatz geschaffen, der es Organisationen ermöglichen soll, auf gleiche Art die Qualität der Daten zu messen.

Die sechs primären Datenqualitäts-Dimensionen sind:

1. *Vollständigkeit (Completeness):* Der Anteil der gespeicherten Daten im Vergleich zu allen vorhandenen Daten.
2. *Eindeutigkeit (Uniqueness):* Keine Instanz eines Objektes oder Ereignisses der Realität wird mehr als einmal vorgehalten.
3. *Aktualität (Timeliness):* Der Grad, in dem die Daten die Realität ab dem gewünschten Zeitpunkt abbilden.
4. *Gültigkeit (Validity):* Daten sind gültig, wenn sie der Syntax (Format, Typ, Bereich) ihrer Definition entsprechen.
5. *Korrektheit (Accuracy):* Der Grad, in dem Daten das Objekt oder Ereignis der Realität korrekt beschreiben.
6. *Konsistenz (Consistency):* Die Abwesenheit von Unterschieden, wenn zwei oder mehr Darstellungen eines Objektes oder Ereignisses mit einer Definition verglichen werden.

Jede der Dimensionen ist mit einem Steckbrief beschrieben. Dieser enthält den Namen, eine Definition der Dimension, eine Referenz, Hinweise zur Messung, den Geltungsbereich, die Maßeinheit, die Art der Messung, DQ-Dimensionen, die zu dieser in Beziehung stehen, sowie zusätzliche Informationen wie Beispiele und externe Referenzen. Tabelle 6.3 zeigt exemplarisch den Steckbrief der DQ-Dimension Gültigkeit, so wie ihn die DAMA UK entworfen hat.

Tabelle 6.3 Beschreibung der DQ-Dimension „Gültigkeit" in Anlehnung an [Dama13]

Titel der Dimension	Gültigkeit
Definition	Daten sind gültig, wenn sie einer bestimmten Syntax (Format, Typ, Wertebereich) entsprechen.
Referenz	Datenbank-, Metadaten- oder Dokumentationsregeln, die die zulässigen Typen (String, Ganzzahl, Fließkomma usw.) des zulässigen Formats (Länge, Anzahl der Ziffern usw.) und des zulässigen Bereichs (Minimum, Maximum oder innerhalb eines Satzes zulässiger Werte) enthalten.
Metrik	Vergleich zwischen der vorgegebenen Syntax und dem tatsächlichen Wert.
Bereich/Umfang	Alle Daten können auf Gültigkeit gemessen werden. Die Gültigkeit bezieht sich auf bestimmte Felder oder auf ganze Datensätze.
Einheit der Messgröße	Prozentsatz der Datensätze, die nicht der Syntax entsprechen, im Verhältnis zur Gesamtdatenmenge.
Art der Messung	Assessment über den Gesamtdatenbestand, kontinuierliche Messung und Messung einzelner Datensätze
Verwandte DQ-Dimensionen	Richtigkeit, Vollständigkeit, Konsistenz und Eindeutigkeit
Beispiele	Beispiel 1: Die Syntax einer E-Mail-Adresse entspricht *name@domain.com*.
	Beispiel 2: Das Alter der registrierten Kunden muss zum Zeitpunkt des Eintrags in die Datenbank zwischen 18 und 110 Jahre sein.
Umsetzung	*Beispiel 1:* Die angegebene E-Mail-Adresse „*Egon.Meier@email.de*" entspricht einer Syntax-Prüfung gemäß: $^\wedge\backslash w+[\backslash w-\backslash.]*\backslash@\backslash w+((-\backslash w+)|(\backslash w^*))\backslash.[a-z]\{2,3\}\$$. Die E-Mail-Adresse „Eva.Mustermann§123.de" hingegen entspricht nicht der vorgegebenen Syntax.
	Beispiel 2: Der Eintrag in einer Datenbank erfolgte am 6. März 2020. Der Kunde hat sein Geburtsdatum mit 9. Januar 2011 angegeben. Das Alter wurde bei der Eingabe ins System als 9 Jahre erkannt. Damit entspricht das Alter des Kunden nicht der vorgegebenen Gültigkeit, da es unter 18 Jahren ist.

Zusätzlich zu den genannten Dimensionen geben die Autoren noch Hinweise auf Aspekte, die zusätzlich betrachtet werden sollten:

- Nutzbarkeit der Daten (usablility of the data)
- Aktualität der Daten (timing issues with the data (beyond timeliness itself))
- Flexibilität der Daten (flexibility of the data)
- Vertrauenswürdigkeit der Daten (confidence in the data)
- Wert der Daten (value of the data)

Diese Aspekte könnte man als Datenqualitäts-Dimensionen betrachten, allerdings lassen sich diese nicht automatisiert messen.

■ 6.4 Herausforderung Datenqualität in der Praxis

Wie mit den Herausforderungen von unzureichender Datenqualität im Unternehmensalltag umgegangen wird, ist ganz unterschiedlich. Abhilfe wird häufig erst dann geschaffen, wenn Geschäftsprozesse spürbar unter den Folgen leiden und das Problem nicht mehr zu ignorieren ist. Dann kostet die schlechte Qualität der Daten bereits nachweisbar Geld und die Suche nach Möglichkeiten, die Ursachen abzustellen, beginnt.

6.4.1 Praktische Bedeutung von Datenqualität

Obwohl Daten einen wichtigen, vielleicht den entscheidenden Erfolgsfaktor für individuelle Karrieren, einzelne Entscheidungen, Projekte, Unternehmen und Volkswirtschaften darstellen, wird ihrer Qualität in der Praxis kaum Beachtung geschenkt – jedenfalls nicht in einer systematischen Art und Weise. Dabei entstehen den Unternehmen durch schlechte Datenqualität zunehmend hohe Kosten und es kommt zu Nachteilen bei der Analyse von Unternehmensentwicklungen und der Vorbereitung wichtiger Entscheidungen.

Dass das Management von Daten wichtig ist, zeigen die Beispiele von Lidl [Schü18, Weck18] und Deutsche Post DHL [LeWe15, Nall16]. Im Fall von Lidl musste das SAP-System auf die Anforderungen von Lidl angepasst werden, was offenbar nicht in der geplanten Zeit und mit dem geplanten Budget zu erreichen war. Das Implementierungsprojekt lief sieben Jahre bis zu seiner Einstellung und hat ca. 500 Millionen EUR gekostet. Bei der Deutschen Post DHL war es wohl die Anfälligkeit des Systems, was zur Einstellung des Projekts geführt hat. Es wird vermutet, dass dieses Projekt mindestens 350 Millionen EUR verschlungen hat. Bei beiden Beispielen sind die Gründe für das Scheitern der IT-Projekte nicht die Qualität der Daten. Allerdings zeigen sie, welchen Stellenwert das Management von Unternehmensdaten einnimmt und dass Unternehmen bereit sind, darin viel Geld und Zeit zu investieren.

E-Business/E-Commerce

Im E-Business bzw. E-Commerce sind Daten von höchster Qualität notwendig. Fehlerhafte Kundendaten führen hier zu unmittelbaren Umsatzverlusten und zu Kosten für die Ermittlung der richtigen Daten und die Korrektur der falschen Daten. Warum sollte man bei einem Dienstleistungsunternehmen auf einen guten Service vertrauen, wenn das betreffende Unternehmen es noch nicht einmal schafft, die Kundenadresse korrekt zu erfassen und zu pflegen? Vor allem Konzepte wie CRM (Customer Relationship Management) oder SRM (Supplier Relationship Management) können nicht effektiv umgesetzt werden, wenn die jeweilige Datenbasis von schlechter Qualität ist. CRM und SRM basieren auf der Idee, die Beziehungen mit Kunden bzw. Lieferanten systematisch zu steuern. Im Fall von CRM können beispielsweise Verkaufsprozesse abgebildet werden, die Auskunft über den jeweiligen Stand der Verhandlung geben. Sind die hinterlegten Informationen falsch oder mit dem falschen Kundenkonto assoziiert, lassen sich keine korrekten und belastbaren Umsatzprognosen erstellen.

Für den Online-Handel stehen zunehmend auch Produkt- und Materialstammdaten im Fokus von DQ-Initiativen. Die Verwendung von Material-, Artikel- oder Produktstammdaten kann ganz unterschiedlich sein. Fast alle Hersteller haben heute angebundene Webshops, in denen sie die wesentlichen Informationen zu ihren Produkten bereitstellen. Bei manchen Artikeln gibt es vorgeschriebene Informationen, die dargestellt werden müssen. So muss bei elektrischen Kabeln und Klemmen die Brandlast ausgewiesen werden. Bei Lebensmitteln sind es Allergene. Zu fast jeder Artikel-Familie gibt es Informationen, die dem Käufer bzw. Verbraucher mitgeteilt werden müssen. Das heißt, es handelt sich um Pflicht-Informationen, die in jedem Fall in den Systemen gepflegt werden müssen. Artikel und Produkte haben somit sehr viele Stammdaten-Attribute und mögliche Ausprägungen. Tabelle 6.4 zeigt dies am Beispiel von Schuhen.

Tabelle 6.4 Attribute zur Beschreibung von Schuhen (eigene Darstellung)

Attribut	Mögliche Ausprägungen (Auswahl)
Art des Schuhs	Sportschuh, Freizeitschuh, Sommerschuh, Schnürschuh etc.
Träger	Damen, Herren, Kinder, Unisex
Oberflächenmaterial	Echtleder, Kunstleder, Gore, Nylon, Leinen etc.
Farbe	Rot, blau, schwarz, dunkel-blau, grün, violett, lila etc.
Größe	35, 36, 37, 38, 39, 40, 41, 42, 43, 44 etc.
Verschluss	Schnürung, Klett, Slipper
Einlagen	ja/nein
Sohle	Gummi, Leder etc.
Absatz	ja/nein
Absatzhöhe	1 cm, 2 cm, 3 cm, 4 cm etc.
Anzahl der Schnürlöcher	4, 6, 8, 10

Master Data Management

MDM-Systeme sind häufig die wesentliche Stammdatenquelle für Informationssysteme, die Geschäftsprozesse abbilden, wie z. B. ERP-Systeme. Nicht selten werden sämtliche in einem Unternehmen verfügbaren Stammdaten – z. B. die o. g. Produktdaten für den Online-Shop – in einem MDM-System verwaltet und aufbereitet. Dabei gibt es unterschiedliche Herausforderungen, die in direkter Beziehung zu einer angemessenen Datenqualität stehen:

- Alle anzubindenden Systeme haben in der Regel eigene Datenmodelle, die in einem MDM-System konsolidiert werden müssen. Herausforderung ist die Sicherstellung, dass die Daten in die richtigen Felder migriert werden und nach eventuellen Transformationen immer noch für die Zielapplikation verwendbar bereitstehen.
- Die Daten im MDM-System müssen den qualitativen Ansprüchen aller angebundenen Systeme und damit den Geschäftsprozessen entsprechen. Werden bestimmte Anforderungen verschiedener Fachabteilungen an die Qualität der Daten ignoriert und nicht umgesetzt, führt das im schlimmsten Fall dazu, dass einzelne Sachbearbeiter die Daten für den eigenen Gebrauch manuell aufbereiten. Das ist ineffizient, fehleranfällig und nicht im Sinn eines ganzheitlichen und übergreifenden Master Data Managements.

Datenmigration und -integration

Tabelle 6.4 listet längst nicht alle Eigenschaften von Schuhen auf. Viele Ausprägungen sind in Form von Referenztabellen (als Referenzdaten) in den Systemen hinterlegt. So kann z. B. jede Farbe mit einem nummerischen Code verknüpft sein. Im Kontext von Datenmigrationen und -integrationen birgt es besondere Herausforderungen, wenn sich die Referenzdaten zwischen Systemen unterscheiden. So steht in einem System die 1489 für die Farbe Blau, während in einem anderen System für das gleiche Blau der Code 336 hinterlegt ist. Dort steht der Code 1489 dann für die Farbe Rot.

Lieferketten

Ein anderes Thema ist die Bereitstellung der Produktstammdaten in einer Lieferkette. Selten werden Produkte komplett vom gleichen Unternehmen hergestellt und vertrieben. In der Regel werden Bauteile von Zulieferern hergestellt und vormontiert. Auch werden verschiedene externe Vertriebskanäle bedient. Zum Beispiel werden die Produkte im eigenen Online Shop vermarket. Zusätzlich werden sie auf Online-Marktplätzen angeboten. Wichtig ist, dass jedes Mitglied in der Lieferkette und jeder Vertriebskanal die Daten in einer angemessenen Qualität erhält. Das kann ein bestimmtes Format sein (z. B. XML, JSON), eine bestimmte Syntax (z. B. BMEcat), eine konkrete Klassifikation (z. B. eTim, eCl@ss etc.). Unterschiedliche Attribute müssen mit den richtigen Informationen gefüllt sein und die Informationen müssen zeitnah bereitstehen. All das sind Anforderungen an die Datenqualität.

Business Intelligence und Reporting

Im Berichtswesen und Business Intelligence werden Daten aus dem gesamten Unternehmen ausgewertet. Basis für die Auswertung sind neben Stammdaten auch Bewegungs- bzw. Transaktionsdaten wie Rechnungsdaten. Diese Daten werden vor der Analyse und Bewertung in ein Data Warehouse geladen. Üblicherweise werden dort keine Korrekturen im Sinne der Datenqualität durchgeführt, d. h. Auswertungen und Analyse-Ergebnisse basieren auf den Rohdaten der unterschiedlichen Applikationen und der entsprechenden Datenqualität. Die Ergebnisse der Analyse sind nicht selten die Grundlage für Geschäftsentscheidungen. Wenn z. B. festgestellt wird, dass sich die Produktion eines bestimmten Artikels aufgrund der schlechten Absatzzahlen nicht mehr lohnt und daher die Produktion und der Vertrieb eingestellt wird. Bei dieser Entscheidung sollte sichergestellt sein, dass die Datenbasis für dieses Produkt stimmt. Ist dieses Produkt bei den letzten Verkäufen der falschen Kategorie zugeordnet worden, wirkt sich das direkt auf die dann schlechten Analyse-Ergebnisse und die entsprechende Entscheidung aus. Die fehlerhafte Zuordnung muss dabei nicht auf Fehler einzelner Mitarbeiter des Vertriebs zurückgehen. Ursache können auch ein fehlerhaftes Software-Update oder eine Änderung im Datenmodell sein, deren Auswirkungen nicht in allen Bereichen geprüft wurde.

Ebenso werden die Arten und Anzahl von Kennzahlen weiter steigen, die auf Stammdaten basieren und von anderen Kennzahlen abgeleitet werden. Bei der Beantwortung von strategischen Fragen, die nicht nur einzelne Unternehmensbereiche betreffen, werden verschiedene Kennzahlen und Informationen konsolidiert und basierend darauf Entscheidungen getroffen. Umso wichtiger ist es, bereits auf der unteren Ebene der Daten auf eine gute und belastbare Qualität zu achten.

Künstliche Intelligenz

Schlechte Datenqualität ist der größte Feind beim profitablen Einsatz maschinellen Lernens und künstlicher Intelligenz (KI) [Redm18]. Damit eine KI entscheiden kann, was gute oder schlechte Bewerber sind, oder ob es sich bei einer Abbildung um einen Hund oder einen Donut handelt, muss sie zuvor mit Daten trainiert werden. Das Training stellt hohe Ansprüche an die Datenqualität. Die Daten müssen u. a. richtig, korrekt bezeichnet („gelabelt") und frei von Dubletten sein. Aber besonders wichtig ist, dass die Trainingsdaten die Grundgesamtheit korrekt repräsentieren, sonst ist die KI ungewollt parteiisch oder voreingenommen.

So gibt es mittlerweile mehrere Untersuchungen zur Befangenheit („bias") bei Gesichtserkennungssoftware. Beispielsweise fanden Buolamwini und Gebru [BuGe18] heraus, dass bei drei untersuchten kommerziellen Produkten grundsätzlich Männer mit heller Hautfarbe am ehesten korrekt identifiziert wurden – mit Fehlerraten nahe null Prozent. Frauen wurden generell schlechter erkannt als Männer, am schlechtesten die Gruppe der Frauen mit dunkler Hautfarbe – mit Fehlerraten von mehr als 30 %.

Ein anderes Beispiel für einen „Bias" ist eine KI, die bei Amazon eingesetzt wurde, um geeignete Kandidaten aus der Vielzahl an Bewerbern vorzusortieren [Dast18]. Die KI wurde auf Basis der Bewerbungen der letzten zehn Jahre trainiert. Da diese in der IT-Branche überwiegend von Männern kamen, „lernte" die KI, Bewerbungen von Männern systematisch zu bevorzugen.

Gesetzliche Anforderungen

Vermehrt gibt es verschiedene gesetzliche Initiativen (z. B. die DSGVO in Europa), die den Umgang mit sensiblen Daten regeln. In der Banken-Branche ist als Beispiel die BCBS 239 zu nennen, die Vorgaben hinsichtlich des Risikos im Umgang mit Daten definiert. Auch hier müssen datenqualitative Aspekte wie z. B. die Aktualität und Korrektheit der Stammdaten hinsichtlich von Reports beachtet werden. Ebenso gibt es Vorgaben in der Versicherungsbranche (Solvency II, vgl. [Euro09]). Dabei geht es ebenfalls um Vorgaben hinsichtlich des Risikos in Bezug der Eigenmittelausstattung und qualitative Anforderungen an das Risikomanagement von Versicherungsunternehmen/-gruppen sowie erweiterte Publikationspflichten.

Nahezu alle Unternehmen, die in irgendeiner Weise mit ihren Daten arbeiten, haben zunehmend hohe Anforderungen an deren Qualität. Neue Geschäftsmodelle und Entwicklungen basieren immer öfter auf Informationen, die aus Daten gewonnen werden. Ist die Qualität dieser Daten unzureichend, ist das Risiko, dass die daraus entstandenen Ideen scheitern, höher.

6.4.2 Informationsprobleme

Im Grunde treten Probleme mit Datenqualität bei der alltäglichen betrieblichen Arbeit bei allen möglichen Arbeitsschritten und Prozessen auf. Besonders häufig ist dies im Zusammenhang mit der Verfügbarkeit und dem Austausch von Information zu beobachten. So klagen Betroffene oft über:

- fehlende, verspätete oder fehlerhafte Weitergabe von Informationen,

- unvollständige oder nicht auffindbare Daten und Informationen,

- zu wenig Informationen über Ziele und Zusammenhänge oder fehlenden Kontext,

- veraltete Daten und Informationen oder

- falsche Daten und Informationen.

Trotz eines umfangreichen Einsatzes an Informations- und Kommunikationstechnik scheinen Informationsprobleme nicht weniger zu werden. Vordergründig stehen oftmals technische Schwierigkeiten im Fokus. Sie bestimmen sowohl die Diskussionen als auch die durchgeführten Maßnahmen. Neben technischen Problemen, die sicherlich zahlreich in der betrieblichen Praxis auftreten, liegen viele Schwierigkeiten jedoch letztlich im personellen Bereich: beim Umgang der Mitarbeiter mit Information bzw. bei der Nutzung von Information durch die Mitarbeiter in allen Unternehmensfunktionen und auf allen hierarchischen Ebenen. Zudem ergeben sich häufig neue Anforderungen an Daten und die daraus abzuleitenden Informationen, die mit den aktuell im Einsatz befindlichen Anwendungen kaum oder nur mit sehr hohem Aufwand abzubilden sind.

Viele Prozesse, die auf Daten aus Systemen zurückgreifen, erwarten qualitativ hochwertige Daten. Bei diesen Prozessen ist nicht vorgesehen, dass die Daten nicht den Anforderungen entsprechen. Die fehlende Datenqualität zeigt sich in Fehlern, Störungen oder Ineffizienzen. Diese Ineffizienzen sind

- Verzögerungen,

- Arbeitswiederholungen,

- notwendige (manuelle) Korrekturarbeit und

- zusätzliche Prüftätigkeiten.

Letztendlich kommt es zu zusätzlichem und ungeplantem Aufwand, die Daten in die Qualität zu überführen, die für den jeweiligen Prozess notwendig ist. Aber auch die Kommunikation zwischen Applikationen ist betroffen, wenn beispielsweise Schnittstellen nicht mit den richtigen Daten bedient werden. Es kann zu Störungen in Produktionsabläufen kommen, deren Ursache dann aufwendig gesucht und behoben werden muss. Ein Beispiel sind Rundungsfehler in Applikationen aus der Finanzbuchhaltung, die über mehrere Transaktionen hinweg zu nicht mehr nachvollziehbaren Ergebnissen führen, die geschäftskritisch sein können. Tabelle 6.5 zeigt einige weitere Beispiele dafür, welche Wirkung schlechte Datenqualität haben kann.

Tabelle 6.5 Beispiele für Ursache und Wirkung schlechter Datenqualität (eigene Darstellung)

Ursache	Wirkung
Veraltete Adressen	Rechnung wird nicht pünktlich bezahlt, kein Zahlungseingang, Aufwand für Mahnungen
Nicht gepflegte Opt-in-Optionen	Genervter Kunde und Nachfrage der Datenschützer
Falsche Anrede	Genervter Kunde, die falsche Anrede zieht sich durch die gesamte Kommunikation
Kein oder falscher Ansprechpartner	Wichtige Informationen können nur mit Verzögerung zugestellt werden
Übernahme von veränderten Daten (durch andere Prozesse) ohne Qualitätskontrolle	Anstoß verschiedener Prozesse wie z. B. Aussendung neuer Versicherungskarte ohne akademischen Titel → Verärgerung der Kunden → Anstoß des Korrektur-Prozesses, Erstellung und Aussendung neuer Versicherungskarten
Verzögerte Übernahme neuer Kontaktdaten ins System	Inkonsistente Kundeninformationen in verschiedenen Systemen und Abteilungen → falsche und veraltete Kommunikation mit dem Kunden → verärgerte Kunden
Falsche Angaben der Verpackungsgrößen oder des Gewichts	Falsche Beladung von Paletten → Verzögerungen bei der Logistik, da die Kartons umgepackt oder manuell umgeladen werden müssen
Unvollständige oder falsche Angaben oder Deklaration von Inhaltsstoffen	Nicht-Erfüllung der Zoll-Vorschriften → Verzögerungen in der Lieferkette → Strafzahlungen
Missverständliche Feldnamen/Attributsnamen	Falsche Informationen im falschen Feld → inkonsistente Datenqualität über verschiedene Systeme hinweg
Bereitstellung der Informationen in der falschen Taxonomie/Produkt-Klassifikation	(manuelles) Mapping auf die passende Taxonomie → Verzögerungen in der Informationskette → Verzögerung in der Time-to-Market

Letztendlich sind mit Informationsproblemen in der Regel höhere Kosten verbunden. Treten Informationsprobleme im Geschäftsverkehr mit externen Personen und Organisationen (Kunden, Lieferanten, staatliche Stellen etc.) auf, können zudem Imageschäden oder letztlich sogar Umsatzverluste die Folge sein. Oftmals wird ein Schaden erst als Folgeschaden sichtbar, beispielsweise, wenn eine unvollständige Terminplanung dazu führt, dass ein Antrag nicht fristgerecht eingereicht und deshalb abgelehnt wird. Ursache können unterschiedliche Datumsformate sein. Bei einer Datumsangabe 03.02.12 kann es sich um

- den 3. Februar 2012,
- den 2. März 2012
- oder den 12. Februar 2003

handeln, je nach Lesart und Anordnung der Elemente von Tag, Monat und Jahr. Kommen noch zeitliche Angaben wie 24.2.2019, 12 AM hinzu, stellt sich schnell die Frage, ob der Termin am 24. Februar um 12.00 h mittags ist oder in der Nacht vom 23. auf den 24. Februar. Sicher ist das eine Frage, die mit einer Recherche schnell zu klären ist. Allerdings kostet die Recherche Zeit und trägt nicht zu einer effizienten Arbeitsweise bei.

Ein Informationsproblem kann sich auch daraus ergeben, dass Informationen nicht genutzt werden. Wenn zum Beispiel auf dem freien Informationsmarkt eine geeignete Information z. B. durch ein Marktforschungsunternehmen angeboten wird und damit prinzipiell genutzt werden könnte, jedoch nicht für eine anstehende Entscheidung beschafft wird.

■ 6.5 Messen und Bewerten von Datenqualität

Wenn Prozesse nicht reibungslos laufen, steht zu Recht schnell die Qualität der zugrunde liegenden Daten im Verdacht. Es besteht die Annahme, dass die Datenqualität schlecht ist und diese wird mit den oben erwähnten Symptomen beschrieben. Um zu prüfen, wie schlecht die Qualität der Daten tatsächlich ist, muss die Qualität der Daten gemessen und bewertet werden. Letztendlich ist das Ziel, die passenden Maßnahmen zu ergreifen, um die Datenqualität zu verbessern, sodass die Geschäftsprozesse wie geplant ablaufen und die Daten als Grundlage für unternehmerische Entscheidungen brauchbar sind.

6.5.1 Messen der Datenqualität

Um die Qualität der Daten zu messen, müssen zunächst die Metriken, also Datenqualitäts-Regeln festgelegt werden. Gegen die festgelegten Regeln werden die Daten dann gemessen. Bild 6.1 zeigt exemplarisch die verschiedenen Komponenten, die bei der Messung und Bewertung von Datenqualität eine Rolle spielen.

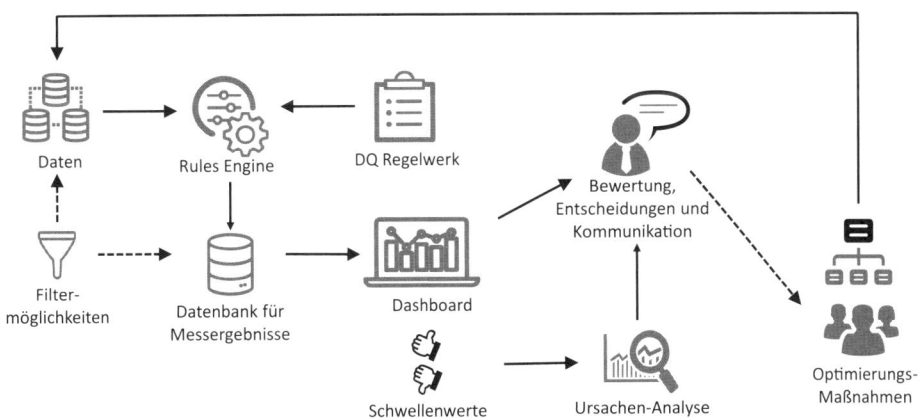

Bild 6.1 Komponenten und Informationsflüsse beim Messen der Datenqualität (eigene Darstellung)

Zunächst spielen die **Daten** eine Rolle, deren Qualität gemessen werden soll. Da die Fachbereiche mit den Daten arbeiten, können sie die besten Hinweise geben, welche Daten für eine Messung relevant sind. Mit diesen Hinweisen können Mitarbeiter der Unternehmens-IT die Daten bzw. die Systeme, in denen die Daten gespeichert sind, identifizieren und die Daten dann für eine Messung ihrer Qualität bereitstellen. Nicht weniger wichtig sind die **DQ-**

Regeln, die in einem Datenqualitäts-Regelwerk beschrieben sind. Die DQ-Regeln werden auch von den Fachbereichen festgelegt, da sie sich an die unterschiedlichen Anforderungen an die Daten orientieren. Es wird definiert, wie ein Datum beschaffen sein muss, damit die entsprechenden Geschäftsprozesse damit umgesetzt werden können. Eine weitere Komponente ist die **Rules Engine**. Das ist ein System, welches auf der einen Seite die Daten und auf der anderen Seite DQ-Regeln verarbeitet, sodass jeder Datensatz mit jeder DQ-Regel geprüft wird und die Messergebnisse ermittelt werden. Diese Messergebnisse werden wiederum in einer **Datenbank** abgelegt. Hilfreich ist es, wenn man auf die Messergebnisse **Filter** anwenden kann. Oft ist diese Funktion mit der Möglichkeit einer Segmentierung verbunden. Das ist hilfreich, wenn man z. B. nur die Messergebnisse aus bestimmten Postleitzahl-Bereichen betrachten möchte oder diese mit anderen Bereichen vergleichen will.

Für die Darstellung der Messergebnisse empfiehlt sich ein **Dashboard** bzw. eine Datenqualitäts-Scorecard. Mit leicht verständlichen und einfach zu interpretierenden Grafiken können die Messergebnisse präsentiert werden. Hilfreich und sinnvoll ist auch die Festlegung von **Schwellenwerten**. Sie geben, z. B. mit einem Ampelsystem, an, in welchem Bereich der Messergebnisse die Datenqualität optimal, verbesserungswürdig und kritisch ist. Liegen nun die Messergebnisse im Dashboard vor, müssen sie bewertet werden. Das bedeutet, abhängig vom fachlichen Kontext kann entschieden werden, ob die gemessene Datenqualität ausreichend für die Umsetzung der entsprechenden Geschäftsprozesse ist. Diese **Bewertung** und die **Entscheidung** dazu müssen innerhalb des Unternehmens **kommuniziert** werden. Hat die Messung ergeben, dass sich die Datenqualität unerwartet verschlechtert hat, sollte eine **Ursachen-Analyse** durchgeführt werden. Eine kritische Beleuchtung der möglichen Ursachen gibt hilfreich Hinweise, wie die Datenqualität optimiert werden kann. Liegt eine Entscheidung zu den **Optimierungsmaßnahmen** vor, muss auch diese kommuniziert und umgesetzt werden. Im besten Fall lässt sich der Erfolg der Optimierungsmaßnahmen bereits bei der nächsten Datenqualitäts-Messung erkennen.

Das Ergebnis einer Datenqualitäts-Messung sind viele einzelne Messergebnisse auf Ebene der DQ-Regeln. Diese Regeln können zu einem übergeordneten DQ-Score aggregiert werden. Dieser DQ-Score repräsentiert die gesamte Datenqualität. Soll die Aggregation besonderen Fokus auf einzelne Regeln legen und andere wiederum etwas schwächer in die Gesamtberechnung einfließen lassen, können die Regeln gewichtet werden. Sind z. B. Adressdaten besonders wichtig und Regeln zur Prüfung einer Fax-Nummer eher irrelevant, kann die Regel zur Fax-Nummer einen Wert von 30 erhalten und die Regeln zur Adressqualität einen höheren Wert von 100. Anders herum, gibt es auch die Möglichkeit des Drilldowns, sodass ein einzelner, aggregierter DQ-Score in die Messergebnisse der einzelnen DQ-Regeln aufgebrochen werden kann.

Zusammenfassend sind die folgenden Schritte notwendig, um Datenqualität zu messen und Optimierungsmaßnahmen zu ermitteln:

1. Die zu messenden Daten identifizieren.

2. Das DQ-Regelwerk definieren (siehe Abschnitt 7.3.2.1).

3. DQ-Regeln in die DQ-Engine implementieren.

4. Regeln gemäß dem Regelbaum anordnen (siehe Abschnitt 7.3.2.2).

5. Filter und Selektionen festlegen.

6. Schwellenwerte definieren.

7. Messung durchführen.

8. Bei Bedarf einzelne Regeln gewichten, um Fokuspunkte zu setzen.

9. Messergebnisse in einem Dashboard darstellen, z.B. einer Data Quality Scorecard (siehe Abschnitt 7.3.2.3).

10. Messergebnisse bewerten und diskutieren, Ursachen analysieren.

11. Über mögliche Optimierungsmaßnahmen entscheiden und durchführen.

12. Erneut messen.

Das eigentliche Messen der Datenqualität und die Darstellung der Messergebnisse wird entweder in einer speziellen Software-Lösung (DQ-Scorecard/DQ-Dashboard) oder in dem System, in dem die Daten gemanagt werden, vorgenommen. Viele MDM-, CRM- oder Product Information Management (PIM)-Systeme bieten entsprechende Funktionen an. Ein Blick auf die Möglichkeiten bereits vorhandener Applikationen lohnt sich.

Spezielle Tools für die Messung und Darstellung von Datenqualität bieten oft eine Kombination aus einer Lösung zur Abbildung der DQ-Regeln, zur Prüfung der Datensätze und zur grafischen Darstellung der Messergebnisse in einem Dashboard.

Unabhängig von Tool oder Lösungsanbieter sollte die Darstellung der gemessenen Datenqualität einfach, verständlich und nachvollziehbar sein. Ebenso wichtig ist, dass für jeden Mitarbeiter ersichtlich ist, was die dargestellten Kennzahlen für den eigenen Bereich bedeuten. Ist die Optimierung der Datenqualität in den strategischen Zielen verankert, ist es interessant, unter Betrachtung der einzelnen Regeln konkrete Maßnahmen zur Verbesserung der Datenqualität ableiten zu können. Hilfreich ist dafür zum einen die Verknüpfung der Kennzahlen mit konkreten Prozessen. So ist ersichtlich, bei welchem Prozess genau die Qualität der Daten, gemessen an den Regeln, nicht optimal ist. Die Daten sollten mit der Applikation verknüpft sein, in der sie liegen. So kann im Fall einer Datensatz-Optimierung an der richtigen Stelle gehandelt werden, z.B. indem dort eine Real-Time-Prüfung für die Dateneingabe implementiert wird.

6.5.2 Bewerten der Datenqualität

Liegen die ersten Messergebnisse vor und entsprechen diese nicht der erwarteten Qualität oder eines maximalen DQ-Scores, wird schnell von einer schlechten Datenqualität gesprochen. Allerdings müssen die gemessenen Werte in den richtigen Kontext gesetzt werden. Der Kontext wird durch das DQRegelwerk im Detail definiert. Handelt das Ergebnisse um einen Messpunkt in einer Messreihe, können schon Aussagen zu einem Trend getroffen werden. Nämlich, ob die ergriffenen Maßnahmen zur Optimierung effektiv waren oder ob die Messwerte im Vergleich zu den Werten anderer Geschäftsbereiche besser geworden sind oder nicht. Ein gemessener Wert ist aber keine Bewertung.

Neben der Bewertung der Messergebnisse ist im Fall von unzureichender Datenqualität auch die Suche nach möglichen Ursachen wichtig. Die Ursache von schlechten Messergebnissen können auf unterschiedliche Bereiche zurückzuführen zu sein. Hier ein paar Beispiele.

Technische Gründe

Die Daten sind nicht korrekt aus den Systemen extrahiert worden. Das betrifft sowohl die Attribute, deren mögliche Transformationen oder die Auswahl der Datensätze. Abhilfe kann geschaffen werden, wenn IT-Mitarbeiter beim Implementierungsprojekt der DQ-Scorecard direkt involviert sind. Sie können am besten beurteilen, in welchen Systemen welche Attribute zu finden sind und welche Transformationen noch erfolgen müssen. Wird zum Beispiel geprüft, ob alle Datensätze einem eindeutigen Land zugeordnet sind und wird geprüft, ob der Landesname in einer ISO-3166-1-Schreibweise vorliegt, müssen systemseitig eventuell noch Transformationen durchgeführt werden. Hier kann es immer wieder zu Ausnahmen kommen. Das ist beispielsweise der Fall, wenn die ISO-2-Länderkürzel nicht einheitlich sind oder die Länder von den anderen UN-Mitgliedern noch nicht anerkannt sind. Das ist aktuell der Fall beim Kosovo. Aufgabe der IT wäre sicherzustellen, dass die Daten wie gewünscht und eindeutig mit den hinterlegten Regeln geprüft werden.

Die Umsetzung der fachlichen Regeln in technische Regeln ist verbesserungsdürftig. Da die fachlichen Experten selten auch die Regeln an eine Rules Engine in einer technischen Sprache übergeben, kann es hier zu „Übersetzungsfehlern" kommen. Durch die enge Zusammenarbeit von fachlichen und technischen Experten bei der Implementierung des Regelwerks und die gemeinsame Überprüfung der ersten Testergebnisse können diese Fehler vermieden werden.

Fachliche Gründe

Die definierten Regeln passen nicht zu den Anforderungen. Das ist der Fall, wenn es bei der Regeldefinition zu Missverständnissen kam. Wenn zum Beispiel im Feld mit dem Unternehmensnamen nur Buchstaben erwartet werden und das Messergebnis schlecht ist, ist es möglich, dass viele Unternehmen Zahlen oder Sonderzeichen im Unternehmensnamen haben. Das trifft auf Unternehmensnamen wie „C&A" oder „1&1 Internet" zu. Ähnlich verhält es sich mit Längenprüfungen bei Namensfeldern. In asiatischen Ländern sind Namen mit nur zwei Buchstaben keine Seltenheit, während im europäischen Sprachraum bei einer geringen Anzahl von Buchstaben in Namensfeldern von Abkürzungen ausgegangen werden kann. Lautet zum Beispiel eine Regel, dass der Nachname mindestens die Länge von drei Buchstaben haben muss, kann es zu Ausreißern kommen, die allerdings eher auf die Ausprägung der Regel hindeuten als auf eine schlechte Qualität der Daten.

Mangelndes Wissen über die Datenanlage bzw. Dateneingabe. Bei der Messung der Datenqualität wird von Daten ausgegangen, die bereits in den Unternehmens-Datenbanken gespeichert sind. Oft ist der Prozess der Datenanlage bzw. der Dateneingabe nicht transparent. Es gibt viele Punkte, bei denen Daten angelegt und geändert werden. Oft von unterschiedlichen Personen mit verschiedenen Rollen. Nicht immer ist allen Mitarbeitern bewusst, in welchen Prozessen die Daten später noch genutzt werden und warum eine hohe Qualität wichtig ist. Auch wenn andere Datenquellen als die ursprünglich angedachten an die DQ-Scorecard angebunden werden, kann es zu einer Veränderung der Messergebnisse kommen. Hier gibt ein kurzer Blick auf die Anzahl der gemessenen Datensätze Aufschluss, die sich entsprechend geändert haben dürfte.

■ 6.6 Kosten schlechter Datenqualität

Die Abschätzung der Kosten für schlechte Datenqualität ist in den meisten Fällen nur rückblickend und indirekt möglich. Etwa dann, wenn Mitarbeiter manuell mit hohem zeitlichen Aufwand Daten korrigieren müssen, nachdem an anderer Stelle Prozesse nicht korrekt gelaufen sind. Nach Einführung der Datenschutzgrundverordnung (DSGVO) am 25. Mai 2018 können die Mängel in der Datenqualität allerdings manchmal sehr genau beziffert werden. Denn wer die DSGVO nicht einhält, muss mit empfindlichen Geldbußen rechnen. Wobei es sich nicht immer um den Fall von mangelnder Datenqualität handelt, sondern vielmehr um den Schutz personenbezogener Daten. In regelmäßigen Abständen wird von verhängten Strafen berichtet z. B. [AnNe20]. Der nicht gesetzeskonforme Umgang mit personenbezogenen Stammdaten hat erhebliche finanzielle Konsequenzen. Datensicherheit und Datenschutz gehören bei der Betrachtung von Datenqualität mit dazu.

 Beispiele für DSGVO-Strafen

Das Online-Banking-Unternehmen N26 soll 50 000 EUR Strafe zahlen [Krem19]. Grund ist, dass das Unternehmen ehemalige Kunden auf eine schwarze Liste gesetzt hat. Auf dieser Liste dürfen allerdings nur Kunden stehen, gegen die der Verdacht auf Geldwäsche besteht. Somit waren die ehemaligen Kunden nicht mehr in der Lage, neue Konten zu eröffnen.

In einem anderen Fall gelangten Gesundheitsdaten versehentlich ins Internet. Es wurde eine Strafe von 80 000 EUR ausgesprochen [Seib19].

Ende 2019 wurde eine Strafe von fast 10 Millionen EUR gegen den Internetkonzern 1&1 Telecom GmbH ausgesprochen. Grund war, dass Kundenberater „weitreichende Informationen zu [...] personenbezogenen Kundendaten" über die Kundenhotline herausgegeben haben. In einem konkreten Fall habe es ausgereicht, den Namen und das Geburtsdatum eines Kunden zu nennen, um an weitreichende Informationen zu gelangen. Die 1&1 Telecom GmbH hat Klage gegen das Urteil angekündigt [Sche19].

■

Datenpannen und eine als mangelhaft empfundene Datenqualität stellen im betrieblichen Alltag wohl eher die Regel als die Ausnahme dar. Probleme der Datenqualität werden häufig als schwerwiegender erachtet als materielle Qualitätsprobleme. Die Kosten von Informationsproblemen sind jedoch nur selten transparent. Auch wenn Herkunft und Grundlage entsprechender Untersuchungen schwer zu überprüfen sind, werden allgemein verschiedene Richtwerte gehandelt, die die Kosten qualitativ schlechter Daten verdeutlichen. So schreibt Thomas Redman [Redm17], dass

- schlechte Datenqualität 15 % bis 25 % des Unternehmensumsatzes kostet;
- „knowledge worker" (Mitarbeiter, die für die täglichen Aufgaben mit Daten arbeiten) bis zu 50 % ihrer Arbeitszeit mit qualitativ schlechten Daten verbringen, bei Data Scientists liegt diese Rate sogar bei bis zu 80 %; und
- nur 16 % der Manager bei Entscheidungen der vorhandenen Datenbasis vertrauen.

In einer anderen Studie wird berichtet, dass nur 3 % aller Unternehmensdaten überhaupt die grundlegenden Anforderungen an Datenqualität erfüllen [NaRS17]. Ein weiteres Ergebnis der Studie ist, dass im Durchschnitt 47 % aller neu angelegten Datensätze mindestens einen kritischen Fehler haben, also Fehler, die Auswirkungen auf die Arbeit mit diesen Datensätzen haben. Dazu kommt, dass die Variation der gemessenen Datenqualitätswerte enorm hoch ist. Die Studie sieht keine branchenspezifischen Trends. Letztendlich kann davon ausgegangen werden, dass alle Branchen mit Herausforderungen bei der Datenqualität zu kämpfen haben.

■ 6.7 Qualität von Metadaten

Metadaten sind wesentliche Informationsbestandteile innerhalb eines jeden Unternehmens, welches Daten in irgendeiner Art managt. Mit Metadaten lassen sich alle Informationen über Daten beschreiben. Nicht umsonst werden im allgemeinen Sprachgebrauch Metadaten als „Daten über die Daten" beschrieben (siehe Abschnitt 2.5). Gemäß DAMA DMBOK2 [HeED17] enthalten Metadaten Informationen über technische und fachliche Prozesse, Regeln und Eingrenzungen sowie Informationen zu logischen und physischen Datenstrukturen. Zudem beschreiben Metadaten die eigentlichen Daten (z. B. Datenbanken, Datenelemente und Datenmodelle), die Konzepte, die die Daten darstellen und Beziehungen zwischen den Daten und den (fachlichen) Konzepten.

Die Nutzung von Metadaten verspricht im Kontext von Datenqualität folgende Vorteile [vgl. Schm10, S. 33]:

- Unterstützung eines einheitlichen Begriffsverständnisses zwischen mehreren verschiedenen Datennutzergruppen durch konsistente Definitionen,
- Kontrolle der Datenqualität durch Informationen über erlaubte Attributwerte (Dimensionen Genauigkeit und Vollständigkeit), über Datenformate (Genauigkeit), über die letzte Änderung von Datenobjekten (Aktualität) etc.,
- Entscheidungsunterstützung für die Anwender durch Angabe von Quelle und Qualität der Daten (Reputation, Glaubwürdigkeit),
- Erleichterung der Datenintegration und -aggregation durch Informationen zu Struktur und fachlicher Bedeutung der Daten.

Ebenso wichtig wie die Metadaten selbst ist die Verfügbarkeit des Wissens über die Metadaten in der Organisation. Da alle Bereiche mit (Meta-)Daten arbeiten, sind aktuelle und korrekte Informationen unabdingbar, auch um das Risiko der Fehlinterpretation bestimmter Metainformationen zu minimieren. Und spätestens hier wird deutlich, dass Datenqualität auch für Metadaten wichtig ist.

Daher geht es beim Management von Metadaten auch um Wissensmanagement im Unternehmen, da Metadaten an fast allen Stellen technisch und fachlich von großer Relevanz sind. Auch sind die Nutzer von Systemen Nutznießer von einem nachhaltigen Metadatenmanagement, da sie sich auf die fachlich korrekte Darstellung und die technisch korrekte Integration und Verarbeitung der Datenelemente verlassen müssen bzw. können.

Metadaten liefern nicht nur Informationen über den erwarteten Datentyp, sondern auch über den Kontext. Somit können aus Metadaten erste Hinweise zur Qualität der eigentlichen Daten abgeleitet werden. So wären Metadaten zu einem Feld, in dem eine 5-stellige Postleitzahl steht, folgende Informationen:

- Erwarteter Inhaltstyp: ganze Zahl
- Erwartete Länge: 5-stellig
- Kontext: deutsche Postleitzahl

Da dieser Kontext für das Feld vorgegeben wurde, lassen sich daraus auch konkrete Qualitätskriterien ableiten. Sind die Metadaten falsch, unvollständig oder nicht eindeutig, ist zu erwarten, dass die eigentlichen Daten ähnlich schlecht sind wie die Metadaten. Wird z. B. nicht der Kontext geliefert, dass in dem Feld eine Postleitzahl aus Deutschland erwartet wird, wäre die Ableitung von DQ-Regeln schwieriger. Denn dann würde jede beliebige 5-stellige Zahl den Qualitätskriterien entsprechen, aber Aussagen zur Güte einer Postleitzahl wären nicht möglich.

Es gibt viele Gründe, auf eine gute Qualität von Metadaten zu achten. Exemplarisch seien hier folgende Szenarien kurz genannt:

- Automatisierte Erstellung eines Datenkatalogs (Data Dictionary)
- Weitestgehend automatisierte Darstellung einer Data Lineage
- Integration von Systemen über verschiedene Schnittstellen
- Automatisiertes Mapping von Datenfeldern

Da Metadaten auch Daten sind, gelten für sie die gleichen Dimensionen und Kriterien wie für andere Daten auch. Das Management von Metadaten ist eine Kernaufgabe von Data Governance (siehe Abschnitt 4.5.3.2).

Es werden zunehmend Software-Lösungen für das Management von Metadaten angeboten. Dazu gehören Data-Dictionary-Lösungen, die automatisiert über Schnittstellen die Metadaten ganzer Datenbanken und Applikationen auslesen und so automatisch die verfügbaren Metadaten darstellen. Diese Informationen können zusätzlich mit weiteren Hinweisen, also den fachlichen Metadaten, angereichert werden (siehe Abschnitt 7.4.1). Da die Systemlandschaft in den Unternehmen üblicherweise sehr komplex und heterogen aufgestellt ist und Wissen über die Daten selten transparent und nachvollziehbar an einer Stelle dokumentiert ist, wird das Management von Metadaten in Zukunft noch eine wichtige Rolle spielen.

7 Methoden, Konzepte und Tools für Data Governance

Dieses Kapitel gibt Hinweise, wie die zuvor beschrieben Datenmanagement- bzw. Data-Governance-Handlungsfelder in die Praxis umgesetzt werden können. Die vorgestellten Möglichkeiten sind vom Prozess der Umsetzung auf jedes eventuell bereits verfügbare Tool anwendbar. Oft werden Hinweise auf Tools gegeben, die in den meisten Unternehmen bereits im Einsatz sind. Das können Text-, Tabellen- und Präsentationssoftware oder andere Office-Pakete sein. Ab einem bestimmten Grad der Komplexität kommen diese Tools an ihre Grenzen und sollten durch spezielle, für den jeweiligen Anwendungszweck geeignete Software ersetzt werden. Nichtsdestotrotz gibt es gute Möglichkeiten für Praktiker, mit einfachen Mitteln erste Data-Governance-Initiativen umzusetzen und Erfolge zu präsentieren.

■ 7.1 Überblick

Ist die Notwendigkeit für Data Governance erkannt und ist entschieden, in welchem Bereich erste Aktivitäten stattfinden sollen, stellt sich die Frage nach dem WIE.

In diesem Kapitel wird eine Auswahl verschiedener Methoden, Konzepte und Tools (im Folgenden kurz Tools) vorgestellt, welche die verschiedenen Handlungsfelder des qualitätsorientierten Data Governance Frameworks adressieren. Der Aufbau des Kapitels orientiert sich am Aufbau des Frameworks mit den drei Ebenen Strategie, Organisation und Informationssysteme.

Alle Tools werden nach einer einheitlichen Struktur charakterisiert. Die Struktur umfasst:

- eine ausführliche Beschreibung mit Anwendungsbeispielen,
- den Mehrwert bzw. den Nutzen, der durch die Umsetzung bzw. den Einsatz des Tools entsteht,
- die organisatorischen Rollen, die sich typischerweise mit dem Tool auseinandersetzen, und
- Hilfsmittel und Werkzeuge, die zur Erstellung und/oder Umsetzung des Tools verwendet werden können.

Es handelt sich um Anregungen aus den praktischen Erfahrungen der Autorinnen. Die Umsetzung der Tools kann in jedem Unternehmen anders realisiert werden. Tabelle 7.1 gibt zur besseren Orientierung einen Überblick über die in diesem Kapitel beschriebenen Tools.

Tabelle 7.1 Überblick über Data-Governance-Methoden, -Konzepte und -Tools (eigene Darstellung)

Abschnitt	Bezeichnung	Kurzbeschreibung
Strategische Tools		
Abschnitt 7.2.1	Data Policy	Die Data Policy regelt den grundsätzlichen Umgang mit Daten innerhalb eines Unternehmens. Das Dokument ist Rechtfertigung und Ausgangspunkt für alle weiteren Initiativen im Datenmanagement.
Abschnitt 7.2.2	Entwicklung einer Datenstrategie	Die Datenstrategie definiert die Ziele des Datenmanagements und zeigt auf, welche Maßnahmen zur Verwirklichung der Ziele beitragen. Die Strategie definiert den Weg vom aktuellen Istzustand zum gewünschten Sollzustand.
Organisatorische Tools		
Abschnitt 7.3.1	Ursachen-Wirkungs-Diagramm	Ein Ursachen-Wirkungs-Diagramm hilft bei der Analyse möglicher Gründe für unzureichende Datenqualität und stellt die Ergebnisse der Analyse grafisch dar.
Abschnitt 7.3.2.1	Datenqualitäts-Regelwerk	Das Datenqualitäts-Regelwerk definiert messbare Regeln für Datenqualität basierend auf den Anforderungen der Datennutzer.
Abschnitt 7.3.2.2	Prüfablauf und Datenqualitäts-Regelbaum	Prüfablauf-Diagramme und Datenqualitäts-Regelbäume zeigen die Umsetzung und Abhängigkeiten der Datenqualitäts-Regeln und wie Messergebnisse für Datenqualität zustande kommen.
Abschnitt 7.3.2.3	Datenqualitäts-Scorecard	Die Datenqualitäts-Scorecard visualisiert die Ergebnisse von Datenqualitäts-Messungen. Üblicherweise werden die einzelnen Messungen aggregiert und als Data Quality Key Performance Indicator (DQ KPI) dargestellt.
Abschnitt 7.3.3.1	Unternehmensspezifische Ausprägung der Datenmanagement-Organisation	Das idealtypische Data-Governance-Rollenmodell wird unternehmensspezifisch ausgeprägt. Die Organisation wird strukturiert und die Verantwortungsbereiche der verschiedenen Rollen werden definiert.
Abschnitt 7.3.3.2	Umsetzung der Datenmanagement-Organisation	Die Data-Governance-Rollen werden mit geeigneten Mitarbeitern besetzt. Die Ausführung der Aufgaben und die Verantwortlichkeiten werden in den Regelbetrieb überführt.
Abschnitt 7.3.3.3	Organisatorische Hilfsmittel	Eine Reihe von organisatorischen Hilfsmitteln unterstützt die Arbeit der Datenmanagement-Organisation, z. B. regelmäßige Besprechungen, Berichte über Ziele sowie Coaching, Mentoring und Networking.
Abschnitt 7.3.4	Beschreibung der Datenproduktions-Prozesse	Die wesentlichen Datenproduktions-Prozesse werden identifiziert, definiert und mittels einer geeigneten Notation dokumentiert.
Abschnitt 7.3.5	RACI-Matrizen	RACI-Matrizen definieren und dokumentieren Verantwortlichkeiten und Kommunikationswege für Aufgaben oder Prozesse übersichtlich.

(Fortsetzung nächste Seite)

Abschnitt	Bezeichnung	Kurzbeschreibung
Tools der Ebene „Informationssysteme"		
Abschnitt 7.4.1	Business Data Dictionary	Ein Business Data Dictionary beschreibt unternehmensweit eindeutig Datenobjekte. Die primär fachlichen Metadaten erleichtern die Kommunikation zwischen Fach- und Geschäftsbereichen.
Abschnitt 7.4.2	Datenqualitäts-Tools	Datenqualitäts-Tools unterstützen Data Producer und Data Stewards automatisiert oder manuell bei der Optimierung der Datenqualität.
Abschnitt 7.4.3	Auswahl von Data Governance Tools	Data Governance Tools unterstützen Data Stewards ab einer gewissen Komplexität bei der Bewältigung ihrer Aufgaben im Datenmanagement.

■ 7.2 Strategische Tools

Die vorgestellten strategischen Tools beziehen sich auf die Handlungsfelder der strategischen Ebene. Dazu gehören eine Data Policy und die Entwicklung einer Datenstrategie.

7.2.1 Data Policy

Eine Data Policy (auch Datenleitlinie, Datenrichtlinie) ist ein Dokument, welches den grundsätzlichen Umgang mit Daten innerhalb eines Unternehmens regelt und somit das Datenmanagement im Unternehmen strategisch verankert (siehe Abschnitt 4.4). Das Dokument ist grundsätzlich so zu gestalten, dass es über einen längeren Zeitraum, d. h. mehrere Jahre, Bestand hat. Dennoch sollte es in einem ein- bis zweijährigen Revisionszyklus inhaltlich überprüft werden. Die Data Policy muss von der Unternehmensleitung offiziell anerkannt und verabschiedet werden. Sie ist Rechtfertigung und Ausgangspunkt für alle weiteren Datenmanagement-Initiativen.

Die Data Policy hebt die wirtschaftliche Relevanz von Daten für das Unternehmen hervor und gibt den Rahmen für den Umgang mit Daten innerhalb des Unternehmens vor. Beispielsweise kann in der Policy stehen, dass das Unternehmen die Unternehmensdaten als Assets betrachtet und diese umsatzsteigernd und gewinnbringend einsetzen möchte. Ebenso gibt das Dokument Hinweise zur Datenqualität und Datensicherheit. Es legt den Betrachtungsbereich des Datenmanagements fest, also welche Daten und welche Bereiche des Unternehmens betroffen sind.

Auf dem Bekenntnis der Unternehmensleitung zur Bedeutung der Daten basiert auch die Bereitstellung von finanziellen Ressourcen, um z. B. geeignete Datenmanagementsysteme anzuschaffen oder Mitarbeiter zu beschäftigen, die sich um den gewinnbringenden Einsatz der Daten kümmern. Aus der Data Policy folgen ebenso die entsprechende organisatorische Aufstellung des Unternehmens sowie die Definition und Anpassung von Prozessen.

Nicht immer finden sich die Inhalte einer Data Policy in einem Dokument, welches den Titel „Data Policy" trägt. Die Inhalte sind oft in anderen Strategiepapieren oder Präsentationen der Unternehmensleitung verankert. Einzelne Geschäftsbereiche können ihre eigene Data Policy haben, die noch viel genauer den Umgang mit den Daten regelt. Dort können konkrete Rollen und deren Aufgaben sowie übergeordnete Datenmanagement-Prozesse beschrieben sein. Diese Dokumente sollten sich jedoch immer an der übergeordneten Data Policy des Unternehmens orientieren. Alle Mitarbeiter sollten freien Zugriff auf die Data Policy haben.

Typische Inhalte der Policy sind eine grundsätzliche Beschreibung des (Stamm-)Datenmanagements sowie Data Governance und deren Bedeutung für das Unternehmen. Auch wird der Dokumenten-Verantwortliche genannt und das Datum der Erstellung bzw. der Freigabe durch das Management. Dann enthält die Policy Beschreibungen der wesentlichen Data-Governance-Komponenten, die im Unternehmen eingeführt sind. Je nach Stand der jeweiligen Dokumentation gibt es viele Verweise auf an anderer Stelle ausführlich beschriebene Themen. So können z. B. die Organisationsstruktur und die etablierten Rollen überblicksartig beschrieben sein. Eine ausführliche Beschreibung der Rollen und wie diese ihre Aufgaben und Verantwortlichkeiten wahrnehmen, sind in einem anderen Dokument beschrieben.

 Praxistipp: Verweise auf andere Dokumente – Wartbarkeit vs. Verständlichkeit

Die Arbeit mit Verweisen bietet sich vor allem immer dann an, wenn die zugrunde liegenden Dokumente kürzeren Revisionszyklen unterliegen, also tendenziell häufiger als die Policy geändert werden. Die Data Policy muss dann durch die Verweise auf die stets aktuelle Version eines anderen Dokumentes, wie oben gefordert, nicht zu häufig angepasst werden. Ebenfalls werden Redundanzen vermieden, die schwer aktuell zu halten sind. Auf der anderen Seite leiden Lesbarkeit und Verständlichkeit unter zu vielen Verweisen. Um die Policy vollständig zu erfassen, sind dann mehrere Dokumente parallel zu lesen. Die einfache Wartbarkeit der Policy muss so gegen ihre Verständlichkeit abgewogen werden.

Ebenso sollte ein Überblick über die wesentlichen datenhaltenden und datenverarbeitenden Systeme gegeben werden. Wenn es ein Systemverzeichnis gibt, kann auch auf dieses verwiesen werden. Im Überblick über die Systeme sind Hinweise hilfreich, die auf die Relevanz des Systems an sich und der dort vorgehaltenen oder verarbeiteten Daten geben. Wenn es z. B. mehrere Systeme gibt, die Kundenstammdaten halten, dann ist der Hinweis wichtig, welches System das führende System für Kundenstammdaten ist. Hinweise auf Schnittstellen zu den anderen Systemen sind ebenso wichtig wie Beschreibungen, von welchen Unternehmensbereichen die Daten genutzt werden und bei welchen Prozessen die Daten verarbeitet werden.

Auch eine Beschreibung der wesentlichen (Stamm-)Datenprozesse kann die Policy enthalten. Sind die eigentlichen Prozessbeschreibungen an anderer Stelle, z. B. in einem Business Process Management System (BPMS) hinterlegt, ist es sinnvoll, in der Policy entsprechend darauf zu verweisen. Letztendlich sollte den Lesern der Policy die Wichtigkeit der Daten für das Unternehmen bewusst werden. Es soll vermittelt werden, in welchen wesentlichen Prozessen diese Daten verarbeitet werden, sodass sie Teil des Unternehmensguts werden.

Sollte es noch andere, für das Unternehmen relevante Hinweise auf (Stamm-)Daten geben, ist die Policy der richtige Ort, diese dort zu dokumentieren. Das können sehr individuelle Hinweise sein, die das jeweilige Geschäftsmodell betreffen. Ein Beispiel ist, dass die Stammdaten für Marketing-Zwecke mit externen Daten angereichert werden, wie z. B. über geografische Gegebenheiten. Andere externe Informationen beziehen sich auf Informationen über Unternehmen, also Branche, Umsatz, Anzahl Mitarbeiter, Gründungsjahr etc. In jedem Fall sollte beschrieben sein, wie diese externen Daten genutzt werden und wie sie bestimmte geschäftliche Entscheidungen beeinflussen können.

Bild 7.1 zeigt exemplarisch das Inhaltsverzeichnis einer Stammdaten-Richtlinie, die als Data Policy fungiert. Insgesamt hat die Policy häufig einen Umfang von wenigen (drei bis sieben) Seiten.

Stammdaten-Richtlinie

Inhaltsverzeichnis

1. Einleitung
   1.1. Beschreibung der Relevanz des Stammdaten-Managements und Data Governance
   1.2. Dokumenten-Verantwortlicher
2. Master-Data-Governance-Organisation: kurze Beschreibung der Rollen und ihrer Verantwortlichkeiten
   2.1. Die Rolle des Data Governance Councils
   2.2. Andere Data-Governance-Rollen
   2.3. Rollen in Bezug auf Systeme und Architektur
   2.4. Organisatorische Struktur
3. Überblick über die Systeme, die Stammdaten halten
   3.1. Gemeinsam genutzte Systeme
   3.2. Region 1/Business Unit 1
   3.3. Region 2/Business Unit 2
   3.4. Region 3/Business Unit 3
4. Stammdaten-Prozesse
   4.1. Anlage, Aktualisierung (Veränderung), Löschen und Lesen von Stammdaten
   4.2. Datenqualität und KPIs
5. Umgang mit Stammdaten in den Regionen/Business Units/Domänen
6. Beschreibung der Stammdaten-Domänen
7. Liste der Regionen/Business Units, für die diese Richtlinie gilt
8. Data Dictionary
9. Hinweise zum Arbeiten mit den führenden Systemen
10. Referenzen und Verlinkungen zu anderen Richtlinien
11. Abkürzungsverzeichnis

Bild 7.1 Exemplarische Gliederung einer Stammdaten-Richtlinie (eigene Darstellung)

Nutzen und Mehrwert Die Data Policy gibt den Mitarbeitern den ideellen Rahmen für das Datenmanagement vor. Sie definiert, welchen Stellenwert Unternehmensdaten haben und wie mit ihnen umgegangen werden soll. Sie gibt die Zielsetzung für das Datenmanagement vor. Die Data Policy gibt den Verantwortlichen die Rechtfertigung, sich um Datenqualität im Unternehmen zu kümmern und entsprechende Maßnahmen zu deren Verbesserung zu ergreifen. Fehlt dieser offizielle Rahmen, wird es schwer sein, gezielt in den Datenhaushalt des Unternehmens zu investieren.

Rollen und Verantwortlichkeiten Für die inhaltliche Gestaltung der Data Policy sind das Datenkomitee und die strategischen Data Stewards verantwortlich. Initiiert wird das Projekt durch den Auftraggeber. In der Praxis ist es so, dass der Konzern Data Steward mit dem Data Steward-Team die Erstellung der Policy vorantreiben und deren Inhalte mit allen Beteiligten, den strategischen Data Stewards, dem Datenkomitee und der Unternehmensleitung, abstimmen. Soll sie wirksam werden, so muss die Data Policy offiziell durch die Unternehmensleitung verabschiedet und in Kraft gesetzt werden.

Für das Bekanntwerden der Policy und für das Verstehen der Policy durch die Mitarbeiter sind alle Mitarbeiter, unabhängig der Rolle innerhalb des Datenmanagements und der Hierarchieebene, verantwortlich. Die Kommunikation der Existenz und etwaiger Anpassungen der Policy erfolgt über die im Unternehmen üblichen Kommunikationskanäle und wird entweder vom Auftraggeber oder von den strategischen Data Stewards initiiert. In der Praxis umgesetzt werden kann und wird sie nur, wenn die Data Policy diskutiert wird.

Hilfsmittel Eine Policy kann in einem üblichen Textverarbeitungsprogramm erstellt werden. Verbreitet werden kann sie per E-Mail, im Intranet oder auf Betriebsversammlungen. Wichtiger ist, wie die Inhalte einer Policy entstehen und wie diese in der Strategie des Unternehmens verankert werden. Über Fragen in Diskussionen und Workshops nähert sich die Unternehmensleitung den notwendigen Inhalten. Beispiele für die Fragen sind:

- Wie möchte das Unternehmen in Zukunft die vorhandenen (Stamm-)Daten nutzen?
- Können bessere Geschäftsergebnisse erzielt werden, wenn die vorhandenen oder neu zu erhebenden Daten geschickter eingesetzt werden?
- Ist eine Effizienzsteigerung bei Mitarbeitern zu erwarten, die täglich mit den (Stamm-)Daten arbeiten?
- Bietet das Unternehmen Produkte oder Services an, deren Grundlage Daten sind?

Die Diskussion der Datenverwertung ist innerhalb eines Unternehmens individuell zu führen.

7.2.2 Entwicklung einer Datenstrategie

Eine Datenstrategie definiert die wesentlichen Ziele des Datenmanagements und zeigt auf, welche Maßnahmen und Projekte zur Verwirklichung der Ziele beitragen. Die Strategie definiert somit, auf welchem Weg vom aktuellen Istzustand ein gewünschter Sollzustand erreicht werden soll (siehe Bild 7.2). Die Ziele sollten so gestaltet sein, dass sie in drei bis fünf Jahren tatsächlich erreicht werden können. Mithilfe der Datenstrategie ist somit planvolles – auf Ziele ausgerichtetes – Handeln im Datenmanagement möglich.

Im Gegensatz zur Data Policy, deren Aufgabe es ist, als veröffentlichtes Dokument wichtige Leitlinien und Grundgedanken zum Datenmanagement immer präsent zu halten, ist bei der Datenstrategie der Entwicklungsprozess fast bedeutsamer als das Ergebnis selbst. Das soll nicht heißen, dass die Strategie in der Schublade verschwindet, sobald sie fertig ist. Vielmehr ist es so, dass bei der aufwendigen und langwierigen Entwicklung häufig schon alle von der Strategie betroffenen Personen aktiv beteiligt sind. Sie geben ihren fachlichen Input und immer wieder Feedback zum Ergebnis. Am Ende sind bereits alle Betroffenen – Management, Geldgeber, Fachbereiche, IT – involviert und informiert, sodass das Strategiedokument nur noch das gemeinsame Verständnis dokumentiert. Die tatsächliche Umsetzung der in der Strategie beschlossenen Maßnahmen ist dann Teil des Programm- oder Projektmanagements.

Bild 7.2 Strategieentwicklung – vom Ist zum Soll (in Anlehnung an [WiTi20, S. 68])

Der Zusammenhang in Bild 7.2 zeigt, welche wesentlichen Komponenten eine Datenstrategie enthält bzw. wie bei der Entwicklung einer Datenstrategie vorzugehen ist. Zunächst ist der Istzustand zu definieren, daraus ein gewünschter Sollzustand abzuleiten und am Ende steht die Überlegung, wie der Sollzustand erreicht werden kann. Etwas konkreter und detaillierter zeigt Bild 7.3 das Vorgehen bei der Strategieentwicklung. Auf die einzelnen Schritte und die dazu benötigten Inputs wird im Folgenden kurz eingegangen. Zur Illustration wird das Beispiel eines Unternehmens der Sport- und Bekleidungsindustrie herangezogen (siehe die folgenden Kästen).

 Einführung Fallbeispiel Splash AG

Die Splash AG ist ein global tätiges Unternehmen der Sport- und Bekleidungsindustrie. Die Unternehmensstrategie sah grundlegende strukturelle und prozessuale Veränderungen vor, um das Unternehmen für die aktuellen Herausforderungen des globalen Marktes neu aufzustellen. Einige der Veränderungen betrafen die internen und nach außen gerichteten Kundenprozesse. In der Vergangenheit waren Kundendaten über viele lokale und globale transaktionale IT-Systeme verteilt und wurden auch in verschiedenen Reporting-Tools verwendet. Es gab keine durchgehenden Prozesse zur Kundendatenpflege und auch keine global definierten Verantwortlichen. Somit war der aktuelle Zustand des Kundendatenmanagements nicht geeignet, die Unternehmensstrategie zu unterstützen.

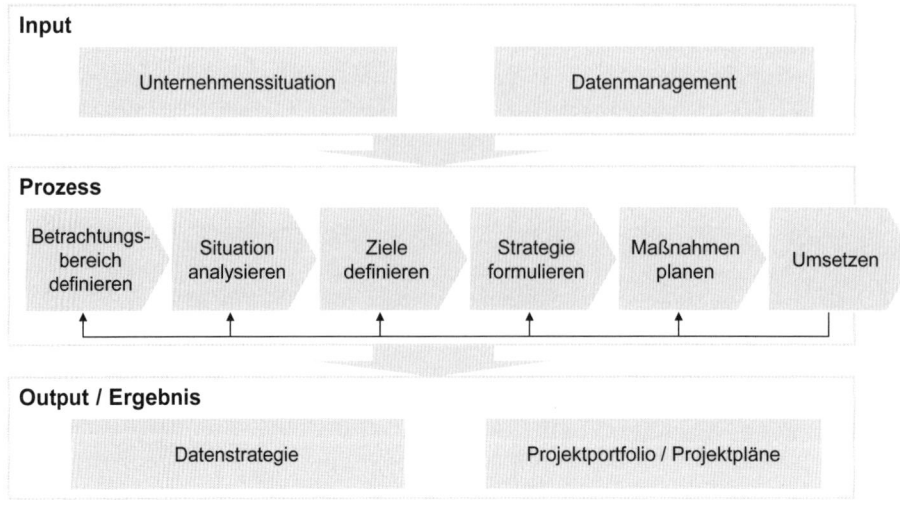

Bild 7.3 Vorgehen bei der Strategieentwicklung (in Anlehnung an [Schm10a, S. 25])

Betrachtungsbereich definieren

Der Betrachtungsbereich (Scope) legt fest, für welchen Teil des Datenmanagements die Strategie Gültigkeit hat. Das ist typischerweise das gesamte Unternehmen. Die Strategie kann aber auch nur für einen Geschäftsbereich, eine Region oder einen anderen Teil des Unternehmens erstellt werden. Wichtig ist hier vor allem zu definieren, welche Datenobjekte betrachtet werden sollen. Häufig sind es global gültige Stammdatenobjekte und deren wichtigste Attribute oder strategisch bedeutsame Kennzahlen.

 Fallbeispiel Splash AG: Betrachtungsbereich

Die Splash AG erstellt die Datenstrategie für den gesamten Konzern, aber nur für Kundenstammdaten. Im Fokus stehen zunächst die Großhandelskunden, weil man hier aktuell die größten Probleme sieht und somit auch das größte Verbesserungspotenzial. Großhandelskunden sind u. a. Warenhäuser, Sportgeschäfte und Boutiquen, aber auch Sportclubs. Privatkunden inklusive der eigenen Mitarbeiter sollen nicht betrachtet werden. Als wichtige Attributgruppen wurden Kontaktdaten, Beziehungsdaten, Kundensegmente, Finanzdaten, Verkaufs- und Vertriebsdaten sowie Marketingdaten identifiziert.

Situation analysieren

Die Situationsanalyse nimmt vermutlich den größten Teil der Strategieentwicklung ein und dauert am längsten. Und das ist auch gut so, denn weiß das Unternehmen erst einmal, wo es aktuell steht, welche Herausforderungen es derzeit nicht meistern kann und welche Probleme existieren, ist die Definition des Ziels häufig relativ offensichtlich. Wie lange die Strategieentwicklung insgesamt dauert, hängt von verschiedenen Komponenten ab, u. a. vom Scope, von der Anzahl und Verfügbarkeit der beteiligten Personen sowie davon, in welcher

Qualität die Informationen zur Situationsanalyse vorhanden sind. Führt das Unternehmen den Prozess zum ersten Mal durch, kann von drei bis sechs Monaten ausgegangen werden.

Um die aktuelle Situation zu analysieren, also den Istzustand zu erheben, sollten folgende Informationen herangezogen werden:

- Unternehmens- und IT-Strategie
- Marktumfeld und Wettbewerbssituation, rechtliche Rahmenbedingungen
- Stand der Technik im Datenmanagement
- Aktuelle Situation in Bezug auf die Handlungsfelder des Datenmanagements (siehe Kapitel 4)
- Laufende und geplante fachliche und IT-Projekte mit Datenbezug

Wo es möglich ist, sollten vorhandene Aufzeichnungen und Dokumentationen gesichtet, analysiert, zusammengefasst und dokumentiert werden. Um die aktuelle Situation in den Handlungsfeldern des Datenmanagements zu erfassen und Informationen zu aktuellen und geplanten Projekten zu bekommen, bieten sich Interviews mit den betroffenen Fachbereichen und der IT an. Die Handlungsfelder können als Ordnungsrahmen zur Erstellung von Interview-Fragebögen verwendet werden. Fragen können z. B. die aktuellen Regelungen der Verantwortlichkeiten, Abläufe von Datenproduktions-Prozessen, relevante Rechtsvorschriften, verwendete Tools und Informationssysteme, Berechtigungen sowie vorhandene Datenqualitäts-Kennzahlen betreffen. Dabei sollte auch unbedingt das subjektive Problemempfinden mit erhoben werden. Die Interviewatmosphäre sollte entspannt sein und den Befragten muss das Gefühl vermittelt werden, dass sie offen reden können. Es geht nicht darum, Schuldige zu finden, sondern die aktuelle Situation für alle Beteiligten zu verbessern.

Es ist wichtig, dass alle Personenkreise gehört werden, die auch später von der Strategie betroffen sind. So werden sie aktiv an der Strategieentwicklung beteiligt. Der Eindruck, die Strategie werde von außen oder oben herab aufgedrückt, kann dadurch vermieden werden. Der Nutzen der Strategie und der geplanten Verbesserungen für die Beteiligten kann dabei aufgezeigt werden.

 Fallbeispiel Splash AG: Analyse der Ist-Situation

Bei der Splash AG wurden ca. zehn einstündige Einzel- und Gruppeninterviews mit Personen aus dem Marketing, der zentralen Kundenbetreuung, der Strategieentwicklung, dem Vertrieb, der zentralen Finanzbuchhaltung und der zentralen IT durchgeführt. Die Interviews basierten auf Fragebögen, die individuell auf die interviewte Zielgruppe zugeschnitten waren mittels durch andere Kanäle gewonnener Vorinformationen. Dadurch waren die Interviewer gut vorbereitet und die Interviews zielgerichtet und effizient durchführbar. Die Interviewten fühlten sich verstanden.

Welche Personen interviewt werden sollten, erfragten der globale Kundendaten-Steward und der globale Data Steward für Großhandelskunden aufgrund einer initialen Liste von Kontaktpersonen bei den Vorgesetzten der betroffenen Abteilungen. Alle Personen wurden per E-Mail oder Telefon kontaktiert, über das Vorhaben informiert und zu den Interviews eingeladen. Mittels einer Tabelle wurden die Kontakte, Einladungen und Interviews nachverfolgt und dokumentiert.

In dieser Phase sollte der Zusammenhang zwischen fachlichen Problemen oder Störungen (z. B. unnötige Doppelarbeiten, falsche Berichte) und schlechter Datenqualität herausgearbeitet werden. Das ist für die Kommunikation mit den Geldgebern und den Fachbereichen extrem hilfreich. Kaum ein Fachbereich versteht, wozu global eindeutige Kundennummern sinnvoll sind – und es ist auch nicht deren Aufgabe, das zu verstehen. Sind die Kundennummern aber nicht eindeutig, können die gleichen Kunden mehrfach im Bestellsystem vorhanden sein und jeder dieser vermeintlich unterschiedlichen Kunden bekommt ein Kreditlimit zugewiesen. Clevere Kunden bestellen nun mit verschiedenen Kundennummern und können daher einen mehrfach höheren Kreditrahmen ausschöpfen als vom Unternehmen beabsichtigt. Das Risiko, auf den Forderungen sitzen zu bleiben, steigt für das Unternehmen enorm.

Diese Zusammenhänge können in zwei Richtungen dargestellt werden. Ein Beispiel für die erste Richtung zeigt Bild 7.4. Diese Sichtweise geht von aktuellen Problemen mit der Datenqualität aus. Links stehen die Datenqualitäts-Probleme und rechts die daraus folgenden fachlichen Auswirkungen. Beispielsweise führen inkonsistente Daten in verschiedenen lokalen Systemen dazu, dass auf globaler Ebene keine korrekten Verkaufsberichte erstellt werden können. Eine ähnliche Darstellung am Beispiel eines Düngemittelherstellers zeigt Bild 7.5. Dort werden konkrete Probleme mit Maßgrößen und Umrechnungsfaktoren beschrieben und potenzielle Auswirkungen dieser Probleme auf verschiedene Geschäftsprozesse.

Bild 7.4 Datenqualitäts-Probleme und deren fachliche Auswirkungen am Beispiel der Splash AG (eigene Darstellung)

Die andere Darstellung des Zusammenhangs zwischen Datenqualitäts-Problemen und fachlichen Auswirkungen geht von Zielen oder Ideen aus. Sie wird durch die Antwort auf die Frage „Was können wir nicht tun, was wir gerne täten, weil die Daten nicht in der Qualität vorhanden sind, die wir dazu bräuchten?" [ähnlich Sein20] geleitet. Hier könnte man nach Art einer Mindmap das Ziel oder die Idee in die Mitte schreiben, z. B. „1:1 Marketing". Um das Ziel herum werden Gründe gesammelt, warum dieses Ziel aktuell nicht umgesetzt werden kann, z. B. global eindeutige Kundennummern, fehlende Einverständniserklärungen und zu wenige Datenanalysten.

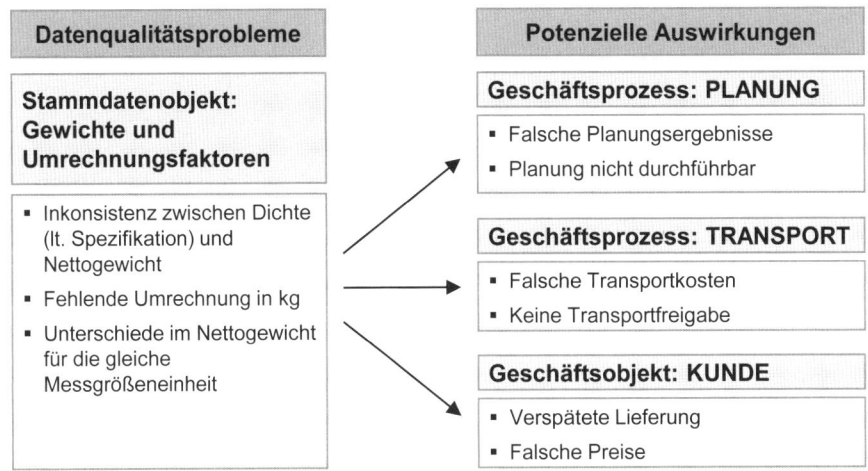

Bild 7.5 Einfluss von Datenqualitäts-Problemen auf Geschäftsprozesse (vgl. [Webe09, S.135])

Ziele definieren

Aufbauend auf den Ergebnissen der Situationsanalyse wird der Sollzustand abgeleitet. Der Sollzustand beschreibt den gewünschten Zustand des Datenmanagements in drei bis fünf Jahren. Die Beschreibung des Sollzustandes kann sich ebenfalls an den Handlungsfeldern das Datenmanagements orientieren und z. B. die Datenqualitäts-Messung, Datenproduktions-Prozesse, die Organisationsstruktur und die Datenarchitektur betreffen.

Die Definition des Sollzustandes ist ein kreativer Prozess. Häufig sind Lösungsansätze offensichtlich. Leiden die Fachbereiche unter fehlenden Verantwortlichkeiten für die Datenpflege, dann sollte die Datenpflege organisatorisch geregelt werden und die Datenproduktions-Prozesse sollten modelliert, dokumentiert und produktiv gesetzt werden. Für viele typische Probleme finden sich in den folgenden Abschnitten dieses Kapitels Lösungsideen. Die Schwierigkeit bei der Zieldefinition besteht darin, sich einerseits noch nicht in Umsetzungsdetails zu verlieren, sondern wirklich auf die Zielvorstellung zu konzentrieren, andererseits aber realistische, also erreichbare Ziele zu finden.

Für die möglichst konkrete Beschreibung der Ziele bietet sich die bekannte SMART-Methode an. Ziele sollten demnach spezifisch, messbar, erreichbar (achievable), relevant und terminiert sein (für andere Varianten vgl. [Wiki20]). Möglich ist, diese Ziele immer dem aktuellen Zustand gegenüberzustellen. Somit ist gleich ersichtlich, welches Problem durch welche Lösung adressiert werden soll.

Neben der konkreten Beschreibung aller Ziele bietet sich auch eine abstrakte, zusammenfassende Darstellung der Ziele an. Diese ist für die schnelle Kommunikation der Strategie z. B. gegenüber dem Management enorm hilfreich. Auf der abstrakten Ebene sollten drei bis maximal sechs übergeordnete Ziele gefunden werden. Bild 7.6 zeigt die vier zusammenfassenden Ziele der Datenstrategie der Splash AG.

Fallbeispiel Splash AG: Zieldefinition

Das Ziel „Einheitliches Datenmodell" der Splash AG beinhaltet folgende Teilziele:

- Jeder Kunde kann durch eine global eindeutige Kundennummer identifiziert werden.
- Unternehmensweit sind standardisierte Definitionen und ein gemeinsames Verständnis globaler Attribute etabliert.
- Die rechtlichen Verflechtungen zwischen Kunden (z. B. Konzernzugehörigkeiten) sind bekannt und erfasst.

Der Zusammenhang dieser Ziele zum Istzustand (siehe Bild 7.4) ist in Teilen erkennbar.

Bild 7.6
Ziele in der Kundendatenstrategie der Splash AG
(eigene Darstellung)

Strategie formulieren

Sind Ist- und Sollzustand definiert, muss die Strategie ausformuliert werden. Es ist zu überlegen, wie der Sollzustand erreicht werden kann. Es müssen konkrete Maßnahmen und Projekte definiert werden, mit denen die Ziele erreicht werden können. Stehen mehrere Alternativen zur Verfügung, sollten diese mit den Betroffenen und Verantwortlichen besprochen werden.

Die Darstellung bzw. Dokumentation der Datenstrategie folgt dem im Unternehmen üblichen Vorgehen. Möglich sind Textdokumente, Präsentationen oder Seiten im Intranet. Jegliches Medium, mit dem eine Kombination von Texten, Bildern und eventuell Tabellen abgebildet und das einem großen Publikum zugänglich gemacht werden kann, ist geeignet.

Obwohl es in der Strategie eher um den Sollzustand und den Weg dahin gehen sollte, muss in der Dokumentation ein großer Teil (mindestens 25 %) für die Beschreibung des Istzustandes reserviert werden. Dadurch werden die Stakeholder „abgeholt" und für die Notwendigkeit der Datenstrategie sensibilisiert. Diskussionen drehen sich in diesem Stadium häufiger um die generelle Notwendigkeit von Maßnahmen als um die konkreten Maßnahmen an sich. Der Istzustand kann überblicksartig, z. B. mittels der Darstellung in Bild 7.4, erfolgen. Ergänzend können einzelne, ganz konkrete Beispiele plakativ die aktuellen Probleme auf den Punkt bringen.

Der Aufbau des Strategiedokumentes kann z. B. die folgenden Punkte in dieser Reihenfolge umfassen:

1. Management Summary
2. Ausgangssituation
3. Betrachtungsbereich/Begriffe/Definitionen
4. Istzustand
5. Ziele/Sollzustand
6. Maßnahmen
7. Umsetzungsplanung
8. Anhang

Je nach Zielgruppe können die gleichen Inhalte auf nur wenigen Seiten oder etwas ausführlicher dargestellt werden. Im Anhang können ausführlich weitere Informationen bereitgehalten werden, z. B. eine detaillierte Darstellung jedes Ziels oder Erläuterungen zu den aktuellen Missständen im Datenmanagement.

Die Fertigstellung des Strategiedokuments sollte iterativ unter Einbeziehung der schon in der Situationsanalyse befragten Personen erfolgen. In Workshops oder Gesprächen wird diesen der aktuelle Stand der Strategie vorgestellt und ihnen wird Gelegenheit gegeben, Feedback zu geben und Verbesserungsvorschläge einzubringen. Durch dieses Vorgehen werden die Stakeholder noch einmal aktiv in den Prozess einbezogen. Somit wird eine Strategie erstellt, die bereits mit allen betroffenen Personen abgestimmt ist.

Fallbeispiel Splash AG: Präsentation der Strategie

Bei der Splash AG wurde die Strategie in vier Workshops mehr als 20 Personen vorgestellt. In jedem Workshop nahmen Personen aus einem Fachbereich teil. So wurden immer die Bedenken eines Fachbereichs besprochen und das Commitment des gesamten Fachbereichs eingeholt. Die Diskussionen und Ergebnisse der Workshops wurden in einem Protokoll festgehalten und dieses dann den Teilnehmer zugeschickt. Letztendlich änderte sich inhaltlich an dem Strategiedokument sehr wenig. Das Ziel der Workshops war die Kommunikation der Strategie und das dokumentierte und von den Betroffenen empfundene Einverständnis mit der Strategie.

Maßnahmen planen und umsetzen

Der letzte Schritt in der Strategieentwicklung ist die konkrete Planung der Maßnahmen und Projekte, die als geeignet erachtet wurden, die Ziele zu erreichen. Hierfür wird auf gängige Methoden des Projekt- und Programmmanagements verwiesen. Wichtig ist eine zeitliche und inhaltliche Abstimmung mit den in der Situationsanalyse identifizierten geplanten fachlichen und IT-Projekten. Es sollte z. B. darauf geachtet werden, für ein Fachprojekt notwendigen Voraussetzungen auf Datenmanagement-Seite vor Beginn dieses Projektes umzusetzen. Letztendlich müssen diese Maßnahmen und Projekte dann durchgeführt werden.

Nutzen und Mehrwert Die Datenstrategie liefert die Ziele des Datenmanagements für die nächsten drei bis fünf Jahre sowie die Maßnahmen, um diese zu erreichen. Zielgerichtetes, planvolles Handeln im Datenmanagement wird möglich. Durch das beschriebene Vorgehen wird den Verantwortlichen und Betroffenen die aktuelle Situation und deren Auswirkungen auf das Business vor Augen geführt. Es wird ein Verständnis dafür geschaffen, dass im Datenmanagement Maßnahmen und Projekte umgesetzt werden müssen, um fachliche Probleme zu beseitigen und neue Ideen zu verwirklichen. Die Betroffenen werden die Strategie aktiv mit unterstützen, weil sie Teil der Entwicklung dieser Strategie waren.

Rollen und Verantwortlichkeiten Federführend bei der Entwicklung der Datenstrategie ist der Konzern Data Steward. Alle Data Stewards unterstützen die Entwicklung inhaltlich, insbesondere bei der Situationsanalyse und bei der Maßnahmenplanung. Die Verabschiedung und in Kraftsetzung der Strategie wird durch das Datenkomitee oder den Auftraggeber erfolgen. Die betroffenen Fachbereiche und die IT sind im gesamten Prozess als Inputgeber oder für Feedback mit einzubeziehen.

Hilfsmittel In den verschiedenen Phasen der Strategieentwicklung kommen unterschiedliche Hilfsmittel zum Einsatz. Um den Istzustand zu erheben, kann beispielsweise die SWOT-Analyse angewandt werden [z. B. Schu17, S. 142 ff]. Die Stakeholder-Analyse hilft, die mittelbar und unmittelbar betroffenen Personen und Personenkreise zu identifizieren und Maßnahmen zu deren Beeinflussung zu ergreifen [z. B. Schu17, S. 44 ff]. Gibt es mehrere Lösungsalternativen zur Zielerreichung können diese mittels Nutzwertanalyse bewertet werden [z. B. Schu17, S. 147 ff]. Die im Unternehmen vorhandenen Kanäle zur Kommunikation mit den Betroffenen sollten intensiv während des gesamten Prozesses genutzt werden. Durch Workshops und Interviews werden die Betroffenen aktiv in die Entwicklung eingebunden.

■ 7.3 Tools auf Ebene der Organisation

In den folgenden Abschnitten werden Tools und Möglichkeiten beschrieben, wie man Data Governance auf der organisatorischen Ebene umsetzen kann. Das sind Werkzeuge, die die Themen der internen Organisationsstruktur beleuchten. Ebenso werden Möglichkeiten vorgestellt, um Geschäftsprozesse, die sich mit Stammdaten auseinandersetzen, zu definieren und zu beschreiben.

7.3.1 Ursachen-Wirkungs-Diagramm

Wird ein Problem in der Qualität der Daten festgestellt, kann mithilfe eines Ursachen-Wirkungs-Diagramms nach der Ursache gesucht werden. Ziel ist es, Transparenz über mögliche Gründe der unzureichenden Datenqualität zu bekommen und die Ergebnisse der Analyse grafisch darzustellen. Alternative Namen für diese Art der grafischen Darstellung sind Fishbone- bzw. Fischgräten-Diagramm und Ishikawa-Diagramm [z. B. Schu17, S. 66 ff]. Bild 7.7 zeigt ein solches Diagramm.

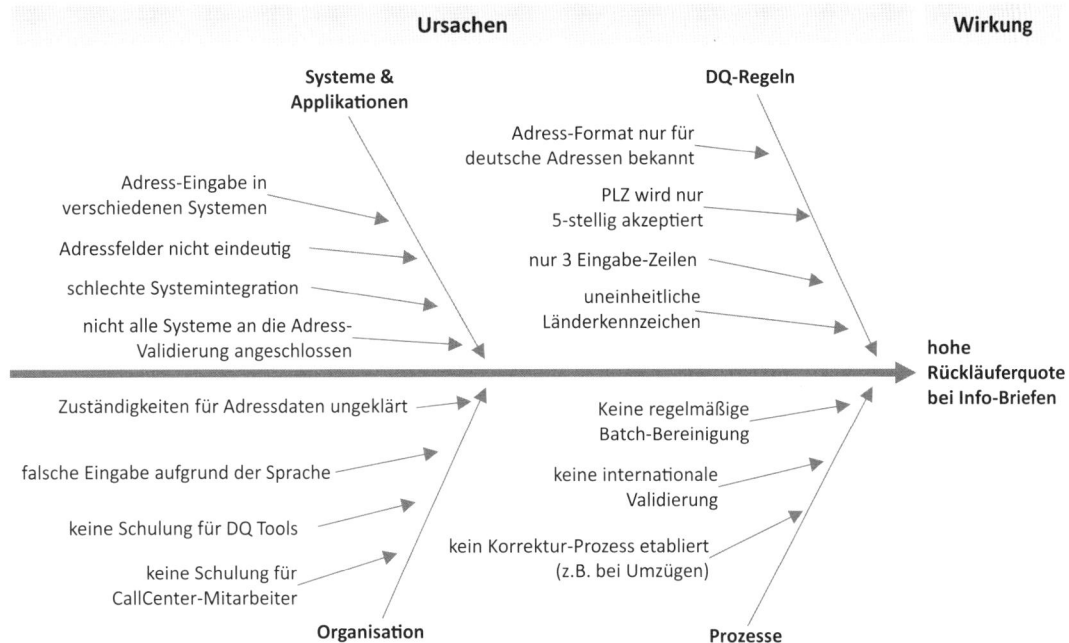

Bild 7.7 Ursachen-Wirkungs-Diagramm für eine hohe Rückläuferquote von Info-Briefen (eigene Darstellung).

Diese Diagramme sind in zwei Bereiche eingeteilt. Auf der rechten Seite wird die fachliche oder geschäftlich relevante Auswirkung eines Datenqualitäts-Problems genannt. Im linken Bereich wird strukturiert nach Ursachen für dieses Symptom gesucht.

Folgende Vorgehensweise ist bei der Erstellung eines Ursachen-Wirkung-Diagramms möglich:

1. Benennung der Wirkung.
2. Identifikation der Ursachenbereiche. Als guter Start können die Data-Governance-Handlungsfelder (siehe Abschnitt 4.3) genutzt werden.
3. Betrachtung der Ursachenbereiche und Benennung möglicher Ursachen.
4. Diskussion und Bewertung der Ursachen im Kontext der Wirkung.
5. Diskussion und Priorisierung von Lösungsansätzen.

Möglich ist auch, erst ein Brainstorming über alle Ursachen zu machen und diese dann im nächsten Schritt zu clustern. In dem Fall wären die Schritte 2 und 3 vertauscht.

Benennung der Wirkung

In Bild 7.7 ist die Wirkung die „hohe Rückläuferquote bei Info-Briefen", d.h. eine hohe Zahl an versendeten Briefen mit Informationen kommt zurück an den Absender. In anderen Worten kann die hohe Rückläuferquote auch als Symptom schlechter Datenqualität bezeichnet werden. Je präziser die Wirkung benannt wird, desto einfach gestaltet sich die Ursachen-Analyse. Nähme man eine Aussage wie „die Datenqualität ist schlecht" und würde diese als Wirkung einordnen, wäre die Ursachensuche schwierig, da die Wirkung, die die schlechte Datenqualität in einem konkreten Fall hätte, nicht dargestellt werden könnte.

Identifikation der Ursachenbereiche und Benennung möglicher Ursachen

Die Data-Governance-Handlungsfelder geben eine Orientierung für die Clusterung der Ursachen. Im Folgenden werden die Ursachen exemplarisch den vier Handlungsfeldern Informationssysteme, DQ-Regeln, Organisation und Prozesse zugeordnet.

Im Bereich **Informationssysteme (Systemarchitektur)** können Ursachen aufgeführt werden, die sich direkt mit Software-Applikationen in Verbindung bringen lassen. Das können fehlende Benutzerberechtigungen sein oder Hinweise auf schlechte Integrationen, wenn z. B. die eingebundenen Software-Funktionen wie z. B. die Überprüfung der postalischen Adresse nicht richtig funktioniert. Weitere mögliche Ursachen sind, dass bestimmte Datenfelder im User Interface nicht sichtbar sind oder die Konfiguration einzelner Felder bestimmte Dateneingaben nicht zulässt. Akzeptiert das Feld „Postleitzahl" nur eine 5-stellige Zahl, dann können Postleitzahlen anderer Länder, die 4-stellig sind oder Buchstaben enthalten, nicht eingegeben werden und lösen Fehlermeldungen aus. Möglich ist auch der Fall, dass in verschiedenen Systemen die Adressen erfasst werden, aber nicht in jedem Fall durch eine zusätzliche Software-Komponente eine Überprüfung der Adressen, d. h. der Abgleich mit Referenzdaten, stattfindet.

Im Bereich **DQ-Regeln** können Ursachen angegeben werden, die auf fehlende Standards und Regeln zurückzuführen sind. Im Fall der Adressen können das fehlende oder falsche internationale Adressformate sein. Ebenso können Ursachen auf fehlende oder inkonsistente Schreibweisen der Länder zurückzuführen sein. Nämlich ob im internationalen Briefverkehr das jeweilige Land in deutscher Sprache, in Landessprache oder mit dem gültigen ISO-Kürzel angegeben werden soll.

Schaut man auf die **Organisation** können alle Ursachen bezüglich der Organisationsstruktur, der Rollen sowie deren Aufgaben, Verantwortlichkeiten und fachlichen bzw. technischen Qualifikationen genannt werden. Das kann z. B. der Bedarf einer spezifischen Schulung für involvierte Mitarbeiter sein. Möglich ist auch, dass bestimmte Aufgaben oder Verantwortlichkeiten keiner bestimmten Rolle zugewiesen wurden, Rollen nicht besetzt sind oder die entsprechende Besetzung nicht bekannt ist.

Letztendlich sind es auch **Prozesse**, die Ursachen für schlechte Datenqualität liefern können. Das können zum einen automatisierte Prozesse sein wie die in Bild 7.7 aufgeführte Massenbereinigung der Adressen. Häufig werden manuelle oder nicht existente Prozesse genannt. Werden die von Kunden gemeldeten Umzüge an eine andere Adresse nicht eingepflegt, ist das auch ein Grund für eine hohe Rückläuferquote.

Die Zusammenfassung von Ursachen in Themenbereiche unterstützt die Fokussierung bei der Bewertung und gegebenenfalls bei der Beseitigung der Ursachen.

Diskussion und Bewertung der Ursachen

Bei der Diskussion der Ursachen ist es möglich, noch viel tiefer in Details einzusteigen. Im Bereich der Informationssysteme könnten z. B. einzelne Systeme genannt werden. In jedem Fall hilfreich ist, die Wirkung eines Problems bei der Datenqualität so präzise wie möglich darzustellen, um die Ursachen besser einzukreisen. Je präziser die Ursachen genannt und beschrieben werden, desto einfacher ist es im nächsten Schritt, eine Diskussion und Bewertung der Ursachen vorzunehmen.

Zudem ist es hilfreich, Mitarbeiter aller Bereiche einzubeziehen, von der fachlichen Seite und Mitarbeiter der IT. Denn abhängig von den an der Ursachen-Wirkungs-Analyse beteiligten Mitarbeitern kann eine Ursache fachlich bewertet werden. Wird z. B., wie oben beschrieben, die Fehlermeldung bei internationalen Postleitzahlen während der Eingabe als Ursache durch den Fachbereich genannt (und tatsächlich als Fehler bei der Software-Konfiguration wahrgenommen), können Mitarbeiter der IT erklären, dass das Feld der Postleitzahl in Abhängigkeit zum Ländercode steht und dieser zuerst eingegeben werden muss. Bei der von der Fachabteilung wahrgenommenen Ursache handelt es sich also um keinen Fehler bei der Konfiguration, sondern um einen Fehler in der Bedienung, dem mit einer entsprechenden Schulung begegnet werden kann. Dieses Beispiel zeigt, wie wichtig die Diskussion der zunächst aufgeführten Ursachen ist.

Die Ursachen sollten immer wieder in Bezug zur Wirkung gesetzt werden. Wird beispielsweise die nicht erfolgte Einführung in das neue CRM-System als Ursache genannt, ist zu prüfen, ob das tatsächlich eine der Ursachen für die hohe Rückläuferquote bei Info-Briefen ist. Oder, wenn die Info-Briefe mit der hohen Rückläuferquote nur innerhalb Deutschlands verschickt werden, sind die Fehlermeldungen bei internationalen Postleitzahlen, zumindest in diesem Kontext, zu vernachlässigen. Das heißt nicht, dass diese Punkte keine validen Ursachen sind, nur betreffen sie nicht das aktuell diskutierte Problem. Die zusätzlich genannten Punkte sind wichtig und sollten auf einem „Themen-Parkplatz" notiert und an anderer Stelle (z. B. in einem weiteren Ursachen-Wirkungs-Diagramm) adressiert werden.

Diskussion und Priorisierung von Lösungsansätzen

Mit der Diskussion der Ursachen wird sich auch der Beseitigung der Ursachen genähert. Die erkannten Ursachen können gewichtet und die Aktivitäten zu deren Beseitigung priorisiert werden. Im obigen Beispiel mit der Fehlermeldung bei den Postleitzahlen sind zwei Ansätze denkbar:

- Im Bereich der Organisation kann eine Anwenderschulung durchgeführt werden, in der die Abhängigkeit der Postleitzahl zum jeweiligen Land erläutert wird und auf die richtige Reihenfolge bei der Aufnahme der Informationen hingewiesen wird.
- Zusätzlich dazu kann im Bereich der Informationssysteme eine Anpassung bei der Nutzeroberfläche der Software vorgenommen werden. Es könnte das Feld für das Land der Adresse vor das Feld der Postleitzahl gestellt werden, sodass die Nutzerführung beim Ausfüllen die richtige Reihenfolge unterstützt. Zudem können Fehlermeldungen mit verständlichen Hinweisen ergänzt werden.

Sinnvoll ist, die möglichen Lösungsansätze im Kontext der Auswirkung auf das Problem und hinsichtlich Synergie-Effekte zu bewerten:

- Schnelligkeit der Umsetzung
- Ressourcen-Bedarf bei der Umsetzung (finanzielle Mittel und Zeit der Mitarbeiter)
- Nachhaltigkeit des Lösungsansatzes (nachhaltige Aktivität versus „fire fighting")
- Auswirkungen auf das analysierte Problem
- Erwartete Synergie-Effekte bei anderen bzw. ähnlich gelagerten Problemen und deren Auswirkungen.

Nutzen und Mehrwert Der Mehrwert bei der Erstellung eines Ursachen-Wirkung-Diagramms ist in unterschiedlichen Aspekten begründet:

- **Versachlichung eines Problems:** Unerwünschte Vorkommnisse, die aufgrund von schlechter Datenqualität geschehen, oder Prozesse, bei denen es wegen vermeintlich schlechter Daten zu Verzögerungen kommt, sind ärgerlich und oft emotional besetzt. Umso wichtiger ist eine sachlich-neutrale Diskussion, um die Auswirkungen und Ursachen des Problems so genau wie möglich zu benennen.

- **Strukturierung möglicher Ursachen:** Bei Diskussionen um Ursachen werden viele Aspekte genannt. Eine Zusammenfassung der Aspekte in thematische Bereiche unterstützt die Strukturierung und damit auch den späteren Umgang mit den Ursachen.

- **Diskussion und Bewertung der Ursachen:** Sind die Ursachen strukturiert, beginnt unweigerlich eine Diskussion. Oft lassen sich Ursachen zusammenfassen und bewerten. Manche Ursachen haben einen großen Anteil an den Auswirkungen eines Datenqualitäts-Problems und andere sind eventuell zu vernachlässigen. Durch die Diskussion und das gemeinsame Verständnis der Ursachen können sogar Aspekte gefunden werden, die bis dato noch nicht genannt wurden.

- **Diskussion der Lösungsansätze, auch in Kombination:** Die Ursachen-Wirkungs-Analyse unterstützt auch die Diskussion um mögliche Lösungsansätze. Bereits bei der Bewertung der Ursachen wird deutlich, welche Aktivitäten erforderlich sind, um die Ursachen abzustellen.

- **Transparente und grafische Darstellung der Wirkung und ihrer Ursachen:** Gerade wenn es um die Lösung einer Wirkung geht, die verschiedene Abteilungen, Rollen und Mitarbeiter einbezieht, ist es umso wichtiger, die Entscheidungsträger für die Umsetzung von Optimierungsaktivitäten mit einzubeziehen. Auch hier gilt: „Ein Bild sagt mehr als 1000 Worte." Mit einem grafisch dargestellten Ursache-Wirkungs-Diagramm ist schnell erfassbar, welches Problem adressiert wird, wo die Ursachen liegen und welche Lösungsoptionen sich anbieten. Ebenso wird dargestellt, dass das Diagramm das Ergebnis einer intensiven Diskussion zwischen den beteiligten Bereichen darstellt und die Lösungsvorschläge somit in der Regel gut durchdacht und der Auflösung des Problems angemessen sind.

Rollen und Verantwortlichkeiten Bei der Erstellung eines Ursachen-Wirkungs-Diagramms sind Mitarbeiter einzubeziehen, deren tägliche Routine am meisten von den Auswirkungen betroffen sind. Das sind Anwender und fachliche Data Stewards. Data Custodians und technische Data Stewards können aus technischer Sicht einen guten Beitrag leisten, gerade wenn es um Ursachen geht, die auf bestimmte Applikationen oder die Applikationskonfiguration zurückzuführen sind. Zudem sind Mitarbeiter einzubeziehen, die in irgendeiner Weise zur Analyse der Ursachen und der Lösung beitragen können. Wichtig ist, dass Vertreter aller Bereiche präsent sind, die von der betrachteten Wirkung und der Ursache betroffen sind, also aus den Fachbereichen und bei Bedarf aus der IT. Die Ergebnisse der Diskussion und das eigentliche Ursachen-Wirkungs-Diagramm müssen dann dem Data Steward-Team und dem Konzern Data Steward sowie dem Datenkomitee und gegebenenfalls den strategischen Data Stewards vorgestellt werden, die dann die Umsetzung der Lösungsoptionen ermöglichen. Gerade das Data Steward-Team hat im Allgemeinen einen guten Überblick über die laufenden Datenqualitäts-Aktivitäten und können das Potenzial der Lösung und die Synergieeffekte am besten abschätzen.

Hilfsmittel Ursachen-Wirkungs-Analysen und -Diagramme können sowohl digital als auch analog durchgeführt und erstellt werden. Bei der digitalen Variante kann jedes beliebige Zeichnungs- oder Präsentations-Tool verwendet werden. Es gibt zahlreiche Applikationen und kostenfreie Online-Tools, die Vorlagen für diese Art von Diagrammen anbieten. Für die gemeinsame Diskussion bieten sich verschiedene Konferenz-Tools an. Bei der analogen Variante kann man das Diagramm entweder auf entsprechend großen Zeichenblättern oder am Whiteboard erstellen. Zu Bedenken ist, dass im Lauf der Diskussion Aspekte verworfen werden und andere dazukommen. Eine gewisse Flexibilität bei der Verteilung und Änderung der geschriebenen Punkte ist hilfreich. Das kann mithilfe von selbstklebenden bunten Zetteln erreicht werden. Die analog erstellten Arbeitsergebnisse sollten in jedem Fall abfotografiert werden.

7.3.2 Datenqualität messen

Soll die Qualität der Daten gemessen werden, sind unterschiedliche Aktivitäten notwendig. Diese umfassen die Erstellung eines Datenqualitäts-Regelwerks, die Definition des Prüfablaufs und die Erstellung eines Regelbaums sowie die eigentliche Messung selbst und die Darstellung und Kommunikation der Messergebnisse. Diese Aktivitäten werden in den folgenden Abschnitten beschrieben.

7.3.2.1 Datenqualitäts-Regelwerk

Da sich die Qualität der Daten darüber definiert, inwieweit die Daten den Anforderungen der Nutzer entsprechen, müssen auch Datenqualitäts-Regeln an den Anforderungen der Datennutzer, also am geschäftlichen Nutzen, ausgerichtet sein. Nur so wird sichergestellt, dass es bei Messungen der Datenqualität zu einer richtigen Bewertung kommt. Das bedeutet, dass im Regelwerk Bezug auf konkrete Prozesse, auf Anforderungen aus den Fachbereichen, auf regulatorische und gesetzliche Forderungen oder auf andere relevante geschäftliche Themen genommen werden muss.

Um die Qualität von Daten zu messen, müssen zuvor Annahmen formuliert werden. Diese Annahmen beschreiben fachlich, wie die Daten beschaffen sein müssen, damit sämtliche Prozesse, die mit diesen Daten arbeiten, effizient und reibungslos durchgeführt werden können. Die Annahmen beschreiben die Anforderungen der Datennutzer. In der Praxis gibt es diese Annahmen häufig nur implizit, da grundsätzlich davon ausgegangen wird, das Daten bei deren Entstehung und Verwendung immer qualitativ hochwertig sind. Erst wenn Prozesse nicht mehr effizient durchgeführt werden können und es Hinweise gibt, dass die Probleme auf die Qualität der Daten zurückzuführen sein könnten, werden solche Annahmen konkretisiert. Anhand der Annahmen lassen sich Datenqualitäts-Regeln ableiten.

Folgendes Beispiel verdeutlicht den Sachverhalt:

Annahme: Im Marketing wird davon ausgegangen, dass alle Kunden eine E-Mail-Adresse haben und wenn sie diese bereitgestellt haben, sie auch für den Versand von Newslettern genutzt werden kann (Opt-In[1]). Des Weiteren wird davon ausgegangen, dass die E-Mail-

---

[1] Spätestens seit dem Inkrafttreten der DSGVO im Mai 2018 müssen die Kunden allerding noch explizit ihr Einverständnis für die Nutzung der E-Mail-Adresse zum Newsletter-Versand geben, das sogenannte Opt-In.

Adresse einem eindeutigen Postfach zugeordnet werden kann und der Empfänger den Newsletter auch erhält. Im Sinne eines Prozesses für den Versand des Newsletters wäre die Beschreibung: „Alle Kunden, die eine E-Mail-Adresse und ein Opt-In für Newsletter hinterlegt haben, bekommen den Newsletter per E-Mail zugeschickt."

DQ-Regeln: Damit die Annahme umgesetzt werden kann, werden folgende Regeln definiert:

- Die E-Mail-Adresse des Kunden ist gefüllt.
- Die E-Mail-Adresse des Kunden ist korrekt.
- Das Opt-In für den Erhalt von Newslettern per E-Mail ist gegeben.

Das heißt, dass die oben getroffene Annahme in (mindestens) drei konkreten Regeln mündet, die technisch umsetzbar und damit messbar sind. Resultiert der Versand von Newslettern nicht in der erwarteten Umsatzsteigerung, kann man prüfen, ob die Qualität der Empfänger-Daten angemessen ist. Denn:

- Wenn nur ein kleiner Anteil aller Kunden überhaupt eine E-Mail-Adresse angegeben hat, ist der Empfängerkreis nicht ausreichend groß für die angestrebte Umsatzsteigerung.
- Haben von den potenziellen Newsletter-Empfängern nur wenige ihr Einverständnis zum Erhalt der Newsletters gegeben, reduziert sich der Empfänger-Kreis weiter.
- Wenn ein Teil der E-Mail-Adressen entweder syntaktisch nicht korrekt oder nicht mehr gültig ist, schmälert auch das den Kreis der Newsletter-Empfänger.

Und somit können mit konkreten Regeln für die Datenqualität die eigenen Annahmen und damit auch die Erfolgskriterien von Prozessen proaktiv bewertet werden. Oder mithilfe der DQRegeln können die möglichen Ursachen des Misserfolges der Kampagne analysiert werden. Das wäre z. B. der Fall, wenn eine oder mehrere Regeln ein schlechtes Messergebnis ausweisen.

Ein Regelwerk für Datenqualität enthält alle relevanten Informationen, wie die Qualität der Daten beschaffen sein sollte. Idealerweise werden dafür konkrete Regeln auf Ebene einzelner Attribute, ganzer Datensätze oder Datenbestände definiert. Hinweise, welche Regeln für welche Daten oder Informationen zu definieren und letztendlich zu messen sind, finden sich in den Prozessen bzw. in den Beschreibungen der Prozesse. Dort werden Aussagen über die Beschaffenheit der Daten und Informationen gemacht, die am Ende eines Prozesses zur Verfügung stehen sollen.

Der Aufbau eines Datenqualitäts-Regelwerks ist strukturiert und damit leicht lesbar und verständlich. Im besten Fall erhält jede Regel einen Regelsteckbrief (siehe Bild 7.8), in dem die wichtigsten Eigenschaften festgehalten sind:

- Name der Regel
- Kurze Beschreibung
- Zuordnung zu einer Datenqualitäts-Dimension
- Attribute, auf die diese Regel anzuwenden ist
- Daten und Systeme, auf die diese Regel anzuwenden ist
- Technische Hinweise, also z. B. der konkrete Algorithmus oder die Syntax-Regel, nach der geprüft wird
- Beispiele für die Erfüllung und Nichterfüllung dieser Regel
- Verantwortliche für die Regel oder das Regelwerk (oft ein Data Steward)

Bild 7.8 zeigt exemplarisch den Regelsteckbrief für die Regel „Der Vorname muss gefüllt sein."

DQ Regelsteckbrief

Regelname

Der Vorname muss gefüllt sein.

Beschreibung

Das Feld „Vorname" muss mit dem ersten Namen des Kunden gefüllt sein. Zahlen sind nicht zulässig.

Relevanz der Regel

Aus dem Vornamen der Kunden wird der Anredeschlüssel für die Kommunikation mit dem Kunden abgeleitet. Des Weiteren ist der Vorname ein Kriterium für den Abgleich der Datensätze bei der Dublettensuche.

Regelprüfung

Es wird geprüft, ob im Feld „Vorname" ein Wert steht. Der Wert darf nicht NULL sein, keine Zahlen enthalten und nicht leer sein. Der sonstige Feldinhalt (Buchstaben, Sonderzeichen) wird an dieser Stelle nicht auf Gültigkeit geprüft.

Beispiele

Korrektes Regelergebnis	Regelbruch
Peter	Peter 123
Silvia G.	NULL
H.	

Regel-Metainformationen

DQ-Dimension	Vollständigkeit
Entität	Personen Elemente
System	CRM-System
Feldname im System	firstname (varchar (50))
Regel ID	01

Verknüpfte Regeln

- Regel 7: Der Vorname muss syntaktisch korrekt sein.
- Regel 23: Jeder Kunde ist nur einmal im System geführt.

Bild 7.8 Exemplarische Darstellung eines Regelsteckbriefs (eigene Darstellung)

Werden komplexere Regeln definiert, ist die genaue Beschreibung des Messvorgangs wichtig für das Verständnis der Regel und deren späteren Umsetzung in einer DQ-Scorecard (siehe Abschnitt 7.3.2.3) Komplexere Regeln adressieren zwei oder mehrere Attribute, um eine Abhängigkeit darzustellen. Ein Beispiel hierfür ist die Messung der Qualität von Adressdaten (siehe Kasten).

Beispiel: Messung der Qualität von Adressen

Eine Regel könnte lauten: „Die postalische Anschrift ist korrekt." Diese vermeintlich einfache Regel hat es in sich: in Deutschland besteht eine Adresse aus dem Straßennamen, der Hausnummer, der Postleitzahl und dem Ortsnamen. Und diese vier Bestandteile müssen die richtige Kombination haben, um als postalisch korrekt zu gelten. In anderen Ländern kann das Adressformat ganz anders sein. Dazu kommt, dass für eine Überprüfung von Adressen externe Referenzdaten herangezogen werden müssen, die in der Regel länderbezogen sind. Für den Regelsteckbrief bedeutet das nun:

- Alle vier Adressteile müssen vorhanden sein (Vollständigkeit).
- Die Kombination aus Straßennamen, Hausnummer und Ortsname ergibt die richtige Postleitzahl.
- Die hinterlegten Adressinformationen müssen einem konkreten Land zugeordnet werden, damit bei einem Abgleich mit externen Referenzdaten auch die Adressen des richtigen Landes herangezogen werden.

Hinzu kommt, dass je nach Kontext andere Kriterien für die Qualität einer Adresse gelten. So kommt es vor, dass bei der Bestellung von Ersatzteilen für Baumaschinen in den Adressfeldern nur eine Telefonnummer steht. Die Qualität der postalischen Anschrift ist hier sicher nicht hochwertig. Wenn man allerdings davon ausgeht, dass die Baumaschinen mit den Baustellen nur für kurze Zeit an einem Ort eingesetzt werden, kann der Zusteller über einen Anruf bei der angegeben Telefonnummer schnell klären, wohin das Ersatzteil ausgeliefert werden soll. Der Kontext muss also bei der Erstellung von Regeln und bei der Auswertung beachtet werden.

Ein anderer Aspekt bei der Messung der Adressqualität ist die Wahrscheinlichkeit der Zustellung. Diese Wahrscheinlichkeit ist höher je mehr der Felder Straßenname, Hausnummer, Postleitzahl und Ortsname mit Werten gefüllt sind. Die Wahrscheinlichkeit erhöht sich weiter, wenn bestimmte Syntax-Regeln erfüllt sind. So ist die Postleitzahl in Deutschland immer fünfstellig und im Ortsnamen befinden sich keine Zahlen. Bei Straßennamen sind kurze Kombinationen von Buchstaben und Zahlen zulässig, besonders wenn sich diese Adresse in der „Quadratestadt" Mannheim befindet.

Eine weitere Ebene der Komplexität, eher im Kontext der Messung als in der Definition, wird durch Regeln erreicht, die den gesamten Datenbestand betreffen. Ein klassisches Beispiel ist die Regel, die besagt, dass in einem Datenbestand nur eindeutige Datensätze enthalten sein dürfen. Anders formuliert könnte man sagen, der Datenbestand muss „dublettenfrei" sein. Voraussetzung ist, der Begriff „Dublette" ist eindeutig definiert: Welche Attribute werden in den Abgleich mit einbezogen? Wie hoch darf eine Ähnlichkeit zu einem anderen Datensatz sein, um noch als Dublette zu gelten oder nicht?

Checkliste für ein konsistentes Regelwerk

Um sicherzustellen, dass die definierten Regeln fachlich belastbar und technisch umsetzbar sind, gibt es sechs Punkte, auf die bei der Definition geachtet werden sollte:

- Die DQ-Regel muss auf alle ausgewählten Datensätze anwendbar sein.
- Die DQ-Regel muss technisch umsetzbar sein.
- Die Attribute, auf die diese DQ-Regel angewendet wird, sind bekannt und verfügbar.
- Die DQ-Regel lässt sich einer DQ-Dimension zuordnen.
- Der Kontext der DQ-Regel ist bekannt, die übergeordnete Fragestellung ist bekannt und definiert.
- Es gibt Beispiele für die Erfüllung und Nicht-Erfüllung der DQ-Regel.

 Praxistipp: Regeln, die immer zu 100 % erfüllt werden, sind die falschen Regeln

Bei der Definition von Regeln kommt es nicht darauf an, diese so zu gestalten, dass die Messergebnisse optimal sind. Vielmehr sollten solche Regeln definiert werden, die bereits bekannte Schwachstellen bei den Daten aufzeigen und somit ein proaktives Monitoring ermöglichen. Regeln, die in ihrer Gesamtheit einen DQ-Score (oder DQ KPI) von 100, dem maximalen Wert bei Messungen, ergeben, adressieren die falschen Fragestellungen und unterstützen die Optimierung der Datenqualität nicht.

Zu Beginn der Regeldefinition stellen sich schnell Fragen nach einer sinnvollen Anzahl von Regeln und der Vorgehensweise bei deren Definition. Als Faustregel gilt, dass pro Attribut mit ca. zwei Regeln zu rechnen ist. Das bedeutet, dass es bei einigen Attributen nur eine Regel gibt, bei anderen aber drei oder mehr Regeln. Je häufiger ein Attribut Teil einer Regel ist, desto geschäftskritischer ist es.

Als Vorgehensweise bei der Erstellung eines Regelwerks sind folgende Schritte sinnvoll:

1. Klärung der übergeordneten Fragestellung, die mithilfe der Messung der Datenqualität beantwortet werden soll.
2. Auswahl der Systeme, Objekte und Daten, auf die das Regelwerk angewendet werden soll.
3. Definition der Regel unter Einhaltung allgemeiner Kriterien (siehe Checkliste für ein konsistentes Regelwerk).
4. Zuordnung der Regeln zu DQ-Dimensionen (siehe Abschnitt 7.3.2.2 und Abschnitt 6.2).
5. Dokumentation bzw. Erstellung eines Regelsteckbriefs.
6. Übergabe an die technischen Data Stewards und Data Custodians, die das Regelwerk technisch umsetzen und die Messung durchführen (siehe Abschnitt 7.3.2.3).
7. Überprüfung der Regeln mit den Messergebnissen und der positiven und negativen Beispiele.
8. Ergänzung und Anpassung des Regelwerks.
9. Kommunikation und Bereitstellung für das gesamte Kollegium an zentraler Stelle.

Nutzen und Mehrwert Das Datenqualitäts-Regelwerk liefert genaue Hinweise für die Messung der Qualität der Daten. Hier können konkrete Regeln eingesehen und in den richtigen Kontext gestellt werden. Liegen Messergebnisse zur Datenqualität vor, können diese somit korrekt bewertet und daraus Handlungsbedarfe zur Verbesserung der Datenqualität abgeleitet und durchgeführt werden. Als zentrales Verzeichnis ist es für alle Mitarbeiter einsehbar und unterstützt somit eine transparente Gestaltung des Themas und erhöht die Aufmerksamkeit bei den Mitarbeitern.

Rollen und Verantwortlichkeiten Verantwortlich für das Datenqualitäts-Regelwerk ist der Konzern Data Steward. Die Regeln selbst werden von den fachlichen und technischen Data Stewards bzw. über die Fachbereiche (Anwender) eingebracht. Für die Umsetzung des Regelwerks, also die technische Messung der Datenqualität basierend auf dem Regelwerk, sind in der Regel die Data Custodians zuständig.

Hilfsmittel Für einen ersten Satz an Datenqualitäts-Regeln reicht ein einfaches Tabellen-Verarbeitungsprogramm aus. Für die inhaltliche Beschreibung der Regeln empfiehlt sich auf lange Sicht eine andere Lösung. Auf dem Markt gibt es verschiedene Lösungen, die nicht nur die Abbildung der Regeln ermöglichen, sondern auch gleich die Funktion des Messens der Datenqualität übernehmen. Auch sind unterstützende Funktionen verfügbar, die den Prozess zur Regelabstimmung unterstützen. Ein Datenqualitäts-Dashboard oder -Cockpit informiert die Adressaten in anschaulicher Form regelmäßig über die Messergebnisse (siehe Abschnitt 7.3.2.3).

7.3.2.2 Prüfablauf und Datenqualitäts-Regelbaum

Bei der Vorstellung von DQ-Messwerten kommt sehr schnell die Frage, wie genau die Messwerte entstehen und wie genau die definierten DQ-Regeln umgesetzt sind. Im einfachsten Fall bietet die im Einsatz befindliche Software Möglichkeiten der grafischen Darstellung und vereinfacht die Nachvollziehbarkeit der Regel-Implementierung. Ist das nicht der Fall, kann mit einfachen Prüfablauf-Diagrammen und DQ-Regelbäumen die gewünschte Transparenz und Nachvollziehbarkeit geschaffen werden.

Prüfablauf-Diagramme

Wie Prüfablauf-Diagramme aufgebaut sind, lässt sich am besten am Beispiel der Regel zur korrekten E-Mail-Adresse („die E-Mail-Adresse ist korrekt") darstellen. In dem Beispiel enthält die Regel genau genommen zwei Regeln:

- Die E-Mail-Adresse ist vorhanden.
- Die E-Mail-Adresse ist syntaktisch korrekt.

Die erste Regel adressiert die DQ-Dimension Vollständigkeit, während die zweite Regel die DQ-Dimension Korrektheit adressiert. Die Messung, ob eine E-Mail-Adresse korrekt ist, kann eigentlich nur durchgeführt werden, wenn die E-Mail-Adresse (oder ein Wert im Feld der E-Mail-Adresse) tatsächlich vorhanden ist. Somit müssen die zwei Regeln in einer sinnvollen Reihenfolge verkettet werden. Bild 7.9 verdeutlicht den Sachverhalt.

DQ-Regel: Die E-Mail-Adresse muss syntaktisch korrekt sein.

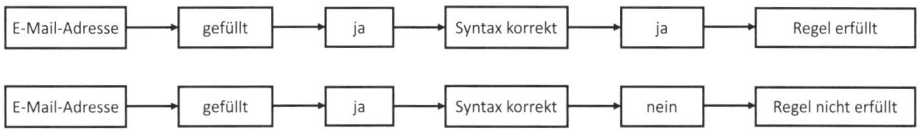

Bild 7.9 Schematische Darstellung eines Prüfablaufs (eigene Darstellung)

Bei Abhängigkeiten zwischen Regeln kann es auch zu doppelt-negativen Bewertungen kommen.

Hinweis: Doppelt-negative Bewertungen

Doppelt-negative Bewertungen entstehen, wenn ein Feld über zwei DQRegeln geprüft wird und das Regelergebnis in beiden Fällen negativ ausfällt. Im o. g. Beispiel wird vorausgesetzt, dass das Feld der E-Mail-Adresse tatsächlich gefüllt ist. Ist das Feld der E-Mail-Adresse leer, sieht der Prüfablauf wie folgt aus: Das Feld der E-Mail-Adresse ist leer: erste negative Bewertung. Da ein Wert NULL oder ein leeres Feld nicht einer korrekten E-Mail-Syntax entspricht, ist das die zweite negative Bewertung des Felds E-Mail des gleichen Datensatzes. Das Feld E-Mail-Adresse ist also doppelt-negativ bewertet worden. Die Darstellung dieser doppelt-negativen Bewertungen kann bei der DQ-Messung erwünscht sein. In jedem Fall ist darauf zu achten, dass dieser Sachverhalt transparent kommuniziert wird. ∎

Datenqualitäts-Regelbaum

Bei der Kombination von mehreren Regeln in einem Regelwerk ist die Zuordnung der Regeln zu Datenqualitäts-Dimensionen hilfreich (siehe Kapitel 6.2). Mit der Zuordnung zu den DQ-Dimensionen erhält man einen guten Überblick über die Mehrdimensionalität der Anforderungen an die Daten. Ziel ist dabei nicht, möglichst viele DQ-Dimensionen zu adressieren oder die erstellten Regeln möglichst gleichmäßig auf DQ-Dimensionen zu verteilen. Vielmehr geht es darum, bei der Definition von Regeln die passenden Antworten auf Geschäftsfragen zu finden. Und mit einem Drilldown auf die DQ-Dimensionen können unterschiedliche Antworten und gegebenenfalls differenzierte Maßnahmen zur Optimierung vorgeschlagen werden. Die Regeln kann man mithilfe eines Regelbaums den DQ-Dimensionen zuordnen.

Der DQ-Regelbaum ist eine grafische Darstellung der Regeln und deren Abhängigkeiten. Regelbäume sind hierarchisch gestaltet. Sie zeigen, wie die Regeln den verschiedenen DQ-Dimensionen zugeordnet sind. So ist ein Drilldown, ausgehend von dem DQ-Score, über die Ebene der DQ-Dimensionen bis auf Regelebene möglich und erleichtert das Verständnis über den aggregierten DQ-Score.

Bild 7.10 zeigt exemplarisch einen Regelbaum. In diesem Regelbaum sind die DQ-Regeln auf die verschiedenen DQ-Dimensionen verteilt. Zwischen den Regeln besteht keine Abhängigkeit. Der DQ-Score ist zunächst über die vier DQ-Dimensionen Vollständigkeit, Korrektheit, Eindeutigkeit und Aktualität definiert. Der DQ-Score wird aggregiert und getrennt nach den vier Dimensionen dargestellt. Um mehr Details zu einer der Dimensionen zu erfahren, weil dort der DQ-Score vielleicht besonders gut oder schlecht ist, können die Messergebnisse der Regeln, die dieser Dimension zugeordnet sind, betrachtet werden.

Mit dieser Art der Gruppierung kann man bei einem Drilldown die DQ-Regeln, die problematische Messergebnisse erzeugen, schnell erkennen. Ohne Gruppierung würde die Suche länger dauern und die Ursachen-Analyse würde sich langwieriger gestalten. Offensichtliche Zusammenhänge würden erst nach vielen Einzeluntersuchungen der Messergebnisse erkannt werden.

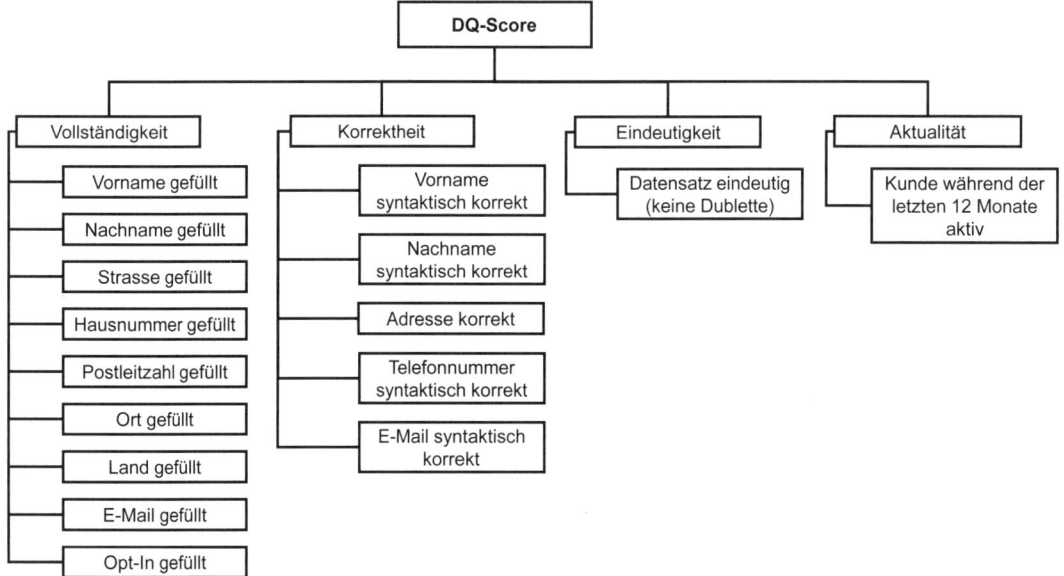

Bild 7.10 Darstellung von DQ-Regeln in einem Regelbaum als Basis für eine DQ-Scorecard (eigene Darstellung)

Eine andere Möglichkeit, die DQ-Regeln in einem Regelbaum darzustellen, ist die Gruppierung nach Objekten. Bild 7.11 zeigt ein solches Beispiel. Hier wird nicht auf die einzelnen DQ-Dimensionen eingegangen, sondern jedes Attribut wird über verschiedene Regeln hinweg betrachtet. In dem Beispiel werden alle Attribute, die zum Namen einer Person oder eines Unternehmens gehören, zu den Namenselementen gruppiert. Innerhalb dieser Gruppe werden dann die verschiedenen Werte in den Attributen anhand unterschiedlicher Regeln gemessen. So wird zunächst geprüft, ob das Attribut *Vorname* gefüllt ist, und in einem zweiten Schritt, ob der Vorname korrekt ist. „Korrekt" könnte in diesem Fall bedeuten, dass der Name nicht abgekürzt sein und nicht aus Zahlen bestehen darf. Damit entspricht diese Prüfung der Logik des Regelbaums wie in Bild 7.11 dargestellt.

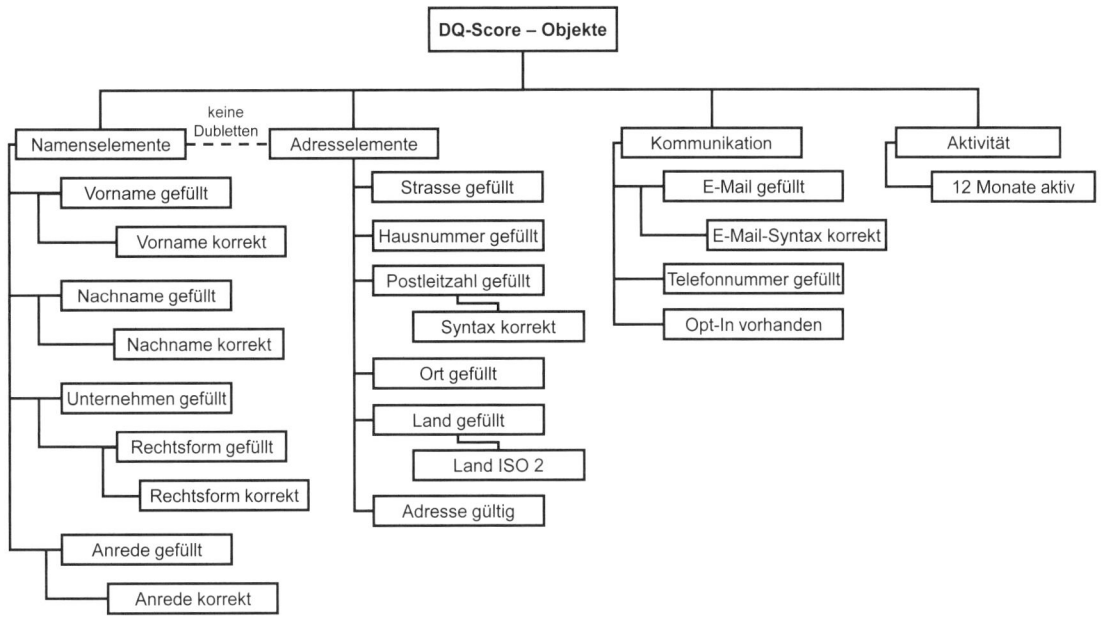

Bild 7.11 Darstellung von DQ-Regeln in einem Regelbaum, gruppiert nach Objekten (eigene Darstellung)

Auch wenn die beiden Regelbäume aus Bild 7.10 und Bild 7.11 ähnlich sind, unterscheiden sie sich in der Gruppierung der DQ-Regeln, was unterschiedliche Drilldown-Möglichkeiten zur Folge hat. Die Gruppierung spiegelt unterschiedliche Perspektiven auf die Daten wider. Auch die Aggregation verschiedener Regelbäume ist möglich. Wenn in einem Unternehmen für unterschiedliche Bereiche und/oder Systeme einzelne DQ-Scores mit individuellen DQ-Regeln gemessen werden, können deren Regelwerke zu einem übergeordneten DQ-Score aggregiert werden. Bild 7.12 zeigt eine solche Aggregation. Streng genommen kann man dann nicht mehr von einem Regelbaum sprechen, vielmehr ist es ein DQ-Regelwerk-Baum. So wäre der Drilldown in der ersten Ebene auf Geschäftspartnerdaten und Produktstammdaten. Auf dieser Ebene sind die Messergebnisse in die Datentypen (Geschäftspartnerdaten und Produktstammdaten) unterteilt. In der nächsten Drilldown-Ebene unterteilen sich die Produktstammdaten auf System-Ebene (Product Information Management System und ERP-System). Innerhalb der Systeme können die Daten weiter aufgeteilt werden. Im Fall der Produktstammdaten in Produktlinien und im Fall der Daten im CRM-System in Kunden- und Partnerdaten. Andere Aufteilungen sind denkbar, z. B. nach Business Units, Ländergesellschaften etc.

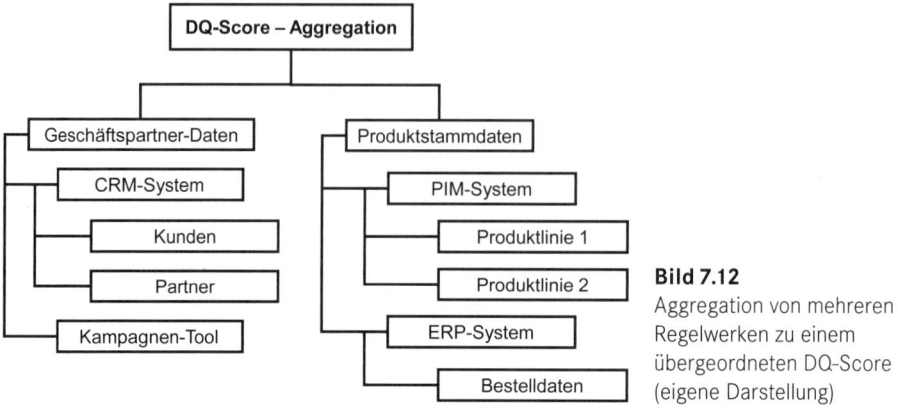

Bild 7.12
Aggregation von mehreren Regelwerken zu einem übergeordneten DQ-Score (eigene Darstellung)

Welches die geeignete Konfiguration für einen unternehmensweiten DQ-Score bzw. DQ-Regelbaum bzw. DQ-Regelwerk-Baum ist, hängt von den Anforderungen an eine Kennzahl für die Datenqualität ab.

Nutzen und Mehrwert Mit einer grafischen Darstellung, die den Prüfablauf eines Datensatzes erläutert, kann Transparenz geschaffen werden. Die Darstellung erhöht das Verständnis und die Akzeptanz der Messergebnisse innerhalb des Unternehmens. Solche Schemata helfen auch bei der Definition von Regeln, die mehrere Attribute enthalten. Mit ihnen lässt sich ebenso die Logik einer Regel prüfen.

Der Datenqualitäts-Regelbaum ist eine grafische Darstellungsform, die zeigt, wie die Messergebnisse der einzelnen DQ-Regeln über eine oder mehrere Aggregationsstufen zu einem DQ-Score verdichtet werden. Der DQ-Regelbaum erhöht somit das Verständnis über Ergebnisse von Datenqualitäts-Messungen. Die grafischen Darstellungen der Regelflüsse und DQRegelbäume mit den Aggregationsstufen schaffen eine Awareness für die Individualität des zu bildenden DQScores.

Rollen und Verantwortlichkeiten Verantwortlich für Prüfablauf-Diagramme und Datenqualitäts-Regelbäume ist der Konzern Data Steward. Erstellt und umgesetzt werden sie von den fachlichen und technischen Data Stewards, da diese die operativen Anforderungen kennen. Schon während der Diskussion und der Definition der DQ-Regeln mit den Data Stewards gibt es erste Ideen, wie der Regelbaum aussehen könnte. Sollen DQ-Scores für unterschiedliche Fachbereiche erstellt werden, basieren diese oft auf DQ-Regelbäumen, die für die Fachbereiche individuell gestaltet sind. Daher sollten Vertreter der Fachbereiche, also Anwender, bei der Gestaltung der Regelbäume mit einbezogen werden. Data Custodians, die für die Implementierung der Regeln zuständig sind, sollten zumindest über die Relevanz der korrekten Implementierung der Regeln gemäß des Regelbaums informiert werden. Für sie sind vor allem die Prüfablauf-Diagramme wichtig.

Hilfsmittel Prüfabläufe können mit den üblichen Tabellen- oder Präsentations-Tools erstellt werden. Regelbäume können mit jedem Mindmapping-Tool erstellt werden. Auch die gängigen Softwarelösungen für Präsentationen können gut genutzt werden. Wichtig ist, dass, ähnlich wie das DQ-Regelwerk, der Regelbaum auch für alle Mitarbeiter einsehbar ist (z. B. im Intranet), sodass die Aggregation der verschiedenen DQ-Regeln zu einem DQ-Score nachvollzogen werden kann. Zu prüfen ist, ob Software, die die Datenqualität misst, nicht bereits mit entsprechenden Funktionalitäten der grafischen Darstellung ausgestattet ist.

7.3.2.3 Datenqualitäts-Scorecard

Mit einer Datenqualitäts-Scorecard oder einem Datenqualitäts-Dashboard können die Ergebnisse von Datenqualitäts-Messungen visualisiert werden. Üblicherweise werden die verschiedenen Messergebnisse der einzelnen Regeln aggregiert, sodass bei der Messung eine Zahl entsteht, die auch als Data Quality Key Performance Indicator (DQ KPI) oder DQ-Score bezeichnet wird.

Mit einigen technischen Hilfsmitteln kann für ein besseres Verständnis für den DQ-Score und dessen Entstehung gesorgt werden:

Mit einer *Drilldown-Funktion* kann auf die Ebene einzelner Datenobjekte und Attribute gegangen werden. So können beispielsweise einzelne Attribute verschiedener Datensätze individuell von Data Producern gepflegt werden oder mithilfe von Batch-Transformationen können ganze Datenbestände korrigiert werden.

In manchen Fällen kann das Setzen von *Filtern* sinnvoll und hilfreich sein. Das ist der Fall, wenn nur ein bestimmter Ausschnitt für die aktuelle Betrachtung relevant ist. So können im Kontext von Geschäftspartnerdaten Filter auf Vertriebsgebiete, Postleitzahl-Bereiche oder Orte gelegt werden. Damit haben Vertriebsmitarbeiter die Möglichkeit, nur die Messergebnisse der Daten des eigenen Zuständigkeitsbereichs einzusehen und gegebenenfalls Optimierungsinitiativen einzuleiten. Ähnlich verhält es sich, wenn die Möglichkeit der *Datenselektion* besteht. Dann könnten beispielsweise die Messergebnisse von zwei oder mehreren Vertriebsgebieten, Ländern, Business Units, Produkte etc. miteinander verglichen werden.

Interessant ist ebenfalls die Möglichkeit der *Gewichtung* von einzelnen Regeln oder Hierarchie-Ebenen. Mit der Gewichtung ergibt sich die Möglichkeit der Einflussnahme auf das Regelergebnis. Das ist eine Möglichkeit, den Kontext der Messung zu adressieren. Für die Finanzbuchhaltung und die Logistik sind korrekte Adressen besonders wichtig, Angaben zum Opt-In und E-Mail-Adressen können in dieser Perspektive vernachlässigt werden. In dem Fall würde die Gewichtung bei den Regeln zur postalischen Adresse sehr hoch liegen (z. B. bei 100) und die Regeln zu E-Mail-Adresse und Opt-In würden niedriger gewichtet (z. B. mit 50). Genau andersrum wäre es bei der Marketing-Perspektive, denn hier werden bevorzugt Newsletter per E-Mail verschickt und dafür ist ein positives Opt-In zwingend notwendig. Die postalische Adresse wäre in diesem Fall irrelevant. Diese unterschiedlichen Perspektiven auf die Unternehmensdaten werden in der Praxis zwischen den Anwendern und den fachlichen Data Stewards unterschiedlicher Unternehmensbereiche heftig diskutiert. Im Kontext der DQ-Scorecard gibt es dafür zwei Lösungsansätze: Entweder beide Bereiche einigen sich auf eine einheitliche Gewichtung, die beide Perspektiven widerspiegelt oder man richtet zwei verschiedene DQ-Scorecards ein, die jeweils die Anforderungen der einzelnen Bereiche abdecken.

Nicht zu unterschätzen ist die Festlegung von *Schwellenwerten*. Es empfiehlt sich, grundsätzlich drei Bereiche zu definieren:

- Grüner Bereich – die Datenqualität entspricht vollumfänglich den Anforderungen an die Daten.
- Gelber Bereich – die Datenqualität entspricht nicht den Anforderungen, der Status sollte beobachtet und gegebenenfalls Optimierungsmaßnahmen eingeleitet werden.
- Roter Bereich – die Datenqualität ist kritisch, in allen oder verschiedenen Bereichen ist sie unakzeptabel und Optimierungsmaßnahmen müssen unverzüglich eigeleitet werden.

Ein Beispiel für die Darstellung von Messergebnissen in den drei Farbbereichen zeigt Bild 7.13. Die Zahl in den Pfeilen zeigt den Prozentsatz der den Regeln entsprechenden Datensätze in einer Region für eine Materialart. Die Pfeile selbst zeigen an, ob die Datenqualität sich gegenüber dem letzten Berichtszeitpunkt verbessert (Pfeil nach oben) oder verschlechtert (Pfeil nach unten) hat oder ob sie gleich geblieben ist (Pfeil nach rechts).

Welche Schwellenwerte sinnvoll sind, lässt sich frühestens nach der ersten Messung festlegen. Dann ist der Status der Datenqualität bekannt und die Stakeholder können sich äußern, ob zum aktuellen Zeitpunkt der Messung ihrer Meinung nach die Qualität der Daten ausreichend ist und wo Optimierungsbedarf besteht. Eine Diskussion über Anpassungen der Schwellenwerte ist von Zeit zu Zeit sinnvoll. Bessert sich die Qualität der Daten mit der Zeit, können die Schwellenwerte sensibler eingestellt werden.

GRD DQ Level	EAN used	Finished Goods Overall (by EAN)	Finished Goods External Conformance (by EAN)	Matnr used	Raws (by Matnr)	Packaging (by Matnr)	SF-Raws (by Matnr)	Cust active	Customer Non-Duplicates	Customer Data
Explanation		Explanation	Explanation		Explanation	Explanation	Explanation		Explanation	Explanation
Global	61571	35	52	46754	96 / 3078	81 / 42495	49 / 1181	205068	93	0
Americas	15560	26	54	8617	100 / 717	75 / 7385	73 / 515	27876	97	0
AsiaPac	13309	30	45	9349	85 / 775	60 / 8307	87 / 267	33047	96	0
Europe	37030	40	54	22828	100 / 1744	96 / 20660	0 / 424	128887	92	0
N/A	24	38	100	6175	100 / 0	66 / 6175		15284	93	0

Bild 7.13 Beispiel einer DQ-Scorecard eines Unternehmens der Lebensmittelindustrie [Osl07]

Liegen die Ergebnisse der Messungen der Datenqualität vor, sollten sie allen Mitarbeitern zugänglich gemacht werden. Das geht am einfachsten über die Darstellung der Messergebnisse in einem Dashboard und die Einbindung des Dashboards im Intranet. Voraussetzung hierfür ist allerdings eine Browser-basierte Oberfläche des Dashboards. In der Regel sind bei der Betrachtung der Messergebnisse immer die der Daten aus dem eigenen Bereich, Abteilung oder Business Unit am interessantesten, da hier die Qualität der Daten unmittelbar selbst beeinflusst werden kann. Mittels vordefinierter Filter oder Einstellungen in Kombination mit einem Rollen- und Berechtigungskonzept können dann individuelle Messergebnisse bestimmten Nutzergruppen bereitgestellt werden. In bestimmten Fällen ist es schlicht nicht wünschenswert und zielführend, Mitarbeitern den DQ-Score eines anderen Bereichs als den eigenen anzuzeigen. Auch die Perspektive des Managements unterscheidet sich von der Perspektive eines Data Stewards oder Anwenders. So ist das Management eher an einer konsolidierten Darstellung interessiert und möchte erkennen, ob sich die Investitionen in die Optimierung der Datenqualität in einem positiven Trend bei den Messergebnissen zeigen. Die Anwender und fachlichen sowie technischen Data Stewards haben eher Interesse an den Daten aus dem eigenen Bereich und möchten genau wissen, bei welcher DQ-Dimension oder Regeln die Ergebnisse besser oder schlechter geworden sind, um gegebenenfalls individuelle Gegenmaßnahmen zu ergreifen.

Sind die Ursachen für eine negative (oder positive) Entwicklung der Messergebnisse bekannt und ist die Bewertung abgeschlossen, können Maßnahmen für die Optimierung der Datenqualität beschlossen werden. Wichtig dabei ist, dass ein schlechtes Messergebnis nur ein Symptom der Datenlage ist. Letztendlich müssen die Daten so gestaltet sein, dass die Prozesse, die sich dieser Daten bedienen, möglichst effizient und effektiv durchgeführt werden können. Insofern dienen Optimierungsmaßnahmen bei den Unternehmensdaten nicht einer Verbesserung des DQ-Scores, sondern dem effizienten und gewinnbringenden Arbeiten mit den Daten.

Nutzen und Mehrwert Ziel einer DQ-Scorecard ist letztendlich die Optimierung der Datenqualität, damit die Daten die effiziente und reibungslose Umsetzung von Prozessen ermöglichen.

Wesentlicher Nutzen und Mehrwert der DQ-Scorecard ist die geschaffene Transparenz über die Qualität der Daten, die mit der DQ-Scorecard gemessen wird. Damit die Beurteilung der Datenqualität nicht auf einem „Bauchgefühl" oder auf Annahmen basiert, können Messergebnisse und damit Fakten in Diskussionen einbezogen werden.

Die Diskussion über die Qualität der Daten wird transparent geführt und nach den konkreten Ursachen der eventuell schlechten Messergebnisse kann gesucht und Abhilfe geschaffen werden. Da die Messungen im Idealfall in regelmäßigen Abständen vorgenommen werden, kann auch die Wirksamkeit von Optimierungsmaßnahmen überprüft werden. Wurde beispielsweise eine Prüfung bei der Dateneingabe implementiert, die sicherstellt, dass bestimmte Pflichtfelder auch gefüllt sind, dann sollte sich das Messergebnis in diesem Bereich verbessern. Ähnlich verhält es sich mit Investitionen in die Schulung von Mitarbeitern, um eine korrekte Datenpflege zu gewährleisten oder bei der Anschaffung von Datenqualitätssichernder Software. Verbessern sich die Messergebnisse in den jeweiligen Bereichen, ist das ein guter Indikator.

Rollen und Verantwortlichkeiten Für die Messung verantwortlich ist ein Team aus fachlichen und technischen Data Stewards. Sie sind es, die das erste Regelwerk erstellen, auf die fachliche Relevanz achten und die Regeln technisch richtig implementieren.

Verantwortlich für die regelmäßige Messung und die Koordination bei der Erweiterung oder Veränderung des Regelwerks sowie für die Anbindung weiterer Datenquellen ist der Konzern Data Steward. Er informiert über erfolgte Messungen und die Messergebnisse. Es liegt an seiner transparenten Kommunikation und der Bekanntgabe von Metainformationen zur Messung, dass die Messergebnisse richtig bewertet werden können. Dazu gehören Informationen zum aktuellen Regelwerk und den gemessenen Daten bzw. aus welchen Systemen diese stammen.

Hilfsmittel Je größer und komplexer das Regelwerk ist, welches mithilfe einer DQ-Scorecard umgesetzt werden soll, desto höher sind die Ansprüche an Softwarelösungen für die Umsetzung. Sollen nur einfache Kennzahlen wie Hinweise zur Vollständigkeit gemessen werden, kann man diese Information bereits mit einem einfachen SQL-Statement bekommen. Die Herausforderung ist bei der Umsetzung komplexer: Die Rules Engine muss in der Lage sein, komplexe DQ-Regeln, die mehrere Datenfelder und gegebenenfalls externe Referenzdaten adressieren, abzubilden und entsprechende Regelergebnisse zu generieren. Die Darstellung der Messwerte muss leicht verständlich sein. Zudem müssen die Schwellenwerte abgebildet werden. Die Messergebnisse und deren Darstellung sind letztendlich der Grundstein für Diskussionen über die Datenqualität im Unternehmen (siehe Abschnitt 4.5.1).

Es ist möglich, einfache grafische Darstellungen mit den üblichen Tabellen-Tools zu erzeugen. Zudem gibt es immer mehr Software-Angebote, die die grafische Darstellung von Informationen im Fokus haben.

Welches dieser Tools für die Darstellung der Messwerte im eigenen Unternehmen am besten geeignet ist, ist von folgenden Faktoren abhängig:

- Größe und Komplexität des DQ-Regelwerks (Anzahl der Regeln und Verschachtelung des Regelbaums)
- Art und Anzahl der anzubindenden Datenquellen
- Möglichkeiten der Abbildung einer bereits vorhandenen Organisationsstruktur bei den Leserechten
- Möglichkeit der Anbindung an Netzwerke, damit mithilfe von Browsern und *Responsive Design* die Messergebnisse auf unterschiedlichen Endgeräten betrachtet werden können

Bereits vorhandene Visualisierungstools können auch zur Darstellung der Messwerte und damit als DQ-Scorecard genutzt werden.

7.3.3 Datenmanagement-Organisation umsetzen

Die Organisation ist der Kern von Data Governance. In Kapitel 5 wird ausführlich auf die Data-Governance-Rollen eingegangen und eine mögliche Organisationsstruktur vorgeschlagen. Die Beschreibung dort ist idealtypisch zu verstehen und muss in zwei Schritten auf individuelle Gegebenheiten im Unternehmen angepasst werden.

Zunächst muss das Rollenmodell unternehmensspezifisch ausgeprägt werden sowie die einzelnen Rollen anhand von Steckbriefen beschrieben werden. Danach werden die Rollen und Gremien mit Mitarbeitern besetzt und die Aufgaben in den Regelbetrieb überführt. Abschnitt 7.3.3.3 gibt ergänzend dazu Hinweise für organisatorische Hilfsmittel, die den Einstieg in die und die Umsetzung der Datenmanagement-Organisation erleichtern.

7.3.3.1 Unternehmensspezifische Ausprägung der Datenmanagement-Organisation

Die Definition von Rollen auf exekutiver, strategischer, taktischer und operativer Ebene und die Zuordnung von Aufgaben zu den Rollen ist unerlässlich für die erfolgreiche Umsetzung von Data Governance.

Die unternehmensspezifische Ausprägung der Datenmanagement-Organisation umfasst zwei Bereiche:

- Strukturelle Gestaltung einer Datenmanagement-Organisation
- Definition der Verantwortungsbereiche der Rollen und Differenzierung ihrer Merkmale

Strukturelle Gestaltung

Die erste Frage bei der Definition von Rollen ist, welche Rollen überhaupt benötigt werden und auf welcher Ebene diese agieren sollen. Eine Möglichkeit, sich der Identifikation der Rollen anzunähern, ist die Aufteilung der Organisation in die vier Ebenen (exekutiv, strategisch, taktisch und operativ). Betrachtet man jede der einzelnen Ebenen, lässt sich schnell erkennen, wo Rollen sinnvoll zu definieren sind, vor allem, wenn man bereits existierende hierarchische Strukturen untersucht.

Die verschiedenen Ebenen geben das Maß der Verantwortung vor, welches Mitarbeiter und Rollen tragen. Auch wenn die Datenmanagement-Organisation eventuell unabhängig von bestehenden Strukturen aufgebaut wird, ist es am einfachsten, das Maß der Verantwortung der Rollen auf das Maß der Verantwortung der Stelle der Mitarbeiter im Unternehmen anzupassen. In der Praxis heißt das, dass Mitarbeiter auf dem Level der Sachbearbeitung sehr gut die Rolle eines Data Producers ausfüllen. Beide Rollen sind auf der operativen Ebene angesiedelt. Wird aber ein Sachbearbeiter die Rolle eines Konzern Data Stewards bekleiden, hat er in der Data-Governance-Rolle ein viel höheres Maß an Verantwortung, nämlich das aus der strategischen Ebene. Würde das so umgesetzt werden, wären Konflikte unausweichlich.

Tabelle 7.2 gibt Hinweise für die Besetzung der Data-Governance-Rollen in Einklang mit bestehenden organisatorischen Strukturen.

Tabelle 7.2 Zuordnung von Data Governance zu bestehenden organisatorischen Strukturen

Ebene	Bereits vorhandene Rollen	Data-Governance-Rollen
Exekutiv	Top Management, z. B. CEO, Vorstand	Auftraggeber, Chief Data Officer
Strategisch	Leiter von Business Units oder Ländergesellschaften	Strategische Data Stewards
Taktisch	Mittleres Management, Abteilungsleitung, Teamleitung	Konzern Data Steward, Data Stewards
Operativ	Sachbearbeiter	Data Producer

Die Ausgestaltung einer Datenmanagement-Organisation hängt vor allem von der Größe des Unternehmens ab. Und zwar von der Anzahl der Mitarbeiter, der hierarchischen Struktur, der Art und Anzahl der Applikationen und der Variabilität der Daten. Zu prüfen ist, ob die Datenmanagement-Organisation die Effizienz der Arbeit mit Daten steigert oder eher ein organisatorischer und administrativer Wasserkopf ist und sogar die Effizienz der Arbeit bremst. Anders gesagt: so viele Data-Governance-Rollen und Ressourcen wie nötig und so wenige wie möglich.

Die in Bild 7.14 dargestellte Datenmanagement-Organisation lässt sich mit einer Struktur in Einklang bringen, die aus mehreren Geschäftsbereichen und den jeweiligen Abteilungen besteht. Während auf Management-Ebene, also der strategischen Ebene, der Auftraggeber zu finden ist, sind in den Ebenen darunter die Abteilungsleiter und die fachlichen und technischen Data Stewards angesiedelt. Auf operativer Ebene sind es die Kollegen aus der Sachbearbeitung, die auch in die Rolle der Data Producer, Data Custodians und Anwender schlüpfen.

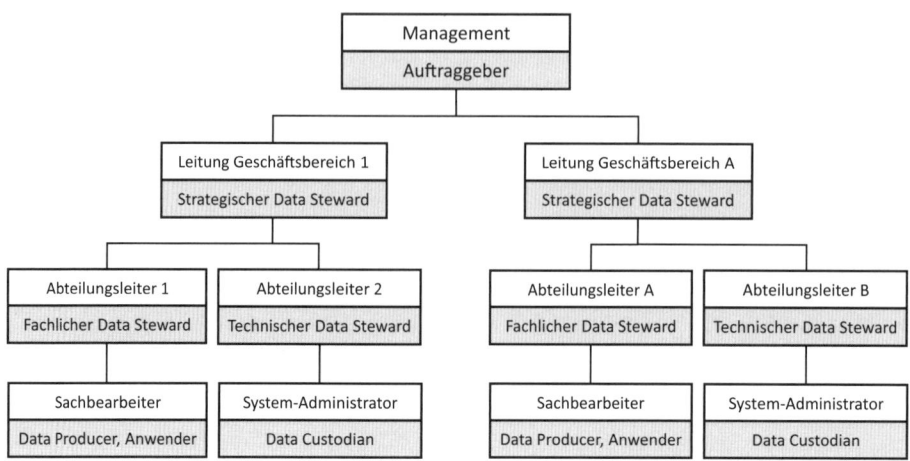

Bild 7.14 Darstellung einer exemplarischen Datenmanagement-Organisation, wenn verschiedene Geschäftsbereiche bestehen (eigene Darstellung)

Neben der hierarchischen Unternehmensstruktur geben die Daten an sich einen Hinweis darauf, wie viele und welche Rollen benötigt werden. Es kann sinnvoll sein, die Data Stewards auf Datendomänen zu verteilen. In dem Fall würden sich dann einzelne Date Stewards um Materialstammdaten kümmern, während andere für die Geschäftspartnerstammdaten zuständig sind.

Definition der Verantwortungsbereiche und Differenzierung der Rollen

Besteht Einigkeit über die grundsätzliche Struktur der Datenmanagement-Organisation, müssen die Rollen unternehmensspezifisch ausgeprägt werden. In [Webe09, S. 116 ff] finden sich Vorschläge für die Gestaltungsmöglichkeiten basierend auf Best Practices. Als Technik bieten sich hierfür morphologische Kästen an [z. B. Schu17, S. 101 ff]. Ein morphologischer Kasten eignet sich bei überschaubaren Fragen zur organisatorischen Gestaltung zur systematischen Erfassung der verfügbaren Merkmale und ihrer Ausprägungen.

Für jede Rolle gibt es einen morphologischen Kasten, der wie eine Tabelle aufgebaut ist. Jede Zeile entspricht einer Merkmalsklasse. In den Spalten stehen alle möglichen Merkmalsausprägungen dieser Klasse. Die Kombinationen einzelner Ausprägungen der Merkmalsklassen stellen dann mögliche Gestaltungsalternativen dar. Es müssen jedoch nicht alle möglichen Kombinationen sinnvoll sein.

In Tabelle 7.3 ist der morphologische Kasten für das Datenkomitee dargestellt. Es gibt hier zwei Merkmalsklassen, die ausgeprägt werden können. Die erste befasst sich mit der Frage, wer den Vorsitz im Datenkomitee bekommen soll (und damit auch, wie wichtig das Gremium für die Organisation wird). Die zweite Klasse zeigt an, wie oft sich das Gremium treffen soll.

Tabelle 7.3 Morphologischer Kasten zur Ausgestaltung des Datenkomitees (in Anlehnung an [Webe09, S. 117])

Merkmalsklasse	Ausprägungen				
Vorsitz des Datenkomitees	Auftraggeber/Chief Data Officer		Konzern Data Steward	Sonstiges, z. B. bestehendes Gremium	
Turnus der Sitzungen	Einmal pro Monat	Alle drei Monate	Alle sechs Monate	Einmal pro Jahr	Unregel-mäßig/bei Bedarf

In einem Workshop können die vorgeschlagenen morphologischen Kästen pro Rolle im Unternehmen diskutiert werden. Selbst wenn die dort aufgeführten Merkmale nicht ganz zum Unternehmen passen, bieten sie einen guten Ausgangspunkt für die Diskussion und spätere Ausgestaltung der Rollen.

Tabelle 7.4 zeigt einen weiteren morphologischen Kasten, hier für die Ausgestaltung der fachlichen Data Stewards. Die zentrale Frage ist hier, wie der Verantwortungsbereich gestaltet sein soll, häufig passiert das nach Datenobjekten. Die anderen Klassen zeigen die organisatorische Einordung der fachlichen Data Stewards. In welchem zeitlichen Umfang führen sie die Rolle aus, haben sie selbst Führungsverantwortung und wem sind sie disziplinarisch unterstellt. In Tabelle 7.4 ist die Ausprägung der „Regional Data Manager" der Spec AG hervorgehoben (siehe Abschnitt 5.3).

Tabelle 7.4 Morphologischer Kasten zur Ausgestaltung der fachlichen Data Stewards (in Anlehnung an [Webe09, S. 121])

Merkmalsklasse	Ausprägungen				
Verantwortungs-bereich	Nach Daten-objekten	*Nach Regionen*	Nach Fach-gebieten	Nach Orga-nisations-einheiten	Nach An-wendungs-systemen
Zeitlicher Aufwand	Unter 25 %		25 % bis 75 %	*Mehr als 75 %*	
Führungs-verantwortung	Abteilungsleitung		Teamleitung	*Nein*	
Disziplinarische Unterstellung	*Datenmanagement*		Zentraler Fachbereich	Dezentraler Fachbereich	

Ist die grundsätzliche Ausprägung der Rollen festgelegt, müssen sie konkret beschrieben werden. Je genauer die Rollen und die damit verbundenen Aufgaben und Verantwortlichkeiten beschrieben sind, desto einfacher wird es, diese Rollen Mitarbeitern zuzuweisen und die Mitarbeiter bei ihren Aufgaben zu unterstützen.

Eine Vorlage wie in Bild 7.15 kann die Beschreibung der Rollen mit ihren Berechtigungen unterstützen. In Abschnitt 8.2 wird ein Anwendungsfall beschrieben, bei dem diese Vorlage zum Einsatz kommt.

Wichtig ist nicht nur die Rollenbezeichnung, sondern alle weiteren Hinweise, wie die Beschreibung konkreter Aufgaben und Verantwortlichkeiten, die zugehörige Organisations-einheit und möglichst genau, auf welche Systeme und Dokumente Inhaber dieser Rolle welche Berechtigungen benötigen. Diese Angaben sind auch hilfreich bei der Einstellung neuer Mitarbeiter, die diese Rolle bekleiden sollen und für die entsprechende Zugriffsberechtigungen organisiert werden müssen.

Name der Rolle	**Rollenbezeichnung**		
Organisation/Abteilung	*Institution/Abteilung/Team*		

Aufgaben, Verantwortlichkeiten und Prozesse

Aufgaben und Verantwortlichkeiten	*Beschreibung der wesentlichen Aufgaben und Verantwortlichkeiten*		
In Prozesse involviert	*Name des Prozesses*	☐ R (responsible) ☐ A (accountable)	☐ C (consulted) ☐ I (informed)
	Name des Prozesses	☐ R (responsible) ☐ A (accountable)	☐ C (consulted) ☐ I (informed)

Berechtigungen und Zugriffe

Funktionsbereich	*Funktionsbereich / Applikation für die diese Berechtigungen gelten*		
Zugriff Systeme	*System 1*	☐ lesend ☐ schreibend	☐ ausführend
	System 2	☐ lesend ☐ schreibend	☐ ausführend
Zugriff Dokumente	*Auflistung aller Dokumente wie Handbücher etc.*	☐ lesend ☐ schreibend	☐ löschend
Zugriff Daten	*Personenbezogene Daten in Formularen und fachlichen Dokumenten*	☐ lesend ☐ schreibend	☐ ändernd ☐ löschend
	Code	☐ lesend ☐ schreibend	☐ ändernd ☐ löschend
	Technische Protokolldaten (z.B. Fehlerlogs) OHNE personenbezogene Daten	☐ lesend ☐ schreibend	☐ ändernd ☐ löschend
	Technische Protokolldaten (z.B. Fehlerlogs) möglicherweise MIT personenbezogenen Daten	☐ lesend ☐ schreibend	☐ ändernd ☐ löschend
	Fachliche Protokolldaten mit personenbezogenen Daten	☐ lesend ☐ schreibend	☐ ändernd ☐ löschend

Bild 7.15 Beispiel eines Steckbriefs für die Definition von Rollen mit ihren Berechtigungen (eigene Darstellung)

Morphologische Kästen können auch dabei unterstützen, die identifizierten oder auch bestehende Rollen noch genauer zu beschreiben und Lücken im Verantwortungsbereich aufzudecken. Oder auch wenn bestehende Organisationsstrukturen formalisiert und vereinheitlicht werden sollen. Viele Rollen gibt es schon, sind aber weder formell beschrieben noch eingeführt. Das folgende Beispiel beschreibt das für fachliche Data Stewards für Geschäftspartnerdaten.

In einem Workshop wird jede Merkmalsklasse einer Rolle betrachtet und überlegt, welche der Ausprägungen auf die Rolle zutreffen. Dazu werden die Kästen, die für eine Rolle individuell sind, markiert. Wie in Bild 7.15 erkennbar, deckt die Rolle des fachlichen Data Stewards für Kundendaten nur einen Teil der Aufgaben und Verantwortlichkeiten ab. So ist die Person mit dieser Rolle zwar verantwortlich für die Data-Stewardship-Aufgaben im Kontext der Kundendaten, nicht aber für Lieferanten- oder Vertriebspartnerdaten. Auch kümmert sich dieser Data Steward nur um die Geschäftseinheit „Elektronik". Die nicht-markierten Bereiche müssen dann gegebenenfalls von einer anderen Ausprägung der Rolle fachlicher Data Steward abgedeckt werden. Da die Aufgaben und Verantwortlichkeiten bis auf Mitarbeiterebene gekennzeichnet werden, werden bei einem Übereinanderlegen Bereiche sichtbar, die aktuell noch nicht abgedeckt sind.

Data Steward – Kunden

Geschäftspartner-daten	Kunden		Lieferanten		Vertriebspartner	
Geschäftseinheit	Kleidung			Elektronik		
Kanal	Webshop	Messen	Laden-geschäfte	Kataloge	Zwischen-händler	Andere
System-Zugriff	CRM		MDM		Kampagnen-Tool	
Sprache	Deutsch			Englisch		
Prüfung Embargo-Liste	ja			nein		
Arbeitszeit	100%		50%		25%	

Bild 7.16 Morphologischer Kasten mit individuellen Ausprägungen für einen Data Steward für Kundendaten (eigene Darstellung)

Ebenso ist es möglich, die morphologischen Kästen noch feingranularer zu gestalten. Im Kontext von MDM- oder PIM-Systemen könnte man weitere Ausprägungen auf Produktebene definieren. Daraus könnte man dann unter Umständen ganze Rechte- und Rollenkonzepte für ganze Systeme ableiten. Das unterstützt die Rollen- und Rechte-Definition auf Systemebene.

Nutzen und Mehrwert Die idealtypische Datenmanagement-Organisation ist passend auf das Unternehmen zugeschnitten. Notwendige Rollen für die verschiedenen Ebenen sind identifiziert. Mithilfe einer strukturierten Beschreibung können diese besetzt werden. Da die definierte Organisationsstruktur immer das Management der Unternehmensdaten im Fokus hat, ist das Unternehmen auch so aufgestellt, dass die Anforderungen an die Daten entsprechend abgedeckt werden können.

Der Nutzen und Mehrwert einer Rollen- und Aufgabenbeschreibung liegt in der inhaltlichen Orientierung der Mitarbeiter, die diese Rollen bekleiden. Mit dem Steckbrief sind deren Aufgaben klar definiert und Verantwortlichkeiten für konkrete Dinge sind geregelt. Der Steckbrief unterstützt die Suche nach neuen Mitarbeitern und gibt Hinweise auf die notwendigen Qualifikationen. Im Hinblick auf die Verantwortlichkeiten sind Belange rund um die Zuständigkeiten für Unternehmensdaten geregelt. Bei inhaltlichen Diskussionen entsteht kein Entscheidungsvakuum.

Hat noch keine Prüfung stattgefunden, ob alle Unternehmensdaten auch von den Rollen der Datenmanagement-Organisation betreut werden, unterstützen die morphologischen Kästen bei der Aufdeckung von Lücken von Zuständigkeiten für Unternehmensdaten.

Rollen und Verantwortlichkeiten Workshops zur Festlegung der Datenmanagement-Organisationsstruktur werden zunächst vom Konzern Data Steward unter Einbeziehung des Auftraggebers durchgeführt. Weitere Führungspersonen aus Fachbereich und IT sowie gegebenenfalls die Personalabteilung unterstützen dabei. Wenn die Organisationsstruktur feststeht, können weitere Workshops zur konkreten Definition mit den Mitarbeitern durchgeführt werden, die später einmal eine der Rollen übernehmen sollen. Oft sind das Mitarbeiter, die ein gutes Verständnis für (Stamm-)Daten haben und die meisten der mit der Rolle verbundenen Aufgaben schon erledigen.

Hilfsmittel Als Hilfsmittel können morphologische Kästen und Musterrollenbeschreibungen eingesetzt werden. Die inhaltliche Erarbeitung erfolgt in Workshops.

7.3.3.2 Umsetzung der Datenmanagement-Organisation

Nachdem die Struktur der Datenmanagement-Organisation gestaltet ist und die relevanten Rollen in ihren Ausprägungen definiert sind, geht es um die Umsetzung der Organisation. Umsetzung in diesem Sinne bedeutet die Besetzung der Rollen mit den geeigneten Mitarbeitern und die Ausführung der Aufgaben und Übernahme der Verantwortlichkeiten der jeweiligen Rolle. Zudem müssen die Gremien installiert werden.

Bei der Besetzung der Rollen ist es oft so, dass es in vielen Fällen Mitarbeiter gibt, die sich bereits jetzt schon um die Belange der Daten kümmern und eine gewisse Affinität für diese Aufgaben haben. Das sind auf der operativen Ebene Mitarbeiter, die bei Fragen oder Problemen zu bestimmten Datensätzen von Kollegen um Rat und Unterstützung gebeten werden. Manchmal sind es sehr erfahrene Mitarbeiter, welche die Entwicklung der Prozesse und Daten bereits in der Vergangenheit mitgestaltet haben. Diese könnten dann die Rolle der Data Producer oder der Data Custodians übernehmen.

 Praxistipp: Auf bestehende Strukturen und Ressourcen zurückgreifen

> Die logische Trennung zwischen Rollen und Stellen ist für Teilnehmer von Data-Governance-Projekten meist schwer nachvollziehbar. Zudem gibt es oft die Forderung, keine neuen Stellen für Datenmanagement zu schaffen und eine enge Verzahnung mit bestehenden Strukturen und Gremien anzustreben. Daher hat es sich in der Praxis bewährt, in Data-Governance-Projekten das Rollenmodell frühzeitig auf die bestehende Aufbauorganisation abzubilden. Anstelle von Rollenbezeichnungen werden dann die Bezeichnungen von Stellen oder anderen Organisationseinheiten verwendet. Es sollten generell Begriffe verwendet werden, die im Unternehmen bekannt und „positiv" belegt sind. Viele Unternehmen verwenden z. B. den Begriff Data Owner oder Data Manager statt Data Steward. Meist gibt es sogar Mitarbeiter, welche die Rolle eines Data Stewards de facto innehaben, ohne dass dieser Zusammenhang bisher bekannt oder dokumentiert gewesen wäre. Diese Personen gilt es zu identifizieren, aktiv am Projekt zu beteiligen und ihnen diese Rolle offiziell zuzuordnen.

Auf der taktischen Ebene trifft man nicht selten auf Team- oder Abteilungsleiter, die unter ineffizienten Daten und Prozessen leiden. Teams, die von ihnen geführt werden, haben hohe Aufwände, um die Daten in den Systemen oder außerhalb der Systeme so zu manipulieren, dass Folgeprozesse durchgeführt werden können. Abteilungs- und Teamleiter sind eher offen für zusätzliche Verantwortung, wenn sie die Möglichkeit bekommen, die Datenstrukturen und Prozesse so mit- und umzugestalten, dass dadurch der operative Umgang mit den Daten und Prozessen erleichtert und effizienter wird. Hier findet man fachliche und technische Data Stewards, die ein Data Steward-Team bilden und von einem Konzern Data Steward geführt werden.

Die neue Rolle ist mit neuen (offiziellen) Aufgaben und Verantwortlichkeiten verknüpft. Dieses Aufgabenpensum darf aber nicht zum bereits vorhandenen dazukommen und „on top" gemacht werden. Ist die Wahrnehmung der Rolle mit bereits zu Beginn absehbaren Überstunden verbunden, wird sie niemals die gewünschte nachhaltige Schlagkraft entfalten und führt eher zur Demotivation der Mitarbeiter und bringt dadurch sämtliche Data-Governance-Initiativen in Gefahr.

Die Besetzung der Rollen auf strategischer Ebene geschieht in der Regel durch das Management und es ist die Entscheidung des Managements, einen Konzern Data Steward für diese Aufgaben neu einzustellen. Strategische Data Stewards sind meist die Führungskräfte der fachlichen Data Stewards auf oberer Management-Ebene. Sind für die wichtigsten Geschäftsprozesse Process Owner definiert, so können diese die Rolle des strategischen Data Stewards häufig mit übernehmen. Sind also erst einmal die fachlichen Data Stewards definiert, ergibt sich fast automatisch, wer die Rolle der strategischen Data Stewards übernimmt. Die potenziellen Rolleninhaber müssen von ihrer strategisch wichtigen Stellung überzeugt werden. Es sind häufig nicht viele neue Aufgaben mit der Rolle verbunden, diese sind aber sehr wichtig für den Erfolg von Data Governance. Schließlich treffen die strategischen Data Stewards Entscheidungen, die auf taktischer und operativer Ebene umgesetzt werden müssen. Die wichtigste Aufgabe ist die Teilnahme am Datenkomitee.

Damit die Rollen und Teams schlagkräftig arbeiten können, ist es grundsätzlich hilfreich, die Erwartungen an die Rollen bzw. Teams klar zu formulieren. In Form von Trainings und Coachings können die Mitarbeiter, die diese Rollen bekleiden und die Erwartungen erfüllen sollen, individuell unterstützt werden.

Etablierung von Gremien

Die Gremien der Datenmanagement-Organisation sind Ausdruck eines kooperativen, unternehmensweiten Ansatzes von Data Governance. Je mehr Entscheidungen in Gremien getroffen werden, die mit verschiedenen Repräsentanten des Unternehmens besetzt sind, umso weniger ist Data Governance ein autoritärer Ansatz, in dem Entscheidungen von wenigen und von oben herab getroffen werden. Sind die Mitarbeiter im Unternehmen gewöhnt, an Entscheidungen beteiligt zu werden, so wird auch ein partizipativer Data-Governance-Ansatz erfolgversprechend sein.

Bei der Besetzung der Data-Governance-Gremien – insbesondere beim Datenkomitee – sollte daher darauf geachtet werden, dass möglichst alle relevanten Parteien darin vertreten sind. Was genau „relevant" ist, hängt von der Datenstrategie ab, insbesondere vom Scope von Data Governance, und vom Aufbau des Unternehmens. Wichtig ist, dass aus Fachbereichen und IT alle Gruppen vertreten sind, welche die betrachteten Daten nutzen, produzieren und verwalten. In der Regel sind das die strategischen Data Stewards, der Chief Data Officer und/oder der Konzern Data Steward, der Auftraggeber und ein hochrangiger Vertreter der IT, z. B. der CIO. Gerade im Datenkomitee sollten die Mitglieder Entscheidungskompetenz besitzen. Die im Komitee getroffenen Entscheidungen müssen als verbindlich im und für das gesamte Unternehmen anerkannt werden.

Um die Aufgaben und den Verantwortungsbereich der Gremien zu konkretisieren und zu formalisieren sollten diese ähnlich wie in der Rollenbeschreibung (siehe Abschnitt 7.3.3) in einer Gremienbeschreibung dokumentiert werden. Zudem sollte sich jedes Gremium selbst eine **Geschäftsordnung** geben. Die Geschäftsordnung wird in der ersten, konstituierenden Sitzung des Gremiums verabschiedet und hat von da an für alle folgenden Sitzungen Gültigkeit. Die Geschäftsordnung regelt, wie die Zusammenarbeit und Entscheidungsfindung im Gremium aussieht und wie Sitzungen ablaufen. Der Aufbau einer Geschäftsordnung könnte wie folgt aussehen:

1. Einführung/Präambel

2. Zweck des Gremiums

3. Aufgaben des Gremiums (gegebenenfalls Verweis auf Gremienbeschreibung)

4. Entscheidungskompetenz (gegebenenfalls Verweis auf Gremienbeschreibung)

5. Zusammensetzung und Vorsitz des Gremiums, inklusive Regelungen zu Änderungen an der Zusammensetzung

6. Zusammenarbeit mit anderen Organisationseinheiten

7. Verfahrensvorschriften

   a) Sitzungen, inklusive Regelungen zu Terminen, Teilnehmern (Gäste), Agenda, Beschlussfindung, Protokoll

   b) Rechenschaftsbericht

   c) Sonstiges, z. B. Regelungen zur Änderung der Geschäftsordnung

8. Verweis auf andere Dokumente

Die wichtigste Aufgabe im Gremium hat die oder der Vorsitzende. Sie oder er leitet und moderiert nicht die Sitzungen, sondern sorgt dafür, dass das Gremium regelmäßig tagt und seinen Aufgaben gerecht wird. Nach anfänglicher Euphorie kann es im Tagesgeschäft schnell passieren, dass die Sitzungsteilnahme zu einer lästigen Pflicht verkommt und der Sinn des Gremiums in Frage gestellt wird. Spätestens dann muss die oder der Vorsitzende Durchhaltevermögen beweisen und gegen alle Widerstände zu den Sitzungen einladen und durch nutzenstiftende Inhalte die Mitglieder zur Teilnahme bewegen. Dazu kann beispielsweise immer wieder aufgezeigt werden, welche Erfolge das Gremium in der Vergangenheit schon erreichen konnte und wie wichtig die getroffenen Entscheidungen für das Unternehmen waren.

Nutzen und Mehrwert Die Organisationsgestaltung steht häufig am Anfang von Data Governance und bildet auch dessen Kern. Damit Data-Governance-Initiativen durch eine gut aufgestellte Organisation ihre volle Wirkung entfalten können, müssen die konfigurierten und beschriebenen Rollen mit den richtigen Personen im Unternehmen besetzt werden. Die Aufgaben des Datenmanagements können nur erledigt werden, wenn Mitarbeiter benannt sind, die dies tun sollen. Auch Gremien dürfen nicht nur auf dem Papier bestehen, sondern müssen ins Leben gerufen werden. Das bedeutet, dass die Mitglieder benannt sind und diese sich regelmäßig treffen. Während dieser Sitzungen werden dann wegweisende Entscheidungen für das Datenmanagement getroffen und Konflikte gelöst.

Rollen und Verantwortlichkeiten Die Rollenbesetzung hat etwas von dem sprichwörtlichen Henne-Ei-Problem. Sind noch keine Rollen besetzt, kann auch keine Rolle für die Rollenbesetzung verantwortlich sein. Die Personen, die schon das Rollenmodell ausgearbeitet haben und die Rollen konfiguriert haben, sollten aber auch mit der Besetzung der Rollen starten. Häufig sind es die Kernrollen, wie die des Konzern Data Stewards oder der fachlichen Data Stewards, die zuerst besetzt werden. Auch der Auftraggeber sollte schon bekannt sein – irgendjemand im Unternehmen hatte den Auftrag gegeben, sich um den Aufbau von Data Governance zu kümmern. Sind die Rollen des Auftraggebers und des Konzern Data Stewards besetzt, übernehmen diese dann die restliche Ausgestaltung und Umsetzung der Datenmanagement-Organisation.

Hilfsmittel Rollenbeschreibungen, Stellenbeschreibungen und RACI-Matrizen (siehe Abschnitt 7.3.5) sowie eine tiefe Kenntnis der Organisationsstruktur und Geschäftsprozesse des Unternehmens helfen dabei, die richtigen Personen zu identifizieren. Stellenbeschreibungen sollten daraufhin gegebenenfalls angepasst werden. Geschäftsordnungen können in einem Textverarbeitungsprogramm erstellt und z. B. über das Intranet veröffentlicht werden.

7.3.3.3 Organisatorische Hilfsmittel

Unabhängig von der Besetzung der Rollen und der Einführung der Gremien gibt es eine Reihe von organisatorischen Hilfsmitteln, die die Arbeit der Datenmanagement-Organisation unterstützen. Dazu gehören unter anderem:

- Regelmäßige Besprechungen
- Berichte über zu erreichende und über erreichte Ziele
- Kommunikationsstrategie
- Coaching, Mentoring und Networking

Regelmäßige Besprechungen

Regelmäßige Besprechungen haben das Ziel, sich über konkrete Sachverhalte innerhalb eines Data Steward-Teams oder anderer Datenmanagement-Teams zu informieren, um dann konkrete Schritte zur Verbesserung der Datenqualität festzulegen. Auch werden neue Anforderungen an die Daten und deren Qualität diskutiert. Auch wenn es zur Einführung neuer Applikationen im Zusammenhang mit einer anstehenden Migration kommt, sollte das auf den verschiedenen Ebenen einer Datenmanagement-Organisation besprochen werden.

Damit diese Besprechungen zielgerichtet und effizient geführt werden können, sollte eine Agenda festgelegt und kommuniziert werden. Eine Agenda enthält die folgenden Punkte:

- Ziel der Besprechung
- Tagesordnungspunkte
- Teilnehmerkreis
- Hinweise auf die individuelle Vorbereitung

Die Agenda wird im Idealfall mindestens eine Woche vor der Besprechung verschickt. Sind individuelle Vorbereitungen notwendig, werden auch die dazu benötigen Materialien zur Verfügung gestellt. Das sollte zumindest das Besprechungsprotokoll der vorhergehenden Sitzung sein.

Während der Besprechung sollten Sachverhalte ergebnisorientiert diskutiert werden. Werden Beschlüsse gefasst, werden diese schriftlich dokumentiert und entsprechend kommuniziert. In jedem Fall sind Besprechungsprotokolle zu führen.

Berichte über zu erreichende und über erreichte Ziele

Jede Organisation wird irgendwann Rechenschaft über die erreichten Ziele und deren Mehrwert für das Unternehmen ablegen müssen. Datenmanagement (unter dem Namen von Data Governance) wird eher als Kostentreiber anstatt als „Profit Center" gesehen. Umso wichtiger ist es, die Arbeit der Datenmanagement-Organisation an konkreten Zielen auszurichten. Diese Ziele sind unterschiedlich für jedes Unternehmen, ein paar generische Beispiele sind:

- Etablierung eines Datenqualitäts-Managements mit einem Regelreis (plan-do-check-act)
- Messung und Optimierung der Datenqualität
- Steigerung der Effizienz von Stammdaten-Prozessen
- Konsolidierung der Daten- und Systemlandschaft
- Sicherstellung des rechtskonformen Umgangs mit personenbezogenen Daten

Es empfiehlt sich, die konkreten Ziele immer an der Datenstrategie auszurichten und diese immer für ein Jahr festzulegen. Damit man über den Fortschritt einer Zielerreichung berichten kann, müssen die Ziele messbar sein. Das heißt Mess-Kriterien müssen zuvor festgelegt werden und auch diese können sich am SMART-Prinzip orientieren (siehe Abschnitt 7.2.2). Soll z. B. eine Datenqualitäts-Scorecard eingeführt werden, kann dieses Ziel in verschiedene Projektphasen eingeteilt werden und damit unterschiedliche Grade der Zielerreichung haben. Projektphasen wären: Aufnahme der Anforderungen aus den Fachbereichen, Evaluation von drei Anbietern, Entscheidung für einen Anbieter, Durchführung eines „Proof of Concept", Entscheidung für oder gegen die Lösung, kaufmännische Verhandlungen, Implementierung und Go-live.

Kommunikationsstrategie

Frei nach dem Motto „tue Gutes und rede darüber" ist es wichtig, innerhalb des Unternehmens die Entscheidungen und Erfolge (sowie Misserfolge) von Data Governance zu kommunizieren. Eine klare und geschickte Kommunikation schafft Transparenz und adressiert somit eines der wichtigsten Ziele von Data Governance. Bei der Entwicklung einer Kommunikationsstrategie und der eigentlichen Kommunikation sollten folgende Punkte beachtet werden:

- Zielgruppen-gerichtete Kommunikation
- Abstimmungswege (festlegen, wer eine Information final freigibt)
- Zeitplan der Kommunikation (bester Zeitpunkt, Vorab-Kommunikation an bestimmte Zielgruppen)
- Botschaft und wie diese aufgenommen werden könnte
- Kanal (E-Mail, Intranet, Besprechungen, Newsletter etc.)
- Absender der Botschaft (in wessen Namen wird etwas kommuniziert)

Coaching, Mentoring und Networking

Die Übernahme einer neuen Rolle kann für die Rolleninhaber zunächst zu Unsicherheiten führen. Folgende Fragen stellen sich die neuen Rolleninhaber:

- Welche Erwartungen werden an mich gestellt?
- Kann ich der Rolle gerecht werden?
- Was genau muss ich eigentlich tun?

Die Rolleninhaber sollte man mit diesen Fragen nicht alleine lassen und Möglichkeiten bereitstellen, ihnen zu helfen.

Sofern vorhanden, können erfahrene Rolleninhaber als Coaches oder als Mentoren zur Verfügung stehen. Gerade in der Anfangszeit sollte der Konzern Data Steward immer ein offenes Ohr für die Fragen und Probleme der anderen Data Stewards haben. Der Konzern Data Steward sollte die Person mit den meisten Erfahrungen sein und bei ihm sollten alle Fäden zum Datenmanagement zusammenlaufen. Für die Data Stewards ist das Data Steward-Team ein Anlaufpunkt für die regelmäßige Abstimmung untereinander und für die Klärung von Unklarheiten.

Der Konzern Data Steward könnte regelmäßig allgemeine oder themenbezogene Workshops oder Coachings für die Data Stewards anbieten. In so einem Workshop könnte z.B. der Umgang mit einem neuen Tool erklärt werden oder auf Regeln hingewiesen werden, die bei der Datenpflege zu beachten sind. Zur Informationsweitergabe und zum Austausch können aber auch Plattformen bereitgestellt werden, die allen Data-Governance-Rollen lesend und gegebenenfalls auch schreibend zur Verfügung stehen. Das kann das unternehmensweite Intranet sein oder ein Datenmanagement-Wiki oder Ähnliches. Wichtig ist, dass insgesamt beide Aspekte – unidirektionale Information und bidirektionale Kommunikation – über mehrere Kanäle abgedeckt werden. Wenn möglich, sollten gerade am Anfang neben der Nutzung digitaler Möglichkeiten auch immer wieder physische Treffen organisiert werden.

Nutzen und Mehrwert Damit Data Governance seine volle Wirkung entfalten kann, müssen die Inhaber von Data-Governance-Rollen sich ihrer Aufgaben bewusst sein und wissen, mit welchen Hilfsmitteln sie diese umsetzen können. Mit den oben beschriebenen Möglichkeiten kann der Erfolg der Data-Governance-Initiativen gut platziert werden und dadurch die Akzeptanz der Rollen im Unternehmen erhöht werden. Die Rollen wissen, bei wem und wie sie sich informieren und Hilfe bekommen können.

Rollen und Verantwortlichkeiten Der Konzern Data Steward ist wesentlicher Treiber der unternehmensinternen Kommunikation und Ansprechpartner für die anderen Rollen. Er kann diese Aufgaben zum Teil an andere erfahrene Data Stewards delegieren. Das Data Steward-Team ist Drehscheibe für den Austausch der Data Stewards untereinander.

Hilfsmittel Bei Besprechungen kommen die üblichen Textverarbeitungsprogramme und Präsentationsprogramme zum Einsatz. Für die Bereitstellung von Informationen und Kommunikationspapieren sowie zur Kollaboration können die in den Unternehmen vorhandenen Möglichkeiten genutzt werden.

7.3.4 Beschreibung der wesentlichen Datenproduktions-Prozesse

Im Datenmanagement gibt es viele Prozesse, die zu definieren sind (vgl. [KlWe20]). Die vier wesentlichen Prozesse sind die Prozesse zur Erstellung und zur Pflege der Daten – die sogenannten Datenproduktions-Prozesse (siehe Abschnitt 4.5.3.1). Diese sind auch mit dem Kürzel „CRUD" verknüpft. „CRUD" steht für Create (einen neuen Datensatz generieren), Read (einen Datensatz lesen), Update (einen Datensatz aktualisieren) und Delete (einen Datensatz löschen).

Unabhängig von der Art der zu beschreibenden Prozesse oder deren Komplexität wird es immer um einen oder mehrere dieser Kernprozesse gehen. Beim Datenmanagement sind bei der Beschreibung der Prozesse im Idealfall folgenden Fragen beantwortet:

- Woher kommen die Daten?
- Wie werden die Daten verarbeitet?
- Durch wen oder was werden die Daten verarbeitet/dürfen die Daten verarbeitet werden?
- Wozu werden die Daten genutzt?
- Wie sehen die Daten am Ende des Prozesses aus?

Im Product Information Management (PIM) werden Produktstammdaten oft in einem Master Data Management (MDM) System angelegt (**Create**). Zur Anlage der Daten gehört auch deren Freigabe. Die Freigaben entscheiden darüber, ob und wann das Produkt z.B. im Webshop angeboten wird. Die Anlage und die Freigabe werden oft von unterschiedlichen Rollen durchgeführt. Die Anlage des Produktstammdatensatzes im PIM/MDM wird z.B. von technischen Redakteuren durchgeführt. Die Freigabe wird z.B. von Product Managern durchgeführt.

Der Name und die Rechtsform einer Partner-Organisation (Geschäftspartnerstammdatum) soll geändert werden (**Update**). Die Frage ist, wann und unter welchen Umständen diese Attribute von wem geändert werden dürfen. Vor einer derartigen Änderung erfolgt in der Regel eine offizielle Nachricht (Änderungsdatum), welche die Änderung anstößt. Zu vermeiden ist, dass Änderungen des Firmennamens oder der Rechtsform „auf Zuruf" durchgeführt werden. Zu beachten ist u.a., dass ursprünglich geschlossene Verträge gegebenenfalls ebenfalls einer Änderung oder Aktualisierung bedürfen. Bei Änderungen der Stammdaten kann es also zu einem mehrstufigen Prozess kommen, der durch konkrete Events angestoßen wird.

Auch das Lesen (**Read**) einzelner Datensätzen ist nicht trivial. Hier ist vor allem der Schutz der Vertraulichkeit der Daten zu beachten. Je nach Schutzbedarf der Daten ist es nicht gewünscht, dass alle Mitarbeiter Zugriff auf die Daten haben. So muss die Gehaltstabelle der Mitarbeiter vor Zugriffen Unbefugter (vermutlich alle Mitarbeiter außerhalb der Personalabteilung) geschützt werden, da diese Daten als „vertraulich" eingestuft sind. Ein anderes Beispiel sind Produktinformationen, die geschützt sind, da diese eventuell für den Wettbewerb interessant sind und eine Weitergabe durch den beschränkten Zugriff verhindert wird. Aus Sicht der Informationssicherheit ist das Need-To-Know-Prinzip umzusetzen.[2]

---

[2] Das Need-To-Know-Prinzip besagt, dass Aufgabenträger nur die Zugriffsrechte erhalten dürfen, die sie zur Erfüllung ihrer Aufgaben benötigen [Ecke18, S. 172]. Somit soll die Vertraulichkeit der Daten gewährleistet werden. Das gleiche Prinzip gilt auch für das Erstellen, Ändern und Löschen von Daten, bei diesen Prozessen aber mit dem Ziel der Sicherstellung der Integrität.

Eine weitere Herausforderung sind Prozesse rund um das Löschen (**Delete**) von (Stamm-) Daten. Stammdaten werden ihrer Natur gemäß in Bewegungsdaten und anderen Daten referenziert. Im Umfeld von Geschäftspartnerdaten können das Verträge, Umsatzzahlen, Kaufhistorie, Supportfälle oder andere Arten von Transaktionsdaten sein. Die den Stammdaten angehängten Informationen können auch Teil von Analysen sein. Löscht man den Stammdatensatz, sind angehängte Dokumente oder Transaktionen je nach Organisation und Systemarchitektur gegebenenfalls auch von der Löschung betroffen. Das könnte zu Inkonsistenzen im Datenbestand führen. Auch bei der Bereinigung von Datensätzen muss mit großer Sorgfalt geprüft werden, ob Datensätze wirklich redundant sind und gelöscht werden können. Rechtlich gesehen besteht zudem eine Aufbewahrungsfrist gewisser Daten und Dokumente. Andererseits gibt es spätestens seit Inkrafttreten der DSGVO im Mai 2018 das Recht auf Löschung personenbezogener Daten (Art. 17). Das bedeutet, jede natürliche Person hat das Recht, die Löschung ihrer Daten einzufordern.

In der Praxis wird aufgrund der o. g. Herausforderungen das Deaktivieren und spätere Archivieren der Datensätze häufig dem Löschen vorgezogen. Der Datensatz bleibt noch im System, ist aber so gekennzeichnet, dass er den operativen Geschäftsprozessen nicht mehr zur Verfügung steht.

Die Definition von CRUD-Prozessen ist insbesondere dann sinnvoll, wenn gleichartige Daten von mehreren Personen verarbeitet werden. Das ist häufig beim Anlegen globaler Stammdaten der Fall. Das ist ein komplexer Prozess, der verschiedene Mitarbeiter aus unterschiedlichen Bereichen einbezieht. Geklärt werden muss, was der Auslöser für den Prozess ist, welche Prozessschritte es gibt, wer wann was tun oder entscheiden muss, welche Qualitätskriterien eingehalten werden sollen und wie das Ergebnis des Prozesses aussehen soll. Nur wenn diese Fragen geklärt und abgestimmt sind, ist die Basis für einen reibungslosen Ablauf gegeben und die Qualität der bearbeiteten Daten ist sichergestellt.

Je nach Zielsetzung des Datenmanagements und Prozessreife des Unternehmens sollten zunächst die Prozesse identifiziert werden, bei denen es am häufigsten zu Verzögerungen kommt, die viele Bereiche und Rollen involvieren und die als besonders relevant betrachtet werden.

Um diese Prozesse zu analysieren, gegebenenfalls zu optimieren und zu dokumentieren kann wie folgt vorgegangen werden:

1. Identifikation und Benennung des Prozesses
2. Betrachtung bereits vorhandener Dokumentationen
3. Einbeziehung der wichtigsten Prozessbeteiligten
4. Darstellung des aktuellen Prozesses
5. Herausarbeiten der aktuellen Probleme
6. Aufzeichnen des idealtypischen Prozesses
7. Markierung der Punkte im Prozess, die noch geklärt werden müssen
8. Definition von Quality Gates
9. Beschreibung der Prozessschritte in einer RACI-Matrix (siehe auch Abschnitt 7.3.5)
10. Dokumentation des Prozesses in einer geeigneten Notation, wie z. B. BPMN 2.0 [Obje20]
11. Bereitstellung der frei zugänglichen Dokumentation
12. Vorstellung des Prozesses an alle beteiligten Gruppen
13. Einführung des neuen Prozesses

Diese Vorgehensweise ist als Vorschlag zu verstehen. Wenn in Unternehmen bereits eine Vorgehensweise zur Definition und Dokumentation von Prozessen etabliert ist, ist diese Vorgehensweise vermutlich die bessere. Die Definition, die Dokumentation und der Roll-out eines Prozesses ist ein iterativer Prozess an sich. Ebenso empfehlenswert ist es, alle Prozesse regelmäßig dem kontinuierlichen Verbesserungsprozess (KVP) zu unterziehen, um Optimierungspotenziale und eventuelle Schwachstellen aufzudecken.

Durch die Festlegung von Quality Gates ist es möglich, bei bestimmten Punkten entlang eines Prozesses die Qualität der Daten und Informationen festzulegen. Erst wenn alle Bedingungen eines Quality Gates erfüllt sind, wird der nächste Schritt im Prozess initiiert. Ein Quality Gate kann z. B. die Verfügbarkeit bestimmter Informationen sein, bevor ein Produkt im PIM überhaupt angelegt wird. In der Praxis können diese Quality Gates in Form von einfachen Checklisten hinterlegt werden. Mithilfe dieser Checklisten wird überprüft, ob die benötigten Informationen in der entsprechenden Beschaffenheit und Qualität vorliegen (zu Quality Gates siehe auch Abschnitt 8.1).

Es gibt verschiedene Arten, Prozesse zu dokumentieren. Einfach ist die grafische Dokumentation unter Beachtung der ausgewählten Notation. Da jede Notation einen einheitlichen Satz an Symbolen hat, kommt man fast ohne Textbausteine aus. Des Weiteren können diese Grafiken besser und schneller angepasst und aktualisiert werden. Auch können neben den verschiedenen Prozessschritten die am Prozess beteiligten Rollen dargestellt werden.

In Bild 7.17 wird beispielhaft der Prozess zur Erstellung einer Software-Lizenz mit den drei Rollen Kunde, Customer Service und Vertrieb in BPMN-2.0-Notation dargestellt. Auch ist ein Quality Gate in Form einer Checkliste eingebaut. Die Checkliste ist in diesem Fall eine Entscheidungshilfe, ob die vorliegenden Informationen ausreichend sind, um eine Lizenz zu erstellen. Ist das nicht der Fall, sieht der Prozess Rückfragen an den Vertrieb vor.

Nutzen und Mehrwert Ein gut aufgestellter und beschriebener Prozess sorgt für ein besseres Verständnis der verschiedenen Vorgänge, an denen verschiedene Parteien bzw. Mitarbeiter unterschiedlicher Abteilungen beteiligt sind. Schnittstellen zu anderen Bereichen und Rollen werden deutlich. Nutznießer der Prozessdokumentation sind vor allem die Mitarbeiter, die in diese Prozesse involviert sind, sei es als Data Producer oder Datennutzer. Prozessdokumentationen sind auch ein wertvolles Hilfsmittel bei der Einarbeitung neuer Mitarbeiter und bei der Erweiterung des Kreises der betroffenen Personen. Wenn ein gemeinsames Verständnis und Wissen über die CRUD-Prozesse vorhanden ist, ist damit die Basis für eine einheitliche Vorgehensweise bei der Datenbearbeitung gesorgt. Das dürfte sich auch in der Qualität der Daten widerspiegeln.

Um sicherzustellen, dass alle Beteiligten ein gemeinsames Verständnis der Arbeitsabläufe haben, ist die Beschreibung eines Prozesses in einer verständlichen Art und Weise vorzunehmen. Aus den Prozessen lässt sich die ideale Beschaffenheit der zugrunde liegenden Daten ableiten. Diese Bedingungen können in Quality Gates abgefragt werden und in Checklisten hinterlegt sein. Somit liefern die Prozessbeschreibungen wertvollen Input für das Datenqualitätsmanagement, wenn es z. B. um die Erstellung des DQRegelwerks geht (siehe Abschnitt 7.3.2.1).

Rollen und Verantwortlichkeiten Zu definieren sind Prozesse von den Data Producern und den fachlichen Data Stewards. Ein fachlicher Data Steward für Produktstammdaten definiert nur die CRUD-Prozesse für die Produktstammdaten. Sollen Prozesse von technischen Workflows unterstützt werden, sind technische Data Stewards und Data Custodians beteiligt. Beim Roll-out und beim kontinuierlichen Verbesserungsprozess sollten alle Mitarbeiter, die diese Prozesse durchführen, einbezogen werden, also auch die Anwender und die Data Producer.

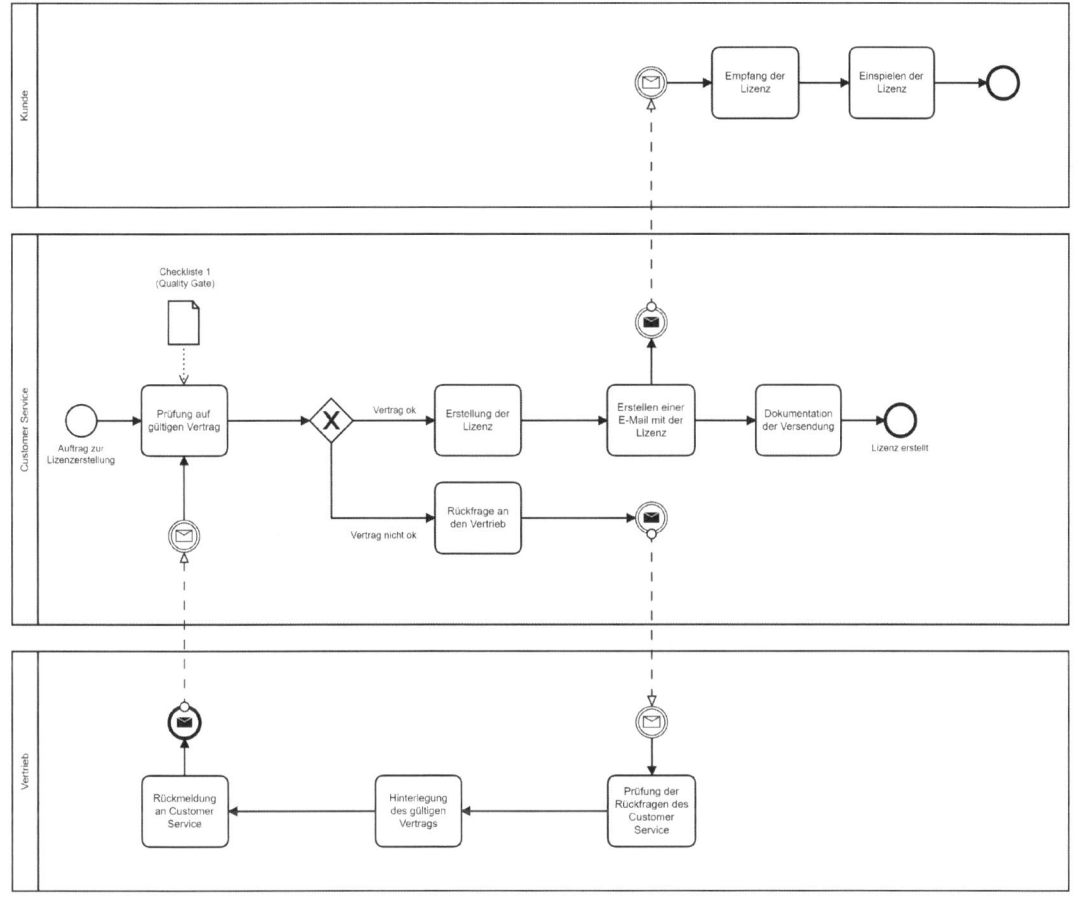

Bild 7.17 Exemplarische Darstellung eines Prozesses zur SoftwareLizenz-Erstellung (eigene Darstellung)

Hilfsmittel Für die Erarbeitung von relevanten Prozessen bieten sich Workshops mit allen Beteiligten an. Die Prozesse selbst können entweder gleich mit entsprechender Software aufgenommen werden oder analog erarbeitet werden. Bei der analogen Variante bietet sich der Gebrauch von großen Metaplanwänden oder entsprechend großen Arbeitsblättern an, die an die Wand geklebt werden. Nach Festlegung und Einzeichnen von „Schwimmbahnen" für die beteiligten Rollen werden mithilfe von kleineren selbstklebenden bunten Zetteln die verschiedenen Prozessschritte aufgeschrieben und an die passende Stelle gehängt. In der gemeinsamen Diskussion kann die Position der Zettel mit den Prozessschritten immer wieder verändert werden und mit weiteren ergänzt oder reduziert werden. Somit wird der Prozess greifbar und alle Sichtweisen werden beachtet und so lange diskutiert, bis ein Konsens über den Ablauf des Prozesses herrscht. Die Bedingungen für das Passieren eines Quality Gates können in Form von Tabellen pro Prozess parallel aufgenommen werden. In einem weiteren Schritt können dann die Ergebnisse der Diskussion in Prozess-Grafiken (siehe Bild 7.17) festgehalten werden und in Review-Runden zur Diskussion gestellt und gegebenenfalls angepasst werden.

Für die grafische Darstellung bieten sich unterschiedliche Modellierungssprachen an (z. B. BPMN 2.0, Programmablaufplan, UML-Aktivitätsdiagramm und eEPK). Für diese Modellierungssprachen gibt es entsprechende Software-Tools, die teilweise Open-Source-Lizenzen unterliegen.

7.3.5 RACI-Matrizen

Als Ergänzung zur Dokumentation von Prozessen und zur Darstellung von Verantwortlichkeiten und Kommunikationswegen bieten sich RACI-Matrizen an (vgl. [OtWe18, Webe09, S. 152 ff]). Die Buchstaben RACI stehen für

- **R – Responsible:** Der Rolleninhaber ist für die Ausführung der Aufgabe verantwortlich und er detailliert die Art und Weise, wie die Aufgaben durchgeführt werden. Er ist für das „Tun" zuständig.
- **A – Accountable:** Der Rolleninhaber ist anderen gegenüber rechenschaftspflichtig und genehmigt bestimmte Entscheidungen oder Ergebnisse einzelner Aufgaben.
- **C – Consulted:** Der Rolleninhaber hat eine beratende Funktion, er bringt spezielles Fachwissen in die Aufgabenausführung oder in Entscheidungen ein.
- **I – Informed:** Der Rolleninhaber ist über die Ergebnisse der Aufgaben sowie über getroffene Entscheidungen zu informieren.

Mithilfe der Buchstaben ist geklärt, wer für welchen Schritt eines Prozesses oder für welche Aufgabe verantwortlich ist, wer gegebenenfalls beratend unterstützt, wer informiert wird und wer rechenschaftspflichtig ist. Es ist sinnvoll, RACI-Matrizen im Zuge der Prozessdefinition zu erstellen, da der Prozess dann gemeinsam in sinnvolle Schritte unterteilt wird und gemeinsam Verantwortlichkeiten festgelegt werden. Ein weiterer Vorteil dieser Vorgehensweise ist, dass RACI-Matrizen und Prozesse aufeinander abgestimmt sind. Auf einer abstrakteren Ebene können RACI-Matrizen dafür verwendet werden, während der Rollendefinition (siehe Abschnitt 7.3.3.1) den Rollen Verantwortlichkeiten für die Handlungsfelder des Datenmanagements zuzuweisen.

Eine RACI-Matrix ist folgendermaßen aufgebaut (Bild 7.18):

- In den Zeilen stehen die einzelnen Handlungsfelder des Datenmanagements bzw. Aufgaben oder Prozessschritte.
- Die Spalten enthalten die beteiligten Rollen.
- Die Zellen markieren die Zuständigkeit einer Rolle zu einem Handlungsfeld/zu einem Prozessschritt mithilfe der RACI-Notation.

Rolle Handlungsfeld	Auftrag- geber	Daten- komitee	Strateg. Data Stewards	Konzern Data Steward	Data Steward Team	Fachliche Data Stewards	Techn. Data Stewards
Datenstrategie	A	C	C	R	I	I	I
Controlling	I	A	R	C	I	I	I
Organisation	I	A	C	R	C	I	I
Datenprozesse		I		A	R	C	C
Datenarchitektur			I	A	C	R	C
Systemarchitektur				A	C	C	R
Legende: R = Responsible, A = Accountable, C = Consulted, I = Informed							

Bild 7.18 RACI-Matrix zur Definition von Zuständigkeiten für die Handlungsfelder im Data Governance Framework (eigene Darstellung)

Tabelle 7.5 zeigt eine RACI-Matrix anhand des Beispiels des Lizenzerstellungsprozesses (siehe Abschnitt 7.3.4).

Tabelle 7.5 Beispiel RACI-Matrix für den Prozess der Lizenzerstellung (eigene Darstellung)

	Kunde	Customer Support	Leitung Customer Support	Vertrieb
Auftrag zur Lizenzerstellung geht ein		I		R
Durchführung Vertragsprüfung		R	A	
Erstellung der Lizenz		R	A	
Übermittlung der Lizenz an den Kunden	I	R	A	I
Dokumentation im System		R	A	
Beantwortung von Rückfragen zum Vertrag		I		R

Pro Prozessschritt bzw. Aufgabe müssen nicht immer alle Buchstaben vergeben werden. Wichtig ist, wer in der ausführenden Verantwortung (R) steht. Ebenso sollte vermieden werden, dass pro Prozessschritt zwei Buchstaben für eine Rolle vergeben werden. Bei einer Kombination von R (als ausführend) und A (als rechenschaftspflichtig) hätte man im Fall eines Konflikts keine Eskalationsmöglichkeit. Typischerweise sind leitende Rollen rechenschaftspflichtig und werden mit einem „A" gekennzeichnet.

In Tabelle 7.5 wird eine Rolle genannt, die im Prozessmodell (Bild 7.17) nicht vorkommt. Die Rolle „Leitung Customer Support" hat im eigentlichen Prozess keinen aktiven Part, wird allerdings im Fall von Problemen oder Eskalationen für die Lizenzerstellung zur Rechenschaft gezogen. Dieser (Eskalations-)Fall ist im Prozessmodell nicht mit aufgenommen.

Bei der Befüllung ist immer zu beachten, dass es nur um die Rollen und nicht um einzelne Mitarbeiter geht. In der Regel ist es in einem Rollenmodell per se ausgeschlossen, dass eine Rolle in der gleichen Funktion verschiedene Aufgaben und Verantwortlichkeiten übernimmt.

Ähnlich wie bei der Kommunikation der Prozesse sollten alle Mitarbeiter, deren Rollen in einer RACI-Matrix erwähnt werden, über diese informiert werden oder an der Erstellung beteiligt werden und so die Möglichkeit bekommen, Änderungen einzubringen. Auch die RACI-Matrizen können gemeinsam mit den Prozessen einem kontinuierlichen Verbesserungsprozess unterzogen werden.

Es gibt verschiedene Varianten von RACI-Matrizen. So spricht man auch von RASCI, wobei das S für Support („unterstützend") steht. Während eine Consulted-Rolle eher ihr Wissen einbringt oder eben berät, bedeutet Support aktive Mitarbeit oder Unterstützung der verantwortlichen Rolle. Einen kurzen Überblick über weitere Varianten bietet Windolph [Wind15]. In der Organisationslehre spricht man auch vom Funktionendiagramm [vgl. Schu13, S. 571 ff]. Zu empfehlen ist ein einheitliches Modell im Unternehmen, sodass jeder Mitarbeiter die Bedeutung der verschiedenen Buchstaben kennt und es nicht zu Missverständnissen bei den Zuständigkeiten kommt.

Nutzen und Mehrwert Eine RACI-Matrix stellt einzelne Prozessschritte oder Aufgaben in Kombination mit den beteiligten Rollen und deren Verantwortlichkeiten und Kommunikationswege übersichtlich und kompakt dar. Insofern können RACI-Matrizen Prozessbeschreibungen gut ergänzen. Sie sorgen für eine klare Verteilung und Abgrenzung von Aufgaben, Kompetenzen und Verantwortung, schaffen Transparenz und zeigen auf engem Raum die Zusammenarbeit und Abhängigkeiten verschiedener Rollen bei der Aufgabenerfüllung oder im Prozess.

RACI-Matrizen dienen nicht nur der Dokumentation, sondern auch der Kommunikation von Verantwortlichkeiten. Als Kommunikationsmittel können die Matrizen für verschiedene Stakeholder unterschiedlich detailliert ausgestaltet werden. Eine RACI-Matrix dokumentiert die Aufgaben der verschiedenen Rollen verständlicher und übersichtlicher als z. B. Stellenbeschreibungen oder die Position im Organigramm. Die Matrix ist ein gutes Mittel, um Verantwortlichkeiten zu formalisieren.

Rollen und Verantwortlichkeiten Wenn RACI-Matrizen bei der Definition von CRUD-Prozessen erstellt werden, können die Vertreter der Rollen Input liefern. Das sind die Data Producer und die fachlichen Data Stewards. Da Eskalationswege und Interaktionen zwischen Bereichen und Abteilungen berücksichtigt werden können, sollten der Konzern Data Steward und gegebenenfalls Abteilungsleiter zumindest informiert werden.

Hilfsmittel Als Hilfsmittel dienen normale Textverarbeitungs- oder Tabellenprogramme. Basis für die RACI-Matrizen sind die bereits beschriebenen Rollen und deren Aufgaben und Verantwortlichkeiten sowie beschriebene Prozesse.

■ 7.4 Tools auf Ebene der Informationssysteme

In den folgenden Abschnitten werden Tools auf der Ebene der Informationssysteme vorgestellt. Diese werden von etablierten Software-Herstellern als Standard-Lösungen angeboten. Zusätzlich werden Hinweise zur Auswahl einer solchen Software vorgestellt.

7.4.1 Business Data Dictionary

Ein Business Data Dictionary (oder fachlicher Metadatenkatalog) beschreibt unternehmensweit eindeutig Datenobjekte. Der Zusatz „Business" (bzw. „fachlich") macht deutlich, dass nicht die technischen, sondern primär die fachlichen Metadaten im Fokus stehen. Ein Business Data Dictionary (BDD) soll die Kommunikation zwischen Fach- und Geschäftsbereichen erleichtern und ein gleiches Verständnis über die Kerndatenobjekte des Unternehmens herstellen. Ein BDD liefert dadurch auch die Basis für eine technische Integration der Daten zwischen Informationssystemen.

Schmidt entwirft in seiner Methode zur Stammdatenintegration [Schm10b] ein Methodenfragment zur Beschreibung von Geschäftsobjekten in einem Business Data Dictionary. Das Vorgehensmodell umfasst neun Aktivitäten in vier Phasen, wie in Bild 7.19 dargestellt.

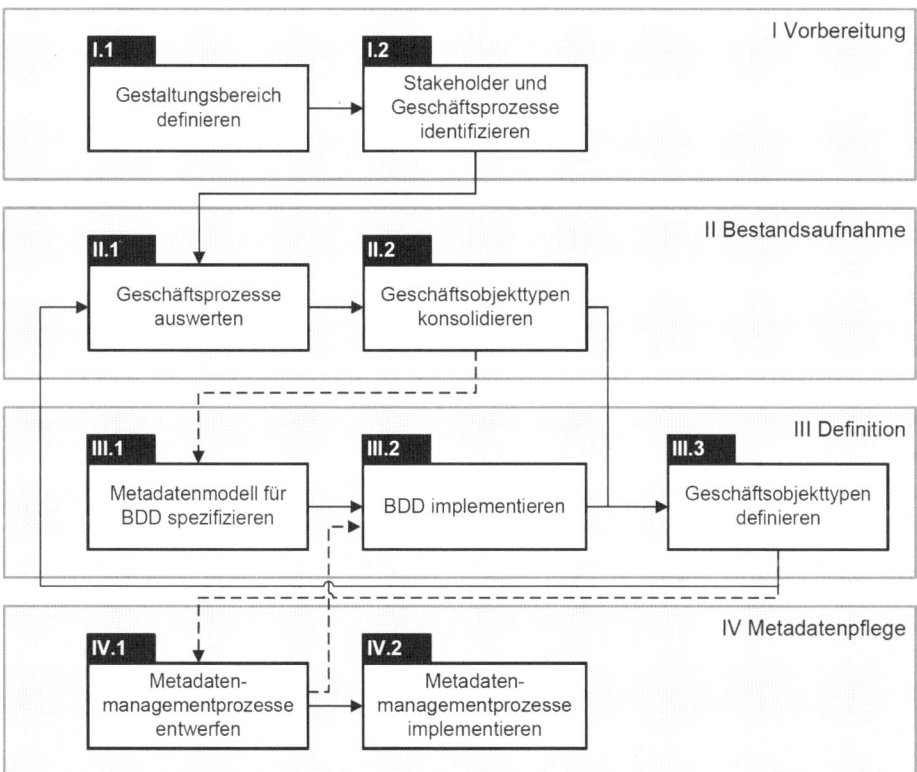

Bild 7.19 Aktivitäten zur Erstellung eines Business Data Dictionaries [Schm10b, S.110]

Die folgenden Ausführungen geben die Aktivitäten der Methode pro Phase in kompakter Form wider [siehe Schm10b, S. 108 ff].

I: Vorbereitung

Aufgrund der in Unternehmen häufig vorherrschenden Komplexität sollte der Gestaltungs-bereich des BDD am Anfang bewusst eingeschränkt werden. Möglich ist, sich auf ein bestimmtes (Stamm-)Datenobjekt oder auf einen Geschäftsprozess zu konzentrieren. Mög-liche Entscheidungskriterien sind die Bedeutung für das Unternehmen, der erwartete Qua-litätsgewinn oder der aktuelle Leidensdruck.

Für den definierten Gestaltungsbereich sind im Anschluss fachliche Experten zu identifizie-ren, die in den folgenden Aktivitäten als Ansprechpartner zur Verfügung stehen. Das kön-nen Process Owner oder fachliche Data Stewards sein. Wurde im ersten Schritt ein Daten-objekt gewählt, muss für dieses Datenobjekt ermittelt werden, welche Prozesse es verwendet.

II: Bestandsaufnahme

Für die identifizierten Prozesse wird ermittelt, welche Anforderungen an die Datenobjekte, also welchen Informationsbedarf, sie haben. Als Informationsquelle können Interviews mit den Ansprechpartnern dienen oder Prozessdokumentationen. Durch die Analyse von Infor-mationsflüssen oder von Geschäftsdokumenten können die Anforderungen an Datenobjekte am ehesten abgeleitet werden.

Als Ergebnis der Analyse sollte eine Liste mit den identifizierten Geschäftsobjekten erstellt werden. In der Liste sollten auch eventuell auftretende Synonyme erfasst und Verantwort-liche benannt werden. Je nach Umfang der Liste sollten die Geschäftsobjekte für die an-schließende Definition priorisiert werden.

III: Definition

Die nächste Aktivität ermittelt, welche (fachlichen) Metadaten im BDD zu den Geschäfts-objekten erfasst werden sollen. Das Unternehmen kann dazu ein eigenes Metadatenmodell entwerfen oder auf ein bestehendes Referenzmodell zurückgreifen und dieses unterneh-mensspezifisch ausprägen. Ein solches Referenzmodell zeigt Bild 4.10 in Abschnitt 4.6.1.1.

 Beispiel: Business Data Dictionary bei der ETA

> „Die ETA S.A., ein schweizerischer Hersteller für Uhrwerke, entwickelte … ein webbasiertes BDD zur Beschreibung seiner Kerngeschäftsobjekte, insbesondere der Materialien und Artikel. Bild 7.20 zeigt einen Screenshot aus dem BDD mit den Metadatenattributen Name, Gültigkeit, Synonyme, Schlagwörter, Vertraulich-keitsstufe (Data Classification), Owner des Geschäftsobjekttyps (Contact), Defini-tion, Kommentar (Rationale) sowie letzte Änderung. Die Metadatenattribute „De-scriptive Convention" und „Coding Convention" enthalten Geschäftsregeln für die Verwendung und Instanziierung des Geschäftsobjekttyps." [Schm10b, S. 126] ∎

Das Metadatenmodell muss nun in einer BDD-Lösung implementiert werden. Es besteht die Möglichkeit, dass im Unternehmen vorhandene Softwarelösungen, die Funktionalität eines BDD unterstützen, z. B. ein Wiki, ein MDM- oder EAM-System. Oder eine neue Lösung muss angeschafft werden, die den Anforderungen des Unternehmens entspricht (zum Auswahl-prozess siehe Abschnitt 7.4.3).

Ist die Software implementiert, das Metadatenmodell umgesetzt, die Nutzer im System angelegt, mit Berechtigungen ausgestattet und geschult, beginnt die eigentliche Arbeit. Die unternehmensweit einheitliche Definition (Harmonisierung) aller Metadaten zu den Geschäftsobjekten ist die aufwendigste Aktivität. Dazu dienen moderierte Workshops und Gruppeninterviews der verschiedenen Ansprechpartner. Gibt es industriespezifische Glossare, können diese als Unterstützung herangezogen werden.

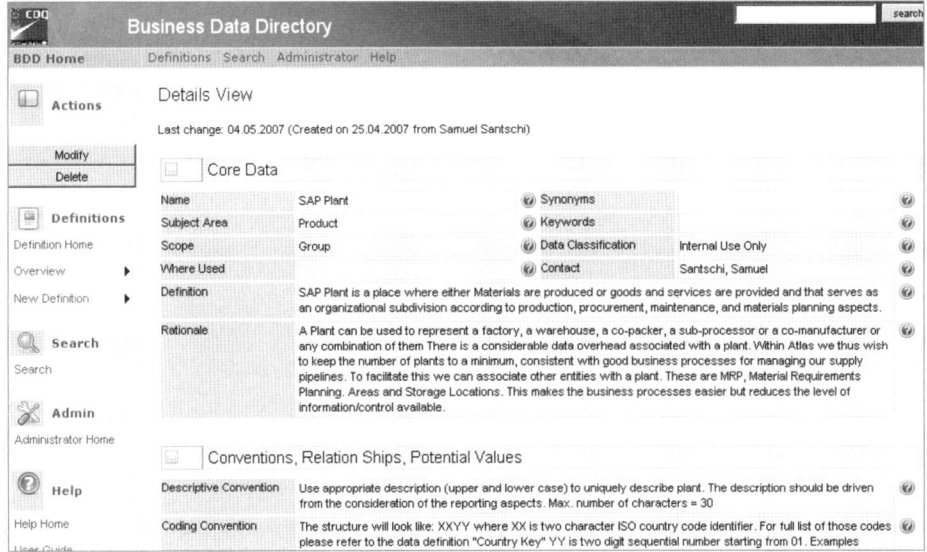

Bild 7.20 Wiki als BDD bei der ETA [Schm10b, S.127]

IV: Metadatenpflege

Da sich die Anforderungen an das BDD laufend ändern, müssen Prozesse zur Anpassung und Pflege des BDDs definiert werden. Änderungen können das Metadatenmodell betreffen, den Umfang der betrachteten Geschäftsobjekte oder Geschäftsprozesse und inhaltliche Anpassungen der fachlichen Metadaten eines Geschäftsobjekts. Für diese Aufgaben sollten Prozesse modelliert und Verantwortlichkeiten festgelegt werden.

Kern der Metadatenmanagement-Prozesse sind sogenannte Change Requests. Durch einen Change Request können Nutzer des BDDs formalisiert Änderungen an den Metadaten der Geschäftsobjekte beantragen. Für Change Requests können je nach Softwarelösung Templates und Workflows bereitgestellt werden. Zusätzlich sollten die verantwortlichen Data Stewards ihre Geschäftsobjekte regelmäßig überprüfen und aktualisieren.

Nutzen und Mehrwert Ein Business Data Dictionary ist immer dann wichtig, wenn unterschiedliche Interessensgruppen auf die gleichen Daten schauen. Dort unterstützt es ein gemeinsames Verständnis über die Daten, was wiederum die Voraussetzung für Diskussionen im Kontext von Datenqualität ist. Ebenso schafft ein BDD Transparenz über die verschiedenen (globalen) Attribute und deren Nutzung. Das BDD vereinfacht die Kommunikation über Fach- oder Geschäftsbereiche hinweg, schafft die Voraussetzung für die semantische Integration von Daten aus mehreren Systemen und fördert die Reduktion von Redundanzen sowie die Erhöhung von Genauigkeit, Integrität und Konsistenz.

Schon die Erstellung des BDD fördert die organisationseinheitsübergreifende Zusammen-arbeit und Harmonisierung der verschiedenen Sichten [Schm10b, S. 107 f]. Fachliche Anfor-derungen an die Daten werden nachvollziehbar formuliert und können in der IT-techni-schen Umsetzung berücksichtigt werden. Damit unterstützt das BDD die Integration der Sichten von Fachbereich und IT. Das BDD unterstützt die Etablierung und Dokumentation von Verantwortlichkeiten für Daten und Metadaten, da die zuständigen Rollen im fachlichen Metadatenkatalog hinterlegt werden.

Rollen und Verantwortlichkeiten Den gesamten Prozess leitet der Konzern Data Steward. Verantwortlich für die Inhalte des Business Data Dictionary sind die fachlichen Data Ste-wards, da sie über die notwendigen fachlichen und prozessbezogenen Kenntnisse verfügen. Fachliche Data Stewards aus unterschiedlichen Fachbereichen müssen einen Konsens über die inhaltliche Definition der Metadaten finden. In Konfliktfällen können die strategischen Data Stewards hinzugezogen werden. Bei der Erstellung des Metadatenmodells unterstüt-zen die technischen Data Stewards. Für die Implementierung des BDD sind Data Custodians zuständig. Weitere unterstützende Rollen werden während der Aktivitäten identifiziert, z. B. Process Owner.

Hilfsmittel Details zu den verwendeten Techniken und Hilfsmittel finden sich bei [Schm10b, S. 127 ff].

7.4.2 Datenqualitäts-Tools

Es gibt verschiedene Möglichkeiten, die Datenqualität mit Unterstützung von Software zu verbessern. Grundsätzlich ist zwischen einer automatisierten und manuellen Optimierung zu unterscheiden. Die manuelle Optimierung von Datensätzen wird in der Regel von den Data Producern selbst vorgenommen. Diese entscheiden dann fallbezogen, wie ein Daten-satz zu optimieren ist. Bei der automatisierten, softwaregestützten Optimierung unterschei-det man zwischen den Optionen Real-Time und Batch.

Bei der **Real-Time-Option** werden die Daten direkt bei oder nach der Eingabe ins MDM-, CRM- oder ERP-System von Datenqualitäts-Software überprüft. Diese Überprüfung passiert im Hintergrund und es wird lediglich das Ergebnis der Überprüfung mit einem Workflow zur Optimierung angeboten. Im Fall der Eingabe einer postalischen Adresse wird die Prü-fung ausgelöst, wenn der Data Producer auf „speichern" klickt. Dann werden die Eingaben gegen hinterlegte Referenzadressen geprüft. Stimmt die Adresse mit den Referenzdaten überein, passiert nichts weiter. Kam es bei der Eingabe zu Fehlern oder Inkonsistenzen (z. B. die Kombination aus Postleitzahl, Straße und Ort passt nicht zusammen), bekommt der Data Producer Hinweise auf den Fehler mit der Option, die Eingabe zu korrigieren.

Ähnliche Möglichkeiten gibt es zur Prüfung der Syntax von E-Mail-Adressen, Bank-Daten (IBAN), Telefonnummern und Ähnliches. In einfachen Fällen entwickelt ein technischer Data Steward einen regulären Ausdruck zur Prüfung der Syntax, in anderen Fällen unter-stützt spezielle Software.

Spannend ist es auch, wenn es um die Vermeidung von doppelten Datensätzen (Dubletten) geht. In der Praxis ist es so, dass die Data Producer schneller einen neuen Datensatz anle-gen als zuerst zu prüfen, ob es diesen oder einen ähnlichen Datensatz bereits im System gibt. Die Folge ist eine hohe Rate an doppelten oder mehrfach angelegten Datensätzen.

Durch einen dedizierten Datenanlage-Prozess mit Workflow-Unterstützung und eingebauten Quality Gates kann das proaktiv verhindert werden (siehe Abschnitt 7.3.4). Es gibt aber auch Software, die an bestehende MDM-, CRM- oder ERP-Systeme angebunden werden kann und die sehr schnell im Hintergrund nach gleichen oder ähnlichen Datensätzen sucht. Die Suche wird automatisch oder manuell ausgelöst und dauert nur einen Bruchteil einer Sekunde. Als Ergebnis der Prüfung wird dem Data Producer eine Liste mit gleichen oder ähnlichen Datensätzen präsentiert. Er kann dann entscheiden, ob ein neuer Datensatz angelegt werden soll oder ob neue Informationen in den bestehenden Datensatz mit aufgenommen werden sollen.

Bei der **Batch**-Option geht es darum, einen Datenbestand nach seiner Entstehung in Hinblick auf Datenqualität zu prüfen und zu optimieren. In diesem Zusammenhang wird oft der Begriff *Data Cleansing* genutzt. Kommt die Batch-Option zum Einsatz, wird der zu prüfende Datenbestand mit den relevanten Datenfeldern aus den datenhaltenden Systemen ausgelesen. Diese Daten werden dann in eine DatenqualitätsSoftware geladen und dort in einer Massenverarbeitung (*batch*) im Hinblick auf verschiedene Aspekte wie z. B. Adressdatenqualität oder Dublettenrate überprüft. Einstellbar ist, ob die Software die Daten nur prüfen oder, falls möglich, auch optimieren soll.

Am Ende der Verarbeitung wird ein Report bereitgestellt, der Aussagen zur qualitativen Beschaffenheit der Daten macht und berichtet, welche Daten wie optimiert wurden. Dabei werden mögliche doppelte oder mehrfache Datensätze markiert, gruppiert und Hinweise auf das Maß der Ähnlichkeit ausgegeben. Es handelt sich nur um Vorschläge zu mehrfachen Datensätzen der Software. Ob sich diese Datensätze auch tatsächlich auf die gleichen realen Personen beziehen, kann die Software nicht entscheiden. Das muss in einer manuellen Aufarbeitung durch die Data Producer geschehen.

 Hinweis: Unterschiedliche Zeichensätze

Eine besondere Herausforderung bei der Überprüfung und Sicherstellung der Adressqualität sind unterschiedliche Zeichensätze. Selbst in Europa gibt es Unterschiede, von asiatischen Schriftzeichen mal ganz abgesehen. Die im Einsatz befindliche Software sollte flexibel genug sein, um unterschiedliche Zeichensätze zu interpretieren und zu verarbeiten und mit Referenzdaten für Adressen zu vergleichen. Gerade international agierende Unternehmen sollten diesen Aspekt bei der Auswahl eines Validierungstools beachten.

Nutzen und Mehrwert Menschen machen Fehler und das ist auch bei der Eingabe und Bearbeitung von Daten in Systeme so. Daher kann geschickt eingesetzte Software zur Vermeidung von Eingabefehlern die Qualität der Daten mittelfristig bis langfristig erheblich steigern. Der Einsatz von Software zur Massenverarbeitung bringt einen schnellen Mehrwert. Denn hier wird der gesamte Datenbestand geprüft und, so es die Möglichkeit gibt, auch bereinigt. Die beste Datenqualitäts-Software kann aber nicht alle möglichen Ursachen schlechter Datenqualität abschalten. Sie sollte immer nur als Ergänzung und Unterstützung zu anderen Maßnahmen gesehen werden.

Rollen und Verantwortlichkeiten Für die Implementierung von Datenqualitäts-Tools sind die technischen Data Stewards und die Data Custodians verantwortlich. Data Producer müssen im Umgang mit den Tools geschult werden und die fachlichen Data Stewards müssen zumindest einen Überblick haben, was genau diese Tools leisten können.

Hilfsmittel Die meisten Datenqualitäts-Tools gibt es für Geschäftspartnerdaten. Das schließt Adressdaten mit ein. Bevor man sich für ein Tool entscheidet, sollte geprüft werden, ob nicht bereits vorhandene MDM-Systeme entsprechende Funktionalitäten anbieten, die gegebenenfalls mit einer Lizenzerweiterung freigeschaltet werden können. Wichtig ist, die genauen Datenqualitäts-Anforderungen an die Daten zu kennen, um die passende Lösung auszuwählen.

7.4.3 Auswahl von Data Governance Tools

Inzwischen gibt es eine Vielzahl von Anbietern und Systemen die ganz unterschiedliche Softwarelösungen für Data Governance im Angebot haben. Um sich einen Überblick am Markt zu verschaffen, bietet sich eine schnelle Suche im Internet oder in bekannten Foren oder auf Seiten von Online Communities an. Beispielhaft seien hier die Data Governance Professionals Organization (*https://dgpo.org*) und Dataversity (*https://www.dataversity.net*) genannt. Über beide Organisationen sowie über soziale Netzwerke werden immer wieder Webinare zu Data-Governance-Themen angeboten, die mit einer Live-Demo den Blick in das jeweilige Tool ermöglichen. Auch bei Datenmanagement-Veranstaltungen treten Anbieter immer wieder als Sponsoren auf und an Messeständen kann man sich über die aktuellen Lösungen informieren.

Da die in diesem Buch beschriebenen praktischen Hilfsmittel ab einer gewissen Komplexität an ihre Grenzen kommen und der Business Case für die Anschaffung einer Softwarelösung positiv ausfällt, ist es sinnvoll, sich mit der Tool-Frage zu beschäftigen. Ganz grundsätzlich hilft eine strukturierte Vorgehensweise bei der Auswahl des Tools die spätere Akzeptanz bei der Einführung und Nutzung zu maximieren. Über die folgenden Themen sollte zunächst Klarheit geschaffen werden:

- Welcher Bereich von Data Governance soll wie unterstützt werden (z. B. Messung von Datenqualität, Data Dictionary etc.)
- Wer sind die späteren Anwender der Software (Rollen, Bereiche)?
- Welche Anforderungen haben die späteren Anwender (Anforderungsmanagement)?
- Welchen Mehrwert gegenüber der aktuellen Lösung soll die Software bieten?

Neben diesen grundsätzlichen Fragestellungen spielen auch technische Themen, die Implementierung und natürlich das Preismodell eine Rolle:

- Wie sieht die Architektur der Lösung aus und lässt sie sich in die bestehende Systemlandschaft integrieren?
- Soll es eine Managed-Service-Lösung sein oder eher eine On-Premises-Lösung?
- Wie lange dauert eine Implementierung und wie aufwendig ist diese (Dauer, Bindung eigener Ressourcen)?
- Gibt es Möglichkeiten der Erweiterung oder Reduzierung des Leistungsumfangs (Anzahl Nutzer, Performance, Datenspeicher etc.)?
- Wie sieht das Kostenmodell aus?

Natürlich muss auch über ein konkretes Nutzungskonzept im Vorfeld nachgedacht werden:

- Kann das bestehende Data-Governance-Rollenmodell übernommen werden und müssen die Rollen gegebenenfalls angepasst werden (z. B. Erweiterung des Aufgaben- und Verantwortungsbereichs)?
- Wie viel Zeit werden die verschiedenen Rollen in der täglichen Arbeit mit dem Tool verbringen und werden diese Zeiten an anderen Stellen durch eine höhere Effizienz eingespart?
- Wie könnte ein Schulungskonzept für neue Mitarbeiter aussehen?

Schaut man sich die verschiedenen Lösungen an und möchte diese auf die oben genannten Fragestellungen hin überprüfen und dann miteinander vergleichen, macht man das am einfachsten in einer tabellarischen Darstellung. Diese Tabelle kann sehr einfach gehalten werden und für eine Bewertung der verschiedenen Funktionalitäten können zusätzlich noch Angaben zur Priorität gemacht werden. Tabelle 7.6 zeigt exemplarisch den Aufbau einer solchen Tabelle (auch Vergleichstabelle oder Nutzwertanalyse, vgl. [KeMS13, S. 135, Schu17, S. 147 ff]).

Tabelle 7.6 Exemplarische Vergleichstabelle zur Auswahl von Data Governance Tools

	Priorität	Anbieter 1	Anbieter 2	Anbieter 3
Browser-basierte Oberfläche	Sehr wichtig	Ja	Ja	Nein
Auf mobilen Endgeräten verfügbar	Unwichtig	Ja	Nein	Ja
Importfunktion für bestehende Daten	Sehr wichtig	Ja, aber nur sehr begrenzte Zahl von Schnittstellen	Nein	Ja, über Importer, muss extra lizensiert werden
Als Managed Service verfügbar	Sehr wichtig	Ja	Nein	Aktuell noch nicht, ab nächstem Jahr
Oberfläche anpassbar	Wichtig	Ja	Ja	Ja
Reporting verfügbar	Wichtig	Anzahl Einträge, Anzahl Nutzer	Anzahl Einträge, Anzahl Nutzer, Benchmarking über die Zeit	Nein
Schnittstellen zu anderen Applikationen	Sehr wichtig	Ja, individuell konfigurierbar	Ja, aber nur für einzelne Applikationen	Ja
Referenzkunden bekannt	Sehr wichtig	Ja, siehe Website des Anbieters	Nein	Ja, Ansprechpartner zur Verfügung gestellt
Geschätzte Implementierungsdauer		2 Wochen	6 Wochen	Ja, nach Phase und Ausbaustufe 3 – 9 Wochen
Kostenmodell		Kauf oder Miete	Miete	Kauf

Die Tabelle hat keinen Anspruch auf Vollständigkeit, doch vermittelt sie einen guten Überblick über das Angebot der verschiedenen Anbieter. Bei der Auswahl des Anbieters bzw. der Lösung kann nach jeder anderen, bereits im Unternehmen etablierten Methode vorgegangen werden. Da es sich bei Data Governance um eine Unternehmensaufgabe handelt, ist es wichtig, die Anforderungen aller Bereiche im Vorfeld aufzunehmen und so weit wie möglich zu berücksichtigen. Nichts ist ärgerlicher als in eine Softwarelösung investiert zu haben, die später schlecht oder nicht genutzt wird, da sie wichtige Anforderungen nicht erfüllt.

Stellt sich noch die Frage, für welche Herausforderungen und ab wann eine Softwarelösung oder -Unterstützung sinnvoll ist. Je komplexer die System- und damit die Datenlandschaft ist, desto schwieriger wird es, über statische Lösungen, die keinen kollaborativen Ansatz oder Automatismus haben, die Anforderungen einer Data-Governance-Organisation abzudecken. Begibt man sich auf die Suche nach entsprechenden Lösungen wird man zu folgenden Themen schnell fündig:

- **Data Dictionary:** Die meisten Anbieter bieten eine browser-basierte Lösung an, sodass sich die Lösung ins Intranet einbinden lässt und über eine einheitliche Nutzerverwaltung schnell den Mitarbeitern zur Verfügung gestellt werden kann. Viele der Lösungen bieten auch die Möglichkeit eines kollaborativen Ansatzes, d. h. die verschiedenen Begriffe werden mit einem „Mehr-Augen-Prinzip" definiert und freigegeben. Viele Lösungen bieten auch direkte Schnittstellen zu den gängigen MDM-Applikationen an und ziehen sich dann für jedes Attribut die vorhandenen Metadaten, sodass man nicht selbst mit der Befüllung des Tools beginnen muss.

- **Datenqualitäts-Dashboards:** Sind bereits Stammdatenmanagement-Lösungen im Einsatz, bieten diese oft die Möglichkeit, die Datenqualität im System in einem Dashboard darzustellen. Zu prüfen wäre, ob die Darstellung bzw. die Messungen flexibel genug sind und die DQ-Regeln abbilden, die man prüfen möchte. Ist das nicht der Fall, gibt es unterschiedliche Möglichkeiten, an ein Datenqualitäts-Dashboard zu kommen. Einige Anbieter bieten komplette Lösungen an, die über den Abzug der Daten, eine Rules Engine bis hin zu einem Dashboard gehen. Andere bieten nur Lösungen für einen Teil der Funktionalität an.

- **Datenqualitäts-Tools:** In vielen Datenmanagement-Tools sind Datenqualitäts-Tools bereits integriert oder zumindest werden Schnittstellen zu den Tools der gängigsten Anbieter angeboten. Das trifft vor allem auf Geschäftspartnerdaten zu. Grundsätzlich ist zu überlegen, welche Daten systemgestützt optimiert werden sollen und wie die konkreten Anforderungen aussehen. Dementsprechend können auch die passenden Datenqualitäts-Tools ausgesucht und implementiert werden.

Nutzen und Mehrwert Bei steigender Komplexität und Unternehmensgröße kommen einfache Data-Governance-Hilfsmittel, wie sie in diesem Buch beschrieben werden, an ihre Grenzen. Zum einen wird die Zahl derer, die sich aktiv an Data-Governance-Aktivitäten beteiligen, steigen und der Bedarf an kollaborativen Lösungen zunehmen. Zum anderen können große Mengen an Informationen manuell nicht mehr abgebildet werden. Auch die Wartung der zusammengetragenen Informationen, im Fall von Ergänzungen und Veränderungen, wird ohne die Unterstützung geeigneter Softwarelösungen mehr Zeit kosten als am Ende durch die Informationen eingespart wird.

Rollen und Verantwortlichkeiten Für die Entscheidung, ob und welche Softwarelösung zum Einsatz kommen soll, sind die Mitglieder der Datenmanagement-Organisation verantwortlich. Sie haben den besten Überblick über die Anforderungen der verschiedenen Bereiche. Gerade die fachlichen Data Stewards stehen in engem Kontakt mit den Anwendern und Data Producern und sollten ein gutes Verständnis für deren Bedürfnisse haben. Sie werden später am ehesten die Nutzer dieser Tools sein.

Hilfsmittel Für die Anforderungsanalyse bieten sich sämtliche Hilfsmittel an, die im Unternehmen auch für die Anschaffung anderer Softwarelösungen genutzt werden. Hilfreich ist ein Bewertungskatalog, der mithilfe der oben genannten Leitfragen erstellt werden kann. Für die vergleichende Bewertung kann eine Tabelle zu Hilfe genommen werden. Auch ein Proof of Concept, also der probeweise Einsatz der Lösung für ein abgegrenztes Themenfeld und einen begrenzten Zeitraum ist empfehlenswert, um die Lösung unter realen Bedingungen im eigenen Unternehmen kennenzulernen.

8 Anwendungsszenarien von Data Governance

Das Kapitel beschreibt anhand von drei ausgewählten Szenarien die praktische Umsetzung und Anwendung von Data-Governance-Methoden und -Tools.

■ 8.1 Etablierung von Quality Gates in der Stammdatenproduktion

In einem Produktionsunternehmen sollte das Management von Stammdaten durch gezielte Data-Governance-Aktivitäten nachhaltig, effizient und transparent werden. Das Unternehmen produziert Industrieteile für die Energiebranche und Bauteile für die Stromversorgung privater Endverbraucher. Der effiziente Umgang mit Produktstammdaten stellt für das Unternehmen einen Wettbewerbsvorteil dar. Je schneller ein Produkt dem Markt zur Verfügung steht und über verschiedene Kanäle präsentiert wird und je besser und schneller die Kunden erkennen, dass die angebotenen Produkte ihre jeweiligen Anforderungen erfüllen, desto schneller und häufiger kommt es zum Verkaufsabschluss und damit zu einer Umsatzsteigerung. Somit spielt die Zeit, die interne Prozesse zur Aufbereitung der Produktstammdaten benötigen, eine entscheidende Rolle. Eine weitere Herausforderung im Produktstammdatenmanagement stellt die Vielfalt an Produkten und Lösungen dar, die das Unternehmen für verschiedene Branchen und Anforderungsszenarien zur Verfügung stellt. Da einzelne Produkte Bestandteil unterschiedlicher Lösungen sein können, ist auch hier die passgenaue Präsentation und Beschreibung mithilfe von Produktstammdaten notwendig. Damit die Umsetzung dieser Anforderungen an die Produktstammdaten nachhaltig und erfolgreich ist, sollte ein Datenqualitätsmanagement (DQM) initiiert werden und damit ein Faktor für den Unternehmenserfolg sein.

Das Datenqualitätsmanagement wurde durch die Neudefinition der wichtigsten Stammdatenprozesse initiiert. Ebenso wurde durch die Etablierung von Quality Gates in den Produktionsprozessen der Produktstammdaten ein weiterer Schritt zur Umsetzung eines DQMs gegangen. Durch die Quality Gates sollen die Prozesse effizienter und die Produktstammdaten qualitativ hochwertig werden.

Produktstammdaten erfordern eine besondere Aufmerksamkeit bei Data-Governance-Aktivitäten im Bereich der Prozesse und der Datenqualität. Grund dafür ist, dass Produktstammdaten in der Regel physische Produkte beschreiben und je genauer und realitätsabbildend die Daten sind, desto besser können die Produkte über verschiedene Kanäle den Verbrauchern bzw. den Märkten zur Verfügung gestellt werden. Dabei geht es nicht nur um Attribute, die diese Produkte beschreiben, sondern auch um Mediendaten wie beispielsweise Abbildungen, Bedienungsanleitungen, Videos und andere hilfreiche Hinweise für die Nutzer der Produkte. Diese Produktstammdaten müssen der Supply Chain zur Verfügung stehen, dem Online Shop, verschiedenen markenunabhängigen Marktplätzen, dem eigenen Vertrieb und Marketing sowie den internen Bereichen, die aus verschiedenen Produkten branchenindividuelle Lösungen zusammenstellen.

Das nachhaltige und effiziente Management der Produktstammdaten des Unternehmens besteht aus den Komponenten Product Information Management System, einheitliche Datenproduktions-Prozesse, Quality Gates und Definition of Done.

Product Information Management System

Circa 30 000 Produktstammdaten in 20 Sprachen werden in einem zentralen PIM-System gehalten. Die Daten kommen teilweise aus Vorsystemen (ERP-Systeme). Zum größten Teil werden die Informationen zu Beschreibungen, Abmessungen und Abbildungen von technischen Redakteuren in manuellen Datenproduktions-Prozessen erfasst. Diese Produkt-Publikationsdaten werden aus dem PIM-System ca. 10 Distributionskanälen zur Verfügung gestellt. Kanäle sind zum einen der eigene Online Shop, als auch die Produktion von eigenen Produktkatalogen, Informationen für Zertifizierungsstellen, diverse Online-Marktplätze, Datenexporte für Großhändler und einige andere Kanäle. Jeder Kanal hat seine eigenen Anforderungen an die Qualität der Daten, die alle berücksichtigt werden.

Einheitliche Datenproduktions-Prozesse

Im Rahmen eines Projekts wurden einheitliche Prozesse zur Datenproduktion im PIM-System definiert. Ziel war es, durch eine grundsätzlich einheitliche Vorgehensweise bei der Erfassung und Pflege der Produktstammdaten, die Qualität dieser Daten zu verbessern und zu verstetigen. Im Prozess müssen verschiedene beteiligte Parteien berücksichtigt werden, wie z. B. Vertrieb, Marketing und Asset Management. Dazu kommt eine iterative Vorgehensweise bei der Freigabe der Produktdaten durch das Produktmanagement. Die Komplexität in der Datenproduktion wird auch dadurch erhöht, dass die Produkte verschiedenen Kategorien zugeordnet werden, z. B. Verbindungstechnik, Automatisierungstechnik, Zubehör und Software.

Bei der Definition der Prozesse wurde zunächst die aktuelle Vorgehensweise beleuchtet. Optimierungspotenziale bei bestehenden Prozessen, Wünsche durch Unterstützung von Workflows im PIM-System und Anpassungen an der Nutzeroberfläche wurden aufgenommen. Im nächsten Schritt wurden einheitliche Prozesse für alle Produktkategorien mithilfe von kleinen selbstklebenden Zetteln auf Metaplan-Wänden dargestellt und deren Durchführbarkeit diskutiert. Dabei wurden Schnittstellen zu anderen Bereichen und Abteilungen wie z. B. Vertrieb, Marketing, Asset Management und Produktmanagement betrachtet und mit aufgenommen. Die so entstandenen Datenproduktions-Prozesse wurden im Nachgang in BPMN-2.0-Notation digitalisiert und nochmals diskutiert und bei Bedarf angepasst.

Zusätzlich ist zu jedem Prozess ein Metadaten-Blatt entstanden. Das Metadaten-Blatt enthält verschiedene Zusatzinformationen:

- Eine RACI-Matrix
- Details zu den Checklisten
- Offene Punkte, deren Klärung noch aussteht

In der **RACI-Matrix** ist der Prozess in verschiedene Prozessschritte unterteilt. Alle beteiligten Rollen sind aufgeführt und die entsprechenden Buchstaben für ihren Verantwortungsbereich zugeordnet. **Checklisten**, als Teil der Quality Gates, enthalten konkrete Hinweise auf benötigte Informationen für den Prozess, und zwar bis auf Ebene der Datenobjekte und Attribute. Die **Liste der offenen Punkte** enthält alle Fragestellungen, die zum Zeitpunkt der Prozessdefinition nicht geklärt werden konnten.

Somit sind die Prozesse nicht nur grafisch dargestellt, sondern zusätzlich mit relevanten Metainformationen angereichert. Sämtliche Dokumente sind im Intranet verfügbar und geben jedem Prozessbeteiligten einen guten Überblick über den Zweck des Prozesses, die Arbeitsschritte, die beteiligten Rollen und deren Verantwortungsbereiche sowie Hinweise auf die erwartete Datenqualität in Form der Checklisten.

Quality Gates

In den definierten Datenproduktions-Prozessen wurden Quality Gates etabliert. An den wesentlichen Prozessschritten wird mithilfe von Checklisten überprüft, ob die notwendigen Informationen für den nächsten Prozessschritt vollständig sind und in der geforderten Ausprägung vorliegen. Das können z. B. Informationen zur Kategorisierung der Produkte sein oder Hinweise, ob die Produkte später ein Sicherheitszertifikat erhalten sollen. Die Checklisten beschreiben sehr detailliert und für jede Produktkategorie individuell, welche Informationen in welchem Prozessschritt vorliegen müssen, z. B. Datenlieferungen aus Vorsystemen oder Informationen vom Produktmanagement. Die technischen Redakteure prüfen, ob die Informationen vorliegen und in ausreichender Qualität verfügbar sind. Falls nicht, werden die Informationslieferanten aufgefordert nachzubessern. Erst wenn alle benötigten Daten zur Verfügung stehen, wird das Quality Gate passiert und der Datenproduktions-Prozess fortgesetzt.

Diese iterative Vorgehensweise ist in Form von Feedback-Schleifen in den Prozessen abgebildet. Durch die Quality Gates wissen alle Prozessbeteiligten und alle Informationslieferanten, welche Informationen wann vorliegen müssen. Es wird Awareness dafür geschaffen, dass es beim Fehlen von Informationen oder bei schlechter Qualität zu Unterbrechungen des Prozesses kommt. Eine Unterbrechung wirkt sich direkt auf den Zeitpunkt der Bereitstellung der Daten für die unterschiedlichen Distributionskanäle aus. Zudem ist bekannt, in welchem Pflegezustand sich (zumindest die neuangelegten) Produkte befinden, d.h. wie hoch der Grad der gefüllten Attribute ist, wie aktuell die Informationen sind oder ob ein Produkt ein Quality Gate nicht passiert hat.

Definition of Done für Produktstammdaten

Eine „Definition of Done" (zu Deutsch: „Definition von Fertig") wurde für eine abgeschlossene Anlage oder Pflege von Produktstammdaten als Voraussetzung für die Produktfreigabe etabliert. Das ist sinnvoll, da die Pflege der Produktstammdaten den technischen Redakteuren obliegt, das Produkt und seine Daten aber von den Produktmanagern freigegeben werden muss. Die Freigabe der Produktdaten ist die Voraussetzung für die Weiterleitung der Daten in die Distributionskanäle. Da die Produktmanager sehr viele Produkte und deren Datensätze betreuen, ist die Definition of Done der Produktstammdaten ein gemeinsames Commitment der technischen Redakteure und der Produktmanager. Es besagt, dass die Produktstammdaten alle während des Pflegeprozesses definierten Quality Gates erfolgreich passiert haben, somit den Vorgaben entsprechend in ihrer Qualität hochwertig sind und freigegeben werden können. In besonderen Fällen wird die Definition of Done eingeschränkt und mit entsprechenden Hinweisen, die für die Freigabe relevant sind, ergänzt. In diesem Fall wird der Produktmanager über eine eingeschränkte Definition of Done informiert. Dieser Freigabeprozess wird wiederum im PIM-System mittels Workflows umgesetzt, sodass es hier nicht zu Medienbrüchen kommt.

Zusammenfassung und Ausblick

Mithilfe der vier Komponenten sind wesentliche Voraussetzungen für ein nachhaltiges Produktstammdatenmanagement erfüllt. Mithilfe der Checklisten der Quality Gates kann gemessen werden, in welchem qualitativen Zustand sich die Daten befinden. Stellen sich produktübergreifende Mängel bei der Datenqualität heraus, kann bei den Prozessen mit den verschiedenen Quality Gates übergreifend nach Optimierungsmöglichkeiten gesucht werden.

Nachdem eine grundlegende Datenqualität bei der Neuanlage und der Pflege von Produktstammdaten durch einheitliche Prozesse mit Quality Gates und der Definition of Done für Produktstammdaten sichergestellt ist, gilt es nun, die Qualität der Produktstammdaten zu analysieren und zu optimieren, die bisher nicht bearbeitet und aktualisiert wurden. Dazu werden Datenqualitäts-Metriken definiert, die jedoch weitergehen als die in den Checklisten der Quality Gates. Ziel ist, die Qualität der Daten regelmäßig zu messen und zu bewerten. Im Sinne einer nachhaltigen Etablierung eines DQM werden dabei auch die Anforderungen der unterschiedlichen Stakeholder an die Produktstammdaten aufgenommen und berücksichtigt. Durch einheitliche Datenproduktions-Prozesse in Kombination mit qualitätssichernden Maßnahmen können diese Daten schnell anderen (externen) Stakeholdern zur Verfügung gestellt werden. Somit werden die Produktstammdaten immer mehr zu einem hochwertigen Unternehmensgut.

■ 8.2 Die DSGVO als Treiber für ein Rollen- und Berechtigungskonzept

Seit Mai 2018 ist die europäische Datenschutzgrundverordnung (DSGVO) in Kraft. Sie hat zum Ziel, den Schutz personenbezogener Daten innerhalb Europas sicherzustellen und den freien Datenverkehr innerhalb der EU zu gewährleisten. Im Zusammenspiel mit dem Bundesdatenschutzgesetz (BDSG) und den jeweiligen Landesdatenschutzgesetzen ist in Deutschland juristisch geregelt, wie mit personenbezogenen Daten umzugehen ist. Das BDSG konkretisiert dabei an manchen Stellen die Sachverhalte der DSGVO.

In Bezug auf die Verarbeitung von personenbezogenen Daten gilt ein „Verbot mit Erlaubnis-vorbehalt". Das heißt, die Verarbeitung von personenbezogenen Daten ist nur dann erlaubt, wenn die Verarbeitung rechtmäßig ist. Artikel 6 Abs. 1 lit a bis e DSGVO nennt die entspre-chenden Bedingungen. Zudem regelt die DSGVO, dass konkrete technische und organisa-torische Maßnahmen (TOMs) zu ergreifen sind, um den Schutz der Daten während der Verarbeitung sicherzustellen. Diese TOMs haben generischen Charakter, müssen also auf die jeweiligen Bedingungen der Verarbeitung angepasst werden. Zur Sicherheit der Verar-beitung personenbezogener Daten gibt Art. 32 DSGVO Auskunft. Die Verantwortlichen müs-sen geeignete technische und organisatorische Maßnahmen treffen, um die personenbe-zogenen Daten angemessen zu schützen. Zu den angemessenen Schutzmaßnahmen gehört auch ein Rollen- und Berechtigungskonzept.

Die Erstellung eines Rollen- und Berechtigungskonzepts ist auch Bestandteil von Data Governance. Wie in den Abschnitten 4.5.2 und 5 beschrieben, sind klar geregelte Zustän-digkeiten und Verantwortlichkeiten für die Daten eine wichtige Komponente des nachhalti-gen Datenmanagements. Die DSGVO geht noch einen Schritt weiter. Wer personenbezogene Daten verarbeitet und auf Nachfrage der Datenschützer kein Rollen- und Berechtigungskon-zept vorlegen kann, läuft Gefahr mit empfindlichen Bußgeldern konfrontiert zu werden (Art. 83 Abs. 4 und Abs. 5 DSGVO). Und tatsächlich wurden für fehlende oder mangelhafte Berechtigungskonzepte bereits Bußgelder verhängt [Lis19].

Das Anwendungsszenario beschreibt die Konzeptionierung eines neuen digitalen Service für das Antragswesen für Bürger im öffentlichen Sektor. In dem Bürgerdienst werden per-sonenbezogene Daten verarbeitet, wie z. B. die Namen der antragstellenden Personen und weitere Identifizierungsmerkmale wie die Adresse oder das Geburtsdatum. Die DSGVO kommt also zur Anwendung. Im Rahmen dieser Konzeptionierung ist somit auch die Gestal-tung eines Rollen- und Berechtigungskonzepts notwendig.

Im Konzept wurden folgende Fragestellungen adressiert:

- Bei welchen Prozessen werden personenbezogene Daten verarbeitet (inklusive Löschung)?
- Wer, also welche Rolle, verarbeitet die personenbezogenen Daten?
- Welche Berechtigungen braucht diese Rolle, um personenbezogene Daten zu verarbeiten?
- In welchen Systemen werden personenbezogene Daten verarbeitet (inklusive Protokoll-daten)?

Der Fokus des Anwendungsszenarios liegt auf der Beantwortung der zweiten und dritten Frage.

Rollen

Eine Rolle beschreibt die konkreten Aufgaben und Verantwortlichkeiten in Bezug auf den Umgang mit personenbezogenen Daten. Die bekannteste Rolle dürfte die des Datenschutz-beauftragten sein. Der Datenschutzbeauftragte hat allerdings selten Zugriff auf personenbe-zogene Daten. Seine Rolle ist eher, zu beraten und sicherzustellen, dass die Verarbeitung der personenbezogenen Daten rechtskonform abläuft.

Im Beispiel des Bürgerservice haben zunächst die Sachbearbeiter in den Behörden Zugriff auf die Daten der Bürger. Aber auch Mitarbeiter, die Support-Aufgaben im Fall einer Stö-rung an der Software aufnehmen und beheben, haben u. U. Zugriff. Um die Störung nach-vollziehen zu können, kann ein Blick in systemseitig erstellte Protokolldaten hilfreich sein, die durchaus personenbezogene Daten enthalten können. Und nicht immer sind die Kollegen, die Protokolldaten auswerten, auch die, die sie bereitstellen. Auch System-Administratoren, die für die Sicherung der Daten zuständig sind und diese unter Umständen in einem Recovery-Szenario wieder in die Systeme einspielen müssen, greifen dabei auf personenbezogene Daten zu. Wieder andere Kollegen sind für die Datenlöschung zuständig. Letztendlich sind es immer mehr als zwei oder drei Rollen, die auf die eine oder andere Art an der Verarbeitung von personenbezogenen Daten beteiligt sind.

Herausforderung war, genau diese Rollen zu identifizieren und zu beschreiben. Zwei Möglichkeiten sind denkbar. Zum einen über die Betrachtung der Prozesse und Applikationen, die die Verarbeitung der personenbezogenen Daten im Fokus haben. Dabei können folgende Leitfragen unterstützen:

- Welche Daten werden verarbeitet (Protokolldaten, primäre personenbezogene Daten)?
- Wer stellt die Daten bereit?
- Wer verarbeitet die Daten (im Sinne des betrachteten Prozesses)?
- Wo, in welchem System werden die Daten verarbeitet?
- Was passiert mit den Verarbeitungsergebnissen?
- Wer ist für Löschung, Anonymisierung, Pseudonymisierung oder Archivierung der Daten zuständig?

Bei den Prozessen sollten nicht nur die Prozesse der Sachbearbeitung der Behörden betrachtet werden, sondern auch Betriebsprozesse und Prozesse, die die Rechte der Betroffenen beschreiben. Das ist z. B. das Auskunftsrecht der betroffenen Personen (Art. 15 DSGVO). Hier geht es darum, der betroffenen Person Auskunft zu geben, ob personenbezogene Daten verarbeitet werden, zu welchem Zweck, in welchen Prozessen und für welche Dauer. Das schließt auch mit ein, in welchen Systemen die personenbezogenen Daten gehalten werden. Konkret muss also festgelegt werden, wer wie die Informationen vollständig und zeitnah zusammenträgt und sie der betroffenen Person übermittelt. Ein anderes Recht, welches die Definition von Prozessen erfordert, ist das Recht auf Berichtigung (Art. 16 DSGVO). Es muss intern geregelt werden, welche Rolle in welchen Systemen Zugriff auf die Daten hat und diese bei Bedarf auch ändern kann. Weitere Rechte der betroffenen Personen sind in Art. 13 – 21 DSGVO beschrieben.

Die zweite Möglichkeit, die Rollen zu identifizieren, ist die Betrachtung der Datenarten, die verarbeitet werden sollen. Dazu gehören in fast jedem Fall die Daten, die den Bürger an sich in einem Antrag identifizieren. Da es sich um einen digitalen Bürgerservice handelt, sind das zumindest Daten, die den Bürger eindeutig identifizieren. Dann sind es Protokolldaten, die entstehen, wenn es zu Fehlern in der Software oder bei der Bedienung kommt. Und es sind Daten in den Datenbanken, die gesichert (backup) und wieder eingespielt (restore) werden. Im Fall, dass verschiedene Systeme, die personenbezogene Daten verarbeiten, miteinander über Schnittstellen integriert sind, sind auch diese Systeme zu betrachten.

Diese zweite Variante ist deutlich komplexer als die erste Variante – der Weg über die Prozesse. Das liegt daran, dass neue Systeme und Services immer dann bereitgestellt werden, wenn konkrete Prozesse mit ihrer Unterstützung umgesetzt werden sollen. Der Fokus ist also klar. Bei der Betrachtung der Datenarten (und der Systeme) verliert man eher den Fokus und läuft Gefahr, einige Prozesse und damit gegebenenfalls relevante Rollen zu vergessen oder zu übersehen. Im umgekehrten Fall ist es auch einfacher einer identifizierten Rolle die Datenarten zuzuordnen. Daher hat man sich für die erste Variante entschieden.

Um die so identifizierten Rollen im Zusammenspiel mit den Prozessen und den Datenarten zu dokumentieren, kann man sich eines einfachen Formulars bedienen (siehe Bild 8.1). In dem konstruierten Beispiel ist die Rolle des Sachbearbeiters dem Team der Abfallentsorgung zugeordnet. Die Aufgaben und Verantwortlichkeiten der Rolle, die sich um die Belange der Abfallentsorgung kümmert, sind aufgeführt, das könnte z. B. die Beantwortung von individuellen Sperrmüllfuhren und deren Koordination sein. Diese Aufgaben werden den Prozessen zugeordnet, z. B. „Koordination der Sperrmüllfuhren". Die Verantwortung der Rolle wird mit einem „R" für verantwortlich (responsible) gekennzeichnet (siehe RACI-Matrix, Abschnitt 7.3.5). Die Inhaber dieser Rolle brauchen Zugriff auf die entsprechenden Applikationen, um die Prozesse durchzuführen, z. B. das Buchungssystem des Amtes, welches für die Entsorgung von Haus- und Sperrmüll zuständig ist.

Name der Rolle	**Sachbearbeitende Person**		
Organisation/Abteilung	*Zuständiges Amt für die Entsorgung von Haus- und Sperrmüll*		

Aufgaben, Verantwortlichkeiten und Prozesse

Aufgaben und Verantwortlichkeiten	• *Koordination und Organisation von Sperrmüllfahrten*
	  ▪ *Regeltermine*
	  ▪ *Individuelle Termine*
	 • *Bearbeitung von Anträgen zu Müllbehältern*
	  ▪ *Ersatz bei Beschädigung*
	  ▪ *Bearbeitung von Neuanträgen*		

In Prozesse involviert	*Organisation der Sperrmüllfahrten*	☐ R (responsible) ☐ A (accountable)	☐ C (consulted) ☐ I (informed)
	Ersatz von Müllbehältern	☒ R (responsible) ☐ A (accountable)	☐ C (consulted) ☐ I (informed)

Berechtigungen und Zugriffe

Zugriff Systeme	*Antragsbearbeitungssystem*	☒ lesend ☒ schreibend	☐ ausführend
	Mitarbeiterplanungssystem	☒ lesend ☒ schreibend	☐ ausführend
Zugriff Dokumente	*Handbücher Software*	☒ lesend ☐ schreibend	☐ löschend
Zugriff Daten	*Personenbezogene Daten in digitalen Anträgen und antragsspezifische Daten*	☒ lesend ☐ schreibend	☐ ändernd ☐ löschend

Bild 8.1 Beispielhafte Beschreibung der Rolle der sachbearbeitenden Personen mit Hinweisen auf Prozessbeteiligungen und Berechtigungen (eigene Darstellung)

Authentifizierung und Berechtigungen

Über Berechtigungen wird gesteuert, welche Rolle unter welchen Umständen und in Abhängigkeiten der Aufgaben und Verantwortlichkeiten Zugriff auf personenbezogene Daten hat bzw. an deren Verarbeitung beteiligt ist. Durch ein Berechtigungskonzept wird vermieden, dass unbefugte Personen Zugriff auf personenbezogene Daten bekommen und sichergestellt, dass die Verarbeitung ausschließlich zu dem zuvor definierten Zweck erfolgt. Zudem wird der Zugriff auf die Daten über Sicherheitsmechanismen zur Authentifizierung wie Benutzername und Passwort geregelt.

Berechtigungen können auf verschiedenen Ebenen vergeben werden:

- Systeme:
  - Zugriff auf Nutzerebene
  - Zugriff auf Administratorenebene
    - Stoppen und starten eines Dienstes oder der gesamten Applikation
  - Zugriff auf Datenbanken und dort Möglichkeiten der Datenabfrage
    - Zugriff auf Code
    - Schreiben von Code
    - Löschen/Verändern von Code
- Daten inklusive Protokolldaten:
  - Lesender Zugriff inklusive Auswertungen
  - Schreibender/ändernder Zugriff
  - Löschender Zugriff
- Dokumentationen wie Handbücher, Ticketsysteme etc.
  - Lesender Zugriff
  - Schreibender Zugriff
  - Verändernder und löschender Zugriff

Die Berechtigungen müssen für jede Rolle individuell festgelegt werden. Gerade bei den Berechtigungen können die in Abschnitt 7.3.3.1 vorgestellten morphologischen Kästen hilfreich sein. Das ist der Fall, wenn Berechtigungen als weitere Merkmalsklasse einer Rolle ergänzt werden und deren unterschiedliche Ausprägungen beschrieben werden.

Die Berechtigungen müssen pro System oder Dienst definiert werden. Zusätzlich können sie, wie in Bild 8.1 dargestellt, mit in das Rollenformular aufgenommen werden. Sind alle Rollen mit ihren Berechtigungen definiert, können die Formulare auch als Hilfsmittel für die Umsetzung von Rechte-Strukturen in einer Applikation dienen. Die Berechtigungen der fachlichen Rollen werden dann in applikationsindividuelle Rechte der technischen Rollen umgesetzt. Ein schönes Beispiel dafür, wie sich organisatorische Data-Governance-Regelungen auf die technische Implementierung auswirken.

Nach der Erstellung des Rollen- und Berechtigungskonzepts sollte dieses in regelmäßigen Abständen überprüft werden. Die Überprüfung bezieht sämtliche Aspekte mit ein, so auch die Prozesse, an denen die jeweilige Rolle beteiligt ist.

Fazit

Der große Vorteil eines Rollen- und Berechtigungskonzepts liegt auf der Hand. Es adressiert einen grundlegenden Aspekt von Data Governance, nämlich die Transparenz, und setzt Vorgaben der DSGVO um. Das Konzept unterstützt die allgemeine Transparenz über die Zuständigkeiten in Bezug auf personenbezogene Daten und stellt somit sicher, dass mit personenbezogenen Daten rechtskonform umgegangen wird.

Durch das Formular zur Rollenbeschreibung ist auf einen Blick erkennbar, welchen Titel die Rolle hat, welcher Abteilung oder welchem Bereich sie zugeordnet ist, welche Aufgaben sie im Kontext des Bürgerservices (oder jedes anderen Service) wahrnimmt, bei welchen Prozessen sie involviert ist und mit welchen Datenarten und Systemen sie in Kontakt kommt. Das Formular hilft bei der Überführung organisatorischer Festlegungen in eine technische Umsetzung.

Ausreichend ist das Konzept allein nicht. Zusätzlich sollten alle identifizierten Rollen Datenschutzschulungen bekommen und sich der Relevanz des rechtskonformen Umgangs mit den Daten bewusst sein.

8.3 Einführung einer DQ-Scorecard im Marketingbereich

Bei einem international agierenden Hersteller für Haushaltselektronik sollten in allen Länderniederlassungen ähnliche, von zentraler Stelle aus gesteuerte Marketing-Kampagnen gestartet werden. Herausforderung war, dass keine Informationen zur Qualität der Kundenstammdaten vorlagen. Das heißt, es war nicht bekannt, ob Briefpost oder E-Mails mit Inhalten zu Werbezwecken überhaupt den Empfänger erreichen oder ob der Empfänger sein Einverständnis zum Erhalt der Werbeinformation gegeben hatte. Eine weitere Herausforderung war, dass die Kundenstammdaten pro Länderniederlassung in unterschiedlichen Systemen hinterlegt waren. Damit waren auch die Datenmodelle, die für Kunden- und Interessenten-Daten genutzt wurden, verschieden. Die einzelnen Länderniederlassungen hatten individuelle Prozesse definiert, wie sie mit den Daten umgehen. Die Prozesse zur Erfassung der Daten waren zwar ähnlich, allerdings waren nicht in allen Länderniederlassungen Prozesse zur Kundenstammdatenänderung etabliert (z. B. im Fall eines Umzugs).

Fragestellungen

Um überhaupt Marketing-Kampagnen für die einzelnen Länder von zentraler Stelle aus planen zu können, war der Bedarf an Transparenz groß. Folgende Fragestellungen sollten beantwortet werden:

- Wie gut ist die Qualität der Kontaktdaten (postalische Adresse)?
- Wie gut sind die Opt-In-Optionen unter Berücksichtigung der lokalen Rechtsvorschriften gepflegt?
- Sind die Daten innerhalb der letzten 12 Monate aktualisiert worden?

- Ist die Datenqualität der Länder miteinander vergleichbar?
- Wie und wo sollte man am dringendsten in die Qualität der Daten investieren?
- Sind die Daten gut genug, um zentral gesteuerte Marketing-Kampagnen zu starten?

Mit diesen Fragestellungen werden unterschiedliche Data-Governance-Aspekte angesprochen. Auf der Ebene der Strategie stand der Wunsch nach Transparenz über die Qualität bzw. die Tauglichkeit der Kundenstammdaten für zentral gesteuerte Marketing-Maßnahmen. Auf organisatorischer Ebene waren es Fragen der Datenqualität und eben auch der Prozesse, mit denen die Daten erhoben und gepflegt wurden. In diesem Fall war das Ziel allerdings nicht, die Prozesse zu harmonisieren oder eine organisatorische Rollenstruktur aufzubauen. Es ging nur um die Schaffung der Transparenz über den Zustand der Daten. Auch sollten keine Änderungen auf der Ebene der Informationssysteme vorgenommen werden. Eine Konsolidierung der Daten oder der datenhaltenden Systeme stand nicht im Fokus.

Zielsetzung und Vorgehensweise

Ziel des Projekts war, die oben genannten Fragestellungen mithilfe von regelmäßigen Messungen der Datenqualität zu beantworten. Die Messungen und die Präsentation der Messergebnisse sollten mithilfe einer Data Quality Scorecard umgesetzt werden. Dafür mussten einige grundlegende Voraussetzungen geschaffen werden:

- Klärung des Auftraggebers und der Finanzierung
- Auswahl der im Fokus stehenden Datenelemente
- Definition eines für alle Länder gültigen DQ-Regelwerks
- Bereitstellung eines globalen Datenschemas für die ausgewählten Datenelemente
- Zentrale Implementierung einer DQ-Scorecard-Technologie
- Commitment der Ländergesellschaften, die Qualität der eigenen Kundenstammdaten regelmäßig messen zu lassen
- Schaffung einer Austauschplattform für die Daten-Verantwortlichen der Länder, um über individuelle Fragestellungen der Datenqualität zu diskutieren.

Da die zentrale Marketingeinheit des Unternehmens die Strategie der zentral gesteuerten Marketing-Kampagnen verfolgte, übernahm diese Einheit auch die **Finanzierung**. Somit wurde das gesamte Projekt von dieser Einheit koordiniert und begleitet. Das hatte den Vorteil, dass in gemeinsamen Workshops mit Vertretern der Länderniederlassungen das primäre Ziel, nämlich die Schaffung von Transparenz über die Qualität der Kundenstammdaten, nie aus den Augen verloren wurde. Es wurde sehr fokussiert und effektiv diesem Ziel zugearbeitet. Fragestellungen, die aus den Länderniederlassungen kamen, wurden von zentraler Stelle beantwortet. Somit wurde ein einheitliches Verständnis geschaffen.

Eine der wichtigsten Fragen war, welche Daten untersucht werden müssen. Da es um das strategische Ziel zentral gesteuerter Marketing-Kampagnen ging, standen die Kundenstammdaten im Fokus. Die **Datenelemente** umfassten Namensfelder wie Vor- und Nachname sowie Adresselemente und andere Kommunikationsinformationen wie hinterlegte E-Mail-Adressen und Opt-In-Informationen. Zusätzlich wurden Attribute untersucht, die Hinweise zur Anlage und Änderung des Datensatzes enthielten.

Bei der Gestaltung des **DQ-Regelwerks** wurde der Fokus auf einfach verständliche Regeln gelegt. Wichtig war auch, dass alle DQ-Regeln in allen Länderniederlassungen zur Anwen-

dung kommen konnten, um eine Vergleichbarkeit der Ergebnisse der DQ-Messung zu erreichen. Die Regeln wurden in einem Regelbaum dargestellt und auf zwei Ebenen gruppiert
(siehe Bild 8.2). Die erste Ebene erlaubte einen Drilldown auf die DQ-Dimensionen Vollständigkeit, Korrektheit und Aktualität. Auf zweiter Ebene wurden die Regeln den Datenele-
menten zugeordnet: Namenselemente, Adresselemente und sonstige Elemente. Somit
konnte bei der Betrachtung der Messergebnisse sehr schnell festgestellt werden, bei welcher DQ-Dimension sich ein eventuelles Datenqualitäts-Problem verorten ließ und welche
Kundeninformationen betroffen waren.

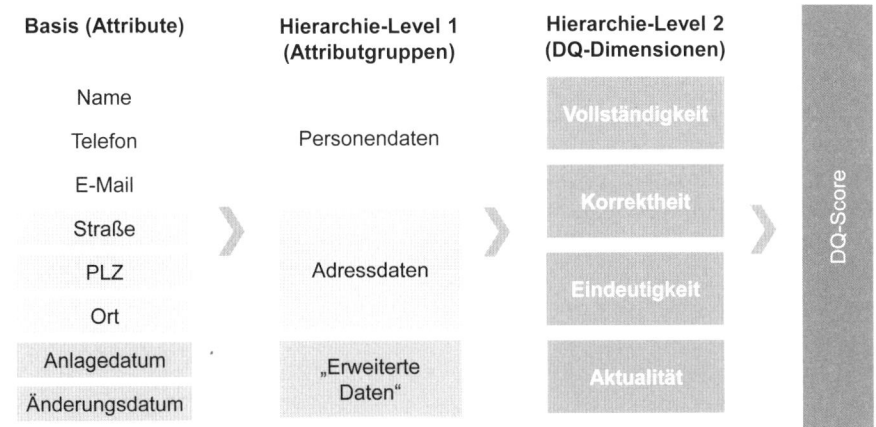

Bild 8.2 Anordnung der unterschiedlichen Hierarchie-Level in der DQ-Scorecard
(in Anlehnung an [KlWe17, S. 11])

Damit die richtigen Daten mit dem DQ-Regelwerk gemessen werden können, musste dafür
gesorgt werden, dass die Daten in der passenden Form zur Verfügung stehen. Da die Kundendaten in unterschiedlichen Systemen in verschiedenen Datenmodellen gehalten wurden, hat man den Weg über ein einfaches **globales Datenschema** gewählt. Dieses Datenschema bestand aus einer überschaubaren Anzahl in Attributen und konnte mit einer
flachen Datei bedient werden. Bei der Gestaltung des globalen Datenschemas wurden nicht
nur die Attribute definiert. Auch wurde definiert, welche Datenformate erwartet wurden
(z. B. String, Integer). Wichtig war dies vor allem beim Datumsformat, da es konkrete DQ-
Regeln gab, die diese Felder adressiert haben. Bei der Auswahl der Datenfelder wurde darauf geachtet, dass es mindestens eine DQ-Regel gab, die dieses Feld mit eingebunden hat.
Die IT-Mitarbeiter der Länderniederlassungen mussten nur die bereits vorhandenen Daten
in die passende Datenbank-View exportieren und diese dann an zentraler Stelle bereitstellen. Unterstützt wurden sie dabei von einem Mitarbeiter aus dem zentralen IT-Bereich, der
während der gesamten Implementierung als Ansprechpartner zur Verfügung stand.

Da alle Länderniederlassungen Zugriff auf das Dashboard der DQ-Scorecard haben sollten
und auch die Messung der Datenqualität von zentraler Stelle aus koordiniert und durchgeführt werden sollte, wurde die DQ-Scorecard an zentraler Stelle implementiert. Gemeinsam
mit Mitarbeitern der IT und den Fachbereichen hat man sich auf ein globales Datenschema
geeinigt und die Länderniederlassungen hatten die Aufgabe, einmal im Quartal die Kundenstammdaten so zu exportieren, dass Aufbau und Inhalt dem globalen Datenschema entspra-

chen. Vorteil dieser **zentralen Implementierung** war, dass auch der zentrale IT-Bereich für die DQ-Scorecard-Lösung verantwortlich war und die IT-Bereiche der Länderniederlassungen sich nur um die Lieferung der entsprechenden Daten kümmern mussten.

Parallel zu den oben genannten Punkten wurden immer wieder Workshops mit Vertretern der Länderniederlassungen veranstaltet. Diese Workshops hatten zum Ziel, für das Projekt zu werben und ein Verständnis für die Wichtigkeit einer hohen Datenqualität bei den Kundenstammdaten zu schaffen. Teilnehmer bei diesen Workshops waren immer Vertreter der IT und der Fachbereiche der Länderniederlassungen und Vertreter des zentralen Marketingbereichs sowie ein Projekt-Koordinator. Alle Workshops wurden individuell mit den Länderniederlassungen durchgeführt und folgten immer dem gleichen Schema: Es wurde ein Kick-off durchgeführt und das globale DQ-Regelwerk und das globale Datenschema wurden vorgestellt. Ferner wurde eine Prozess- und Systemlandkarte erstellt, um die wichtigsten Datenquellen und gegebenenfalls Ursachen für eine unzureichenden Datenqualität zu identifizieren. Somit wurde bereits in den Länderniederlassungen eine Transparenz über die eigene System- und Datenlandschaft geschaffen. Da es sich bei der Einführung der DQ-Scorecard um ein Projekt handelte, welches sowohl Mitarbeiter der IT und der Fachbereiche involvierte, wurde bei den Workshops auch ein gemeinsames Verständnis für das Thema geschaffen und der Grundstein für eine konstruktive Zusammenarbeit gelegt. Letztendlich hat man auf diese Weise das **Commitment** der Länder für dieses Projekt bekommen. Nachdem die ersten Messwerte vorlagen, haben die Vertreter der Länderniederlassungen ein Training im Umgang mit der DQ-Scorecard bekommen. Ebenso wurde ein Workshop durchgeführt, der für jedes Land individuell Möglichkeiten aufgezeigt hat, wie die Datenqualität nachhaltig und dem Verwendungszweck der Daten angemessen optimiert werden kann.

Nachdem die ersten Messergebnisse vorlagen, entstand zwischen den Länderniederlassungen eine interessante **Diskussion** über die gemessenen Werte. Die Diskussionspunkte ließen sich in unterschiedliche Themenbereiche einordnen:

- Fachliche Fragestellungen
  - Unterschiedliche Datenpflege-Prozesse resultieren in unterschiedlichen DQ-Messwerten
  - Fachliche Definition der zu messenden Datenfelder, z. B. die Definition von „Kunde"
  - Umgang mit den Messergebissen
  - Möglichkeiten, Durchführung und Auswirkungen von Optimierungsmöglichkeiten
  - Implementierung neuer, länderindividueller Regeln
- Technische Fragestellungen
  - Export der Datenfelder aus den Systemen in das globale Datenschema unter Berücksichtigung der lokalen Gegebenheiten, wie z. B. Filtermöglichkeiten auf bereits als inaktiv markierte Kunden
  - Technische Möglichkeiten der Optimierung der Datenqualität, z. B. durch einmalige Massenbereinigungen (siehe Abschnitt 7.4.2)

Laufender Betrieb

Im laufenden Betrieb wurde die Qualität der Kundenstammdaten regelmäßig gemessen. Zu Beginn schwankten die Messwerte stark, was auf Probleme beim Datenexport zurückzuführen war. Nachdem die Exporte angepasst und automatisiert wurden, waren die Schwankungen geringer. Diese ließen sich auf konkrete Aktivitäten bei den Daten innerhalb der Länderniederlassungen zurückführen. In einem Fall wurde eine Optimierung der postalischen Adressen durchgeführt, was einen positiven Effekt auf den gemessenen DQ-Score hatte. Zusätzlich dazu wurde beobachtet, dass die Anzahl der Kundenbeschwerden in diesem Bereich spürbar abnahm.

Aus Perspektive des Auftraggebers hatte man nun die notwendige Transparenz zur Qualität der Kundenstammdaten geschaffen. Die Fakten in Form der Messwerte lagen vor und die Diskussionen, ob die Datenqualität ausreichend für den Zweck der Marketing-Kampagnen war und welche Optimierungspotenziale es gab, wurden geführt. Unterstützt wurden diese Diskussionen durch die Darstellung des DQ-Scores, wie in Bild 8.3 dargestellt.

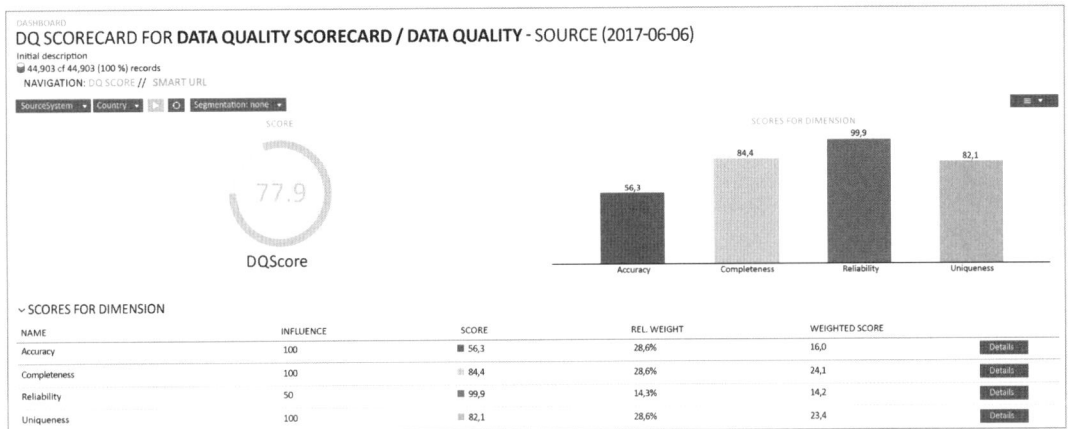

Bild 8.3 Darstellung des DQ-Scores in der Data Quality Scorecard (vgl. [KIWe17])

Fazit

Mit der Einführung der regelmäßigen Messung der Datenqualität wurde das Bewusstsein für gute Datenqualität bei den Mitarbeitern geschaffen. Durch das einfache DQ-Regelwerk wurde Transparenz geschaffen, nach welchen Maßstäben gemessen und bewertet wird. Durch die Darstellung des DQ-Scores in einem browserbasierten Dashboard konnten sich alle interessierten Mitarbeiter einen Überblick über die Datenqualität in der eigenen Länderniederlassung verschaffen. Ebenso wurde die Grundlage für Optimierungsmaßnahmen gelegt, da Entscheidungen zur Durchführung auf messbaren Fakten basierten. Zusätzlich konnte der Erfolg von Optimierungsmaßnahmen anhand des verbesserten DQ-Scores bei der nächsten Messung nachgewiesen werden. Aus Perspektive des Marketingbereichs als Sponsor wurde somit das notwendige Wissen um die Datenqualität geschaffen und diese Informationen konnten in die Planung von Marketing-Aktivitäten mit einfließen.

9 Zusammenfassung und Ausblick

Data Governance beschäftigt Wissenschaftlicher und vor allem Praktiker im deutschsprachigen Raum seit ca. 15 bis 20 Jahren. Nicht nur die zunehmenden Datenmengen in den Unternehmen, die eine immer größere Bedeutung für die Steuerung operativer Prozesse bekamen, sondern auch die Verwendung dieser Unternehmensdaten in vielfältigen Szenarien zur Entscheidungsunterstützung führten zu einem großen Interesse am Thema Datenqualität. Vor allem Stammdaten stehen im Fokus von Datenqualitäts-Initiativen, weil diese Daten immer wieder in vielen verschiedenen Geschäftsprozessen verwendet werden. Sind diese Daten „falsch" – oder entsprechen nicht den Anforderungen der Datennutzer –, leiden diese Prozesse und letztendlich das Unternehmen. Unzufriedene Kunden, verzögerte Lieferungen, ineffiziente Lagerhaltung, Ärger mit Geschäftspartnern oder Behörden und hohe Einkaufskosten können alles Symptome schlechter Datenqualität sein.

Tools zur (nachträglichen) Bereinigung falscher Daten standen schon einige Jahre früher zur Verfügung. Aber mit der intensiveren Beschäftigung mit dem Thema Datenqualität kam der Wunsch nach proaktiven und nachhaltigen Konzepten für ein qualitätsorientiertes Datenmanagement oder Datenqualitätsmanagement auf. Und somit auch die Frage nach der permanenten strategischen und organisatorischen Verankerung dieser Themen im Unternehmen. Angelehnt an das Konzept IT-Governance, welches sich mit einem breiten Spektrum „... an Aufgaben [befasst], das von der Abstimmung der IT mit der Strategie und den Geschäftszielen bis hin zur operativen Steuerung des Betriebs von Anwendungssystemen reicht, und ... zusätzlich die zur Erfüllung dieser Aufgaben erforderlichen aufbau- und ablauforganisatorischen Maßnahmen" [JoGo06, S. 14] beschreibt, war der Begriff Data Governance geboren.

Deutschsprachige Veröffentlichungen zu Data Governance sind bisher rar, und dass, trotz der vergleichsweise langen Geschichte, der enormen Bedeutung des Konzeptes in der Praxis und die große Nachfrage aus der Praxis. Das vorliegende Buch soll diesen Bedarf zumindest zum Teil decken. Das Buch legt den Fokus auf die Grundlagen zu Data Governance und blendet bewusst einige aktuellere Themen und Entwicklungen aus. Auch wenn diese neueren Themen, wie Digitalisierung, Machine Learning, Shared/Big/Open/Smart Data, Data Science, Customer Journey, Agile, Internet of Things, Self-Sovereign Identities, Distributed Ledger, künstliche Intelligenz u. v. m. heute häufig Auslöser von Datenqualitäts-Initiativen und Data-Governance-Projekten sind, zeigt die Erfahrung, dass viele Unternehmen ihre Hausaufgaben noch nicht gemacht haben.

Zielsetzung des Buches war es, Unternehmen ein einerseits theoretisch fundiertes und andererseits praxiserprobtes sowie umsetzbares Data Governance Framework an die Hand zu geben. Was genau in oder hinter Data Governance steckt, ist häufig unklar. Der Begriff klingt erst einmal theoretisch, schwammig oder sogar nach viel unnötigem Aufwand und Bürokratie. Das Buch sollte Licht ins Dunkel bringen und anhand von vielen Beispielen aufzeigen, was es genau heißt, Data Governance in der Praxis umzusetzen und welcher Nutzen damit verbunden sein kann. Und auch zeigen, wie sich bereits laufende Aktivitäten in den Kontext von Data Governance einordnen lassen. Die Verantwortlichen für Datenqualität, Datenmanagement oder Data Governance in den Unternehmen finden in diesem Buch viele nützliche Tipps und leicht umsetzbare Tools. Damit soll ein einfacher Einstieg in Data Governance gelingen, der dennoch sofort sichtbaren Nutzen generiert. Das qualitätsorientierte Data Governance Framework deckt die ganze Bandbreite von Data Governance in Unternehmen ab und kann von Anfang an als Orientierung für die eigenen Aktivitäten dienen. Es ist aber überhaupt nicht notwendig, alles und alles sofort umzusetzen.

Zusammenfassung

Zusammenfassend behandeln die einzelnen Kapitel die folgenden Themen:

- **Kapitel 1, „Einführung",** führt in die Thematik Data Governance ein. Es beschreibt die Motivation für dieses Buch und zeigt die Aktualität des Themas anhand von Beispielen auf. Der Aufbau, die Zielsetzung und der Nutzen des Buches für verschiedene Lesergruppen werden dargelegt.

- **Kapitel 2, „Begriffe und Grundlagen",** beschreibt theoretische Grundlagen und Hintergrundinformationen, die notwendig sind, um die danach folgenden spezifischen Ausführungen zu Data Governance zu verstehen. Es stellt grundsätzliche Ausführungen zum Thema Daten, Informationen und Wissen dar. Es beschreibt und definiert mit Stammdaten, externen Daten, Metadaten und Referenzdaten alle möglichen Arten von Daten. Daneben führt es grundlegende Begriffe im Kontext der Datenmodellierung ein und zeigt Überlegungen zu den Themen Governance und Organisationsgestaltung auf.

- In **Kapitel 3, „Data Governance",** wird der Begriff „Data Governance" aus verschiedenen Blickwinkeln betrachtet. Vier der bekanntesten Data Governance Frameworks werden kurz vorgestellt.

- **Kapitel 4, „Das qualitätsorientierte Data Governance Framework",** stellt den Kern des Buches dar. Das qualitätsorientierte Data Governance Framework beschreibt die Handlungsfelder von Data Governance auf den drei Ebenen Strategie, Organisation/Prozesse und Informationssysteme. Das Kapitel stellt die sechs Handlungsfelder detailliert vor und gibt dazu Umsetzungsbeispiele aus der Praxis.

- **Kapitel 5, „Data-Governance-Rollen",** gehört von der Systematik her noch in das Framework hinein. Da der Aufbau einer Data-Governance-Organisation aber einen Schwerpunkt des Frameworks darstellt und die ausführliche Beschreibung der relevanten Rollen sehr umfangreich ausfällt, wurde ihm ein eigenes Kapitel gewidmet. So können Unternehmen, die mit der Umsetzung der Rollen ihre Data-Governance-Initiative starten wollen, mit der Lektüre dieses Kapitels beginnen und sich den anderen Handlungsfeldern später nähern.

- **Kapitel 6, „Datenqualität",** widmet sich einem anderen Schwerpunktthema des qualitätsorientierten Data Governance Frameworks, der Datenqualität. Datenqualität ist als zugrunde liegende Zielsetzung des Frameworks fest in diesem verankert. Die Maxime

„data that are fit for use by data consumers" [WaSt96] zeigt sich in allen Handlungsfeldern des Frameworks. Neben der grundsätzlichen Definition von Datenqualität und
der Beschreibung von Datenqualitäts-Dimensionen zeigt dieses Kapitel auch viele Beispiele auf, wie hohe oder niedrige Datenqualität die erfolgreiche Ausführung geschäft-
licher Prozesse positiv bzw. negativ beeinflussen kann. Als weiteren Schwerpunkt greift
das Kapitel das Thema Messen der Datenqualität auf. Denn, nur was man messen kann,
kann man auch verbessern.

- **Kapitel 7, „Methoden, Konzepte und Tools für Data Governance",** steht ganz im Zeichen der praktischen Umsetzung von Data Governance. Das umfangreichste Kapitel des
  Buches gibt den Lesern viele praktische Tools und Hinweise an die Hand, die einen guten
  Start bei der Umsetzung von Data-Governance-Aktivitäten unterstützen. Anhand von vielen Vorlagen und Beispielen, kleinen Tricks und vielen Tipps wird aufgezeigt, wie Data
  Governance tatsächlich umgesetzt werden und gelingen kann. Ab einem gewissen Zeitpunkt erreichen die vorgestellten „manuellen" Tools ihre Grenzen und sollten durch
  geeignete Software ergänzt oder ersetzt werden. Auch dafür gibt das Kapitel erste Hinweise.
- **Kapitel 8, „Anwendungsszenarien von Data Governance",** zeigt drei umfangreichere
  Beispiele für die Umsetzung von Data Governance in der Praxis. Anhand realer Fallbeispiele werden typische Treiber von Data-Governance-Projekten deutlich. Die Beispiele
  zeigen, welche Tools aus Kapitel 7 in den Projekten verwirklicht wurden.
- **Kapitel 9, „Zusammenfassung und Ausblick",** fasst das gesamte Buch noch einmal
  kurz zusammen und zeigt Ideen für die Weiterentwicklung des qualitätsorientierten Data
  Governance Frameworks auf.

Ausblick

Mit dem vorliegenden Buch wurde die Basis für die Umsetzung von Data Governance in
Unternehmen geschaffen. Auf dieser Basis lassen sich nun eine ganze Reihe von Themen
aufbauen, die in zukünftigen Veröffentlichungen adressiert werden können. Ein paar dieser
Themen sollen kurz vorgestellt werden.

Dazu gehört das Thema **Reifegradmodell**. Ein Reifegradmodell ist ein Controlling-Instru-
ment, mit dem Unternehmen sich zu einem (Management-)Thema selbst positionieren können und welches ihnen Entwicklungsperspektiven aufzeigt [BeKP09]. Über ein Data-Gover-
nance-Reifegradmodell kann die Güte von Data Governance im Unternehmen insgesamt
bewertet werden. Reifegradmodelle definieren eine Anzahl von Reifegraden (meist vier oder
fünf, von „initial" bis „optimierend"), beschreiben, wie die Aufgaben des Untersuchungsbe-
reichs (hier Data Governance) auf jeder Reifegradstufe ausgeführt werden sollten, und
geben Hinweise für die Verbesserung des Reifegrades.

Nach Bestimmung des Ist-Zustands hilft das Modell bei der Ableitung und Priorisierung von
Verbesserungsmaßnahmen. Anschließend kann der Fortschritt mithilfe des Modells anhand
der Verbesserung des Reifegrades kontrolliert werden. Ein Data-Governance-Reifegradmo-
dell zeigt den gewünschten Entwicklungspfad der im Framework definierten Handlungsfelder in aufeinanderfolgenden Rangstufen auf, beginnend in einem Anfangsstadium bis hin
zur vollkommenen Reife. Es zeigt, was ein Unternehmen tun muss, um einen bestimmten
Reifegrad zu erreichen. Die Datenstrategie könnte als Ziel das Erreichen eines bestimmten
Reifegrades pro Handlungsfeld vorgeben. Das Ziel muss jedoch nicht immer der höchstmög-

liche Reifegrad sein, da er unter Umständen nur durch einen erheblichen Aufwand erreicht werden kann, der dann nicht mehr im Verhältnis zum Nutzen steht [LeWe06]. Mit dem Fortschreiten auf dem Entwicklungspfad steigert sich die Leistungsfähigkeit von Data Governance. Somit sind Reifegradmodelle ein objektives Instrument für die eigene Standortbestimmung und hilfreich für die kontinuierliche Verbesserung der Leistungsfähigkeit von Data Governance.

Verschiedene Softwarehersteller und Beratungshäuser bieten Reifegradmodelle zu den Themen Data Governance und Master Data Management an (z. B. [Ibmd07, Perf16]). Auch gibt es einige wissenschaftliche Ansätze (z. B. [PeLe17, PTRÁ19]). Auf Basis dieser Modelle könnte ein Reifegradmodell für das qualitätsorientierte Data Governance Framework abgeleitet werden.

In diesem Zusammenhang ist die **kontinuierliche Verbesserung** von Data Governance ein weiterer Aspekt, den es zukünftig stärker zu betrachten gilt. Auch unabhängig von der Verwendung eines bestimmten Reifegradmodells sollten Prozesse, Methoden und Verantwortlichkeiten definiert werden, welche die stetige Weiterentwicklung der umgesetzten Handlungsfelder im Blick haben. Data Governance ist kein statisches Konstrukt, sondern muss stets an aktuelle Entwicklungen und neue Anforderungen angepasst werden. Im Sinne der Qualitätssicherung und der kontinuierlichen Verbesserung müssen auch Schwächen, Fehler oder Lücken identifiziert und ausgebessert werden, die während des Betriebs bekannt werden.

Unter den Stichworten kontinuierlicher Verbesserungsprozess (KVP), Kaizen oder PDCA gibt es einige Methoden und Prozesse, die auf Data Governance übertragen werden können. PDCA ist die Abkürzung für Plan, Do, Check und Act. Das Vorgehen im PDCA-Zyklus ist, aktuelle Probleme und deren Ursachen zu identifizieren (Plan), dann Maßnahmen zu ergreifen, um diese Probleme zu beheben (Do), anschließend den Erfolg der Maßnahmen zu messen (Check) und die Nachhaltigkeit der Verbesserung sicherzustellen (Act) [Ahre16]. Im Kleinen kann das Konzept eingesetzt werden, um die Qualität bestimmter Datensätze zu verbessern (vgl. [Bark16, S. 42 ff]).

Für die regelmäßige Überprüfung und Überarbeitung der Effektivität und Effizienz aller Data-Governance-Handlungsfelder kann ein Revisionskonzept erstellt werden. Durch die institutionalisierte Revision wird sichergestellt, dass die Daten im Unternehmen stets den aktuellen Anforderungen entsprechen.

Ein weiterer Aspekt, mit dem man unweigerlich konfrontiert wird, ist das **Zusammenspiel von Data Governance und IT-Governance**. Daten können nur mit Unterstützung der Unternehmens-IT in den Anwendungssystemen angemessenen gemanagt werden. Und wenn im Zuge der Digitalisierung Daten, ähnlich wie IT-Produkte, zum Wert eines Unternehmens beitragen sollen, wird die Zusammenarbeit und abgestimmte Steuerung beider Bereiche in Zukunft immer wichtiger werden. Eine genaue Abgrenzung bzw. wohl eher ein „Alignment" von IT-Governance und Data Governance ist wichtig für eine erfolgreiche Digitalisierung. Es muss geklärt werden, wie die Rollen in welchen Gremien zusammenarbeiten und wie übergreifende Entscheidungen getroffen werden. Beispielsweise sei nur die Abgrenzung zwischen einem Chief Data Officer und einem Chief Digital Officer genannt [Webe18].

Eine ähnliche Frage ist, wie Data Governance in Rahmenwerke des IT-Servicemanagements wie ITIL (vgl. [Axel19]) eingebunden werden kann. ITIL beschreibt Best-Practice-Prozesse, mit denen IT-Dienstleister kundenorientierte IT-Services mit gleichbleibender Qualität bereitstellen können. Kunden im Sinne des IT-Servicemanagements sind die Anwender bzw. Nutzer von Anwendungssystemen. IT-Services können auch unternehmensinterne Datenprodukte sein, die den Kunden als Bestandteil eines Leistungskatalogs angeboten werden. Die Kunden „bezahlen" in Abhängigkeit von gewählter Qualität und Anzahl der Nutzung einen festgelegten Verrechnungspreis. In derartigen Szenarien muss z. B. die Rolle eines Data Owners für die Datenprodukte definiert und besetzt werden.

Damit sind die Themen **Wirtschaftlichkeitsbetrachtung** bzw. **Business Case** für Data Governance angesprochen. Da Data Governance im herkömmlichen Sinn nichts produziert, hat es den Ruf, ein Kostentreiber zu sein. Tatsächlich ist das Gegenteil der Fall, denn durch das Setzen von Rahmenbedingungen für den Umgang mit Daten, die Definition von Standards, die Gestaltung von effizienten Prozessen und die Klärung von Zuständigkeiten werden an verschiedenen Stellen Reibungsverluste verringert und Synergieeffekte geschaffen. Und obwohl Daten als zentraler Treiber für die Digitalisierung gelten und deren Bewertung als Grundlage für eine effiziente Bewirtschaftung angesehen wird, ist die (monetäre) Datenbewertung in deutschen Unternehmen derzeit nur ein Randthema [Enge18]. In zukünftigen Veröffentlichungen sollten demnach die monetären Vorteile von Data Governance noch stärker betrachtet und Unternehmen Tools an die Hand gegeben werden, mit denen sie den Nutzen von Datenqualität und Data Governance berechnen können. Ein Konzept zur Bewertung des durch Daten generierten finanziellen Wertbeitrags stellen z. B. Möller et al. [MöOZ17] vor.

Unternehmen, die digitale Waren und Dienstleistungen anbieten, haben ein noch viel größeres Interesse an der Bewertung ihrer Daten [Enge18]. Dann stellen Daten selber auch einen Umsatzträger dar und werden auch als „Datengut" (bzw. Informationsgut) bezeichnet [KlWe20]. Beispiele für Datengüter sind jegliche Art von Fachinformationen (z. B. Zeitschriftenartikel, Marktforschungsberichte, Vokabeln), Musik, Filme oder Spiele, wenn sie digitalisiert vorliegen und nur gegen die Zahlung von Geld genutzt werden können. Für diese Datengüter müssen die Unternehmen Preise und Erlösmodelle festlegen, die sich eher am Wert der Daten für die Kunden als an den Kosten der Datenbewirtschaftung durch das Unternehmen orientieren [Urba16, S. 8 f].

Neben der Bewirtschaftung der Datenressourcen in der eigenen Organisation steigt die Bedeutung **unternehmensexterner Daten**. Unternehmen realisieren zunehmend, dass es zur Verbesserung der Geschäftsprozesse oder für die Transparenz von Informationsflüssen erforderlich ist, Daten auch extern zu teilen (z. B. [NoST19, OtJa19]). Die Betrachtung von Data Governance rückt daher zunehmend in das Blickfeld von ganzen Geschäftsökosystemen und wird zur **Ecosystem Data Governance**. Ein großes und unerforschtes Spannungsfeld liegt bei dieser Betrachtung von Data Governance darin, eine kollaborative Umgebung zu schaffen, die den Datenaustausch zwischen Organisationen ermöglicht. Dazu gehören Koordinationsmechanismen, welche die Übereinstimmung von Interessen und kollektiven Zielen zwischen Organisationen sicherstellen. Diese Entwicklung sprengt nicht nur die organisatorischen Grenzen, da interne Daten extern genutzt werden und umgekehrt. Sie erfordert auch, dass Organisationen ein Gleichgewicht zwischen den gegensätzlichen Interessen finden, Kontrolle über ihre Datenbestände haben und bereit sind, Daten zur Entwicklung gemeinsamer digitaler Services zu nutzen.

Neben diesen Themen werden sich auch in Zukunft immer wieder neue Anforderungen an (Unternehmens-)Daten ergeben – Data Governance wird sich weiterentwickeln müssen.

Literaturverzeichnis

[AbSB19] Abraham, Rene; Schneider, Johannes; vom Brocke, Jan: Data governance: A conceptual framework, structured review, and research agenda. In: *International Journal of Information Management* Bd. 49, Elsevier (2019), S. 424–438

[Ahre16] Ahrens, Volker: *Interpretation des PDCA-Zyklus nach DIN EN ISO9001:2015 als Meta-Vorgehensmodell, Arbeitspapiere der Nordakademie* (Working Paper Nr. 2016–01). Elmsholm: Nordakademie – Hochschule der Wirtschaft, 2016

[AnNe20] Anger, Heike; Neuerer, Dietmar: *DSGVO: Datenschutz-Verstöße: Zahl der Bußgelder ist drastisch gestiegen. https://www.handelsblatt.com/politik/deutschland/dsgvo-datenschutz-verstoesse-zahl-der-bussgelder-ist-drastisch-gestiegen/25364576.html*. – abgerufen am 2020-03-09. – Handelsblatt.com

[Axel19] AXELOS Limited: *ITIL Foundation: ITIL 4 Edition*, 2019 – ISBN 978-0-11-331607-6

[Bark16] Barker, James M: Data Governance: The Missing Approach to Improving Data Quality, University of Phoenix, 2016

[BCFM09] Batini, Carlo; Cappiello, Cinzia; Francalanci, Chiara; Maurino, Andrea: Methodologies for data quality assessment and improvement. In: *ACM Computing Surveys* Bd. 41 (2009), Nr. 3, S. 1 – 52

[BeKP09] Becker, Jörg; Knackstedt, Ralf; Pöppelbuß, Jens: Entwicklung von Reifegradmodellen für das IT-Management. In: *Wirtschaftsinformatik* Bd. 51, Springer (2009), Nr. 3, S. 249 – 260

[Benn16] Bennett, Jo: *Why Only Half of CDOs Are Poised for Success. https://www.gartner.com/smarterwithgartner/half-of-cdos-succeed/*. – abgerufen am 2018-09-16. – Smarter With Gartner

[Broc18] Brockmann, Hans-Christian: Effizientes und verantwortungsvolles Datenmanagement im Zeitalter der DSGVO. In: *Datenschutz und Datensicherheit-DuD* Bd. 42, Springer (2018), Nr. 10, S. 634 – 639

[BuGe18] Buolamwini, Joy; Gebru, Timnit: Gender shades: Intersectional accuracy disparities in commercial gender classification. In: *Conference on fairness, accountability and transparency*, 2018, S. 77 – 91

[BuKn20] Burbank, Donna; Knight, Michelle: *Trends in Data Management A 2020 DATAVERSITY® Report*, 2020

[Dama13] DAMA UK: The six Primary dimensions for Data Quality assessment (2013)

[Dast18] Dastin, Jeffrey: *Amazon scraps secret AI recruiting tool that showed bias against women. https://www.reuters.com/article/us-amazon-com-jobs-automation-insight/amazon-scraps-secret-ai-recruiting-tool-that-showed-bias-against-women-idUSKCN1MK08G*. – abgerufen am 2020-08-31. – Reuters

[Delf06] Delfmann, Patrick: *Adaptive Referenzmodellierung. Methodische Konzepte zur Konstruktion und Anwendung wiederverwendungsorientierter Informationsmodelle*: LOGOS Verlag BERLIN, 2006

[Deut00] deutschepost.de: *Anschriftenprüfung.* *http://www.deutschepost.de/content/dpag/de/a/ anschriftenpruefung.html.* – abgerufen am 2020-03-06

[Deut18] Deutsche Bundesbank: *Thiele: Forderung nach kompletter Bargeldabschaffung ist unange- messen.* *https://www.bundesbank.de/de/aufgaben/themen/thiele-forderung-nach-kompletter-bargeld abschaffung-ist-unangemessen-665618.* – abgerufen am 2020-09-20

[Drav04] Dravis, Frank: Data Quality Strategy: A Step-by-Step Approach. In: *International Conference on Information Quality Proceedings.* Cambridge, MA, 2004, S. 27 – 43

[Ecke18] Eckert, Claudia: IT-Sicherheit: *Konzepte – Verfahren – Protokolle, De Gruyter Studium.* 10. Auf- lage. Berlin Boston: De Gruyter Oldenbourg, 2018 – ISBN 978-3-11-056390-0

[Emil20] EMIL Consortium: Projekt EMIL. *https://projekt-emil.info/.* – abgerufen am 2020-09-20

[Enge18] Engels, Barbara: Ein unbekannter Schatz – Wie bestimmen Unternehmen in Deutschland den Wert ihrer Daten? In: *IW Trends* (2018), Nr. 4

[Engl99] English, Larry P: *Improving data warehouse and business information quality: methods for reducing costs and increasing profits.* Bd. 1: Wiley New York, 1999

[Euro09] Europäische Union: Richtlinie 2009/138/EG des Europäischen Parlaments und des Rates vom 25. November 2009 betreffend die Aufnahme und Ausübung der Versicherungs- und der Rückver- sicherungstätigkeit (Solvabilität II). Bd. 2009/138/EG, 2009

[Gada16] Gadatsch, Andreas: *IT-Controlling für Einsteiger: Praxiserprobte Methoden und Werkzeuge, essentials.* Wiesbaden: Springer Fachmedien Wiesbaden, 2016 – ISBN 978-3-658-13579-9

[HaMN19] Hansen, Hans Robert; Mendling, Jan; Neumann, Gustaf: *Wirtschaftsinformatik.* 12th edition. Boston, MA: De Gruyter Oldenbourg, 2019 – ISBN 978-3-11-058734-0

[Haus00] Hauschke, Christian: Offen-Definition. *http://opendefinition.org/od/2.1/de/.* – abgerufen am 2020-06-08. – Open Definition. – v2.1

[HeED17] Henderson, D.; Earley, S.; Data Administration Management Association (Hrsg.): *DAMA- DMBOK: data management body of knowledge.* Second edition. Basking Ridge, New Jersey: Technics Publications, 2017 – ISBN 978-1-63462-236-3

[HOÖB11] Hüner, Kai M.; Otto, Boris; Österle, Hubert; Brauer, Berthold: Fachliches Metadatenmanage- ment mit einem semantischen Wiki. In: *HMD Praxis der Wirtschaftsinformatik* Bd. 48 (2011), Nr. 1, S. 98 – 108

[HoSc10] Hofmann, Jürgen; Schmidt, Werner: *Masterkurs IT-Management.* 2. Auflage. Wiesbaden: Vieweg+Teubner Verlag, 2010

[Ibmd07] IBM Data Governance Council: *The IBM data governance council maturity model: Building a roadmap for effective data governance*: IBM, 2007

[JoGo06] Johannsen, Wolfgang; Goeken, Matthias: IT-Governance – neue Aufgaben des IT-Manage- ments. In: *HMD – Praxis der Wirtschaftsinformatik* Bd. 43 (2006), Nr. 250, S. 7 – 20

[Joha12] Johannsen, Wolfgang: Information Governance – Information wird zum kritischen Vermö- genswert. In: *IT-Governance* Bd. 11 (2012), Nr. März 2012, S. 25 – 27

[KaNo92] Kaplan, Robert S.; Norton, David P.: The Balanced Scorecard – Measures that Drive Per- formance. In: *Harvard Business Review* (1992), Nr. January-February

[Kare07] Karel, Rob: *Data Governance: What Works And What Doesn't.* Cambridge, MA: Forrester Research, Inc., 2007

[KeMS13] Kesten, Ralf; Müller, Arno; Schröder, Hinrich: *IT-Controlling: IT-Strategie, Multiprojekt- management, Projektcontrolling und Performancekontrolle.* 2. Aufl. München: Vahlen, 2013 – ISBN 978-3-8006-4534-3

[KhBr10] Khatri, Vijay; Brown, Carol V: Designing data governance. In: *Communications of the ACM* Bd. 53, ACM New York, NY, USA (2010), Nr. 1, S. 148 – 152

[Kitc14] Kitchin, Rob: *The Data Revolution: Big Data, Open Data, Data Infrastructures & their Consequen- ces.* Los Angeles, California: SAGE Publications, 2014 – ISBN 978-1-4462-8747-7

[Klot11] Klotz, Michael: *Konzeption des persönlichen Informationsmanagements* (SIMAT Arbeitspapiere Nr. 03-11-012): Hochschule Stralsund, Stralsund Information Management Team (SIMAT), 2011

[KlWe17] Klingenberg, Christiana; Weber, Kristin: Kundendatenqualität im Zeitalter der digitalen Transformation. In: *IT-Governance* Bd. 11 (2017), Nr. 26, S. 7 – 13

[KlWe20] Klingenberg, Christiana; Weber, Kristin: Informations- und Datenmanagement. In: *Handbuch IT-Management – Konzepte, Methoden, Lösungen und Arbeitshilfen für die Praxis*. 7. Auflage. München: Hanser, 2020, S. 225 – 280

[Krcm15] Krcmar, Helmut: *Informationsmanagement*. 6. Auflage. Berlin, Heidelberg: Springer Berlin Heidelberg, 2015 – ISBN 978-3-662-45862-4

[Krem19] Krempl, Stefan: DSGVO-Verstoß: *App-Bank N26 soll 50 000 Euro Bußgeld zahlen. https://www.heise.de/newsticker/meldung/DSGVO-Verstoss-App-Bank-N26-soll-50-000-Euro-Bussgeld-zahlen-4431356.html*. – abgerufen am 2019-06-27. – Heise Online

[KrEp19] Krotova, Alevtina; Eppelsheimer, Jan: *Was bedeutet Data Governance? Eine Clusteranalyse der wissenschaftlichen Literatur zu Data Governance*. Köln: Institut der deutschen Wirtschaft Köln e. V., 2019

[Kütz10] Kütz, Martin: *Kennzahlen in der IT: Werkzeuge für Controlling und Management*. 4., überarbeitete und erweiterte Auflage. Heidelberg: dpunkt.verlag, 2010 – ISBN 978-3-89864-703-8

[Lelk05] Lelke, F.: *Kennzahlensysteme in konzerngebundenen Dienstleistungsunternehmen unter besonderer Berücksichtigung der Entwicklung eines wissensbasierten Kennzahlengenerators*, Universität Duisburg-Essen, 2005

[LeOt07] Legner, Christine; Otto, Boris: Stammdaten-Management. In: *Das Wirtschaftsstudium (WISU)* Bd. 236. Düsseldorf, Lange (2007), Nr. 4, S. 562 – 568

[LeWe06] Legner, Christine; Wende, Kristin: Towards an excellence framework for business interoperability. In: *Bled 2006 Proceedings*. Bled, Slovenia, 2006

[LeWe15] Lessmann, Peter; Weyer, Steffen: *Deutsche Post in der Klemme: Fehlerhafte IT und globales Frachtgeschäft verderben Prognose. https://www.heise.de/newsticker/meldung/Deutsche-Post-in-der-Klemme-Fehlerhafte-IT-und-globales-Frachtgeschaeft-verderben-Prognose-2866205.html*. – abgerufen am 2020-03-06. – heise online

[Lis19] Lis, Patrick Alexander: *Fehlendes Berechtigungskonzept im Krankenhaus, ein bußgeldbewehrtes Risiko! https://www.datenschutz-notizen.de/fehlendes-berechtigungskonzept-im-krankenhaus-ein-bussgeldbewaehrtes-risiko-0823168/*. – abgerufen am 2020-08-09. – datenschutz-notizen | News-Blog der datenschutz nord Gruppe

[LMWW14] Lee, Yang; Madnick, Stuart E; Wang, Richard Y; Wang, Forea; Zhang, Hongyun: A cubic framework for the chief data officer: Succeeding in a world of big data. In: *MIS Quarterly Executive* Bd. 13 (2014), Nr. 1, S. 1 – 13

[MöOZ17] Möller, Klaus; Otto, Boris; Zechmann, Andreas: Nutzungsbasierte Datenbewertung. In: *Controlling* Bd. 29 (2017), Nr. 5, S. 57 – 66

[Nall16] Nallinger, Carsten: 500 Millionen Euro verbrannt. *https://www.eurotransport.de/artikel/neue-it-loesungen-fuer-dhl-500-millionen-euro-verbrannt-8035012.html*. – abgerufen am 2019-06-27. – Neue IT-Lösungen für DHL: 500 Millionen Euro verbrannt

[NaRS17] Nagle, Tadhg; Redman, Thomas C.; Sammon, David: *Only 3 % of Companies' Data Meets Basic Quality Standards. https://hbr.org/2017/09/only-3-of-companies-data-meets-basic-quality-standards*. – abgerufen am 2020-02-27. – Harvard Business Review

[NoST19] Nokkala, Tiina; Salmela, Hannu; Toivonen, Jouko: Data Governance in Digital Platforms. In: *AMCIS 2019 Proceedings*. Cancun, 2019

[Obje20] Object Management Group: *BPMN Specification – Business Process Model and Notation. https://www.omg.org/spec/BPMN/2.0/*. – abgerufen am 2020-06-10. – ABOUT THE BUSINESS PROCESS MODEL AND NOTATION SPECIFICATION VERSION 2.0

[OKWG11] Otto, Boris; Kokemüller, Jochen; Weisbecker, A.; Gizanis, D.: Stammdatenmanagement: Datenqualität für Geschäftsprozesse. In: *HMD – Praxis der Wirtschaftsinformatik* Bd. 48 (2011), Nr. 279, S. 5 - 16

[OLJC19] Otto, Boris; Lis, Dominik; Jürjens, Jan; Cirullies, Jan; Howar, Falk; Meister, Sven; Spiekermann, Markus; Pettenpohl, Heinrich; u. a.: *Data Ecosystems – Conceptual Foundations, Constittuents and Recommendations for Actions, ISST-Report* (Nr. 0943-1624). Dortmund: Fraunhofer Institute for Software and Systems Engineering ISST, 2019

[Open07] Open Gov Data: *The Annotated 8 Principles of Open Government Data. https://opengovdata. org/.* – abgerufen am 2020-06-08. – Open Gov Data

[ÖsHO11] Österle, Hubert; Höning, Frank; Osl, Philipp: *Methodenkern des Business Engineering – Ein Lehrbuch* (Lehrbuch Nr. BE HSG /2011-1). St. Gallen: Institut für Wirtschaftsinformatik, 2011. University of St. Gallen, Institute of Information Management

[Osl07] Osl, Philipp: Data Quality Scorecard. In: CC CDQ 3. Workshop. Basel, 2007

[OtJa19] Otto, Boris; Jarke, Matthias: Designing a multi-sided data platform: findings from the International Data Spaces case. In: *Electronic Markets* Bd. 29, Springer (2019), Nr. 4, S. 561 - 580

[OtÖs16] Otto, Boris; Österle, Hubert: *Corporate Data Quality: Voraussetzung erfolgreicher Geschäftsmodelle.* Berlin Heidelberg: Springer Gabler, 2016 – ISBN 978-3-662-46805-0

[Otto11] Otto, Boris: A morphology of the organisation of data governance. In: *ECIS 2011 Proceedings.* Helsinki, 2011, S. 272

[OtWe09] Otto, Boris; Weber, Kristin: *From Health Checks to the Seven Sisters: The Data Quality Journey at BT* (Fallstudie Nr. BE HSG/ CC CDQ/ 8). St. Gallen: Universität St. Gallen, Institut für Wirtschaftsinformatik, 2009

[OtWe18] Otto, Boris; Weber, Kristin: Data Governance. In: Hildebrand, K.; Gebauer, M.; Hinrichs, H.; Mielke, M. (Hrsg.): *Daten- und Informationsqualität.* Wiesbaden: Springer Fachmedien Wiesbaden, 2018 – ISBN 978-3-658-21993-2, S. 269–286

[OWSH08] Otto, Boris; Wende, Kristin; Schmidt, Alexander; Hüner, Kai; Vogel, Tobias: Unternehmensweites Datenqualitätsmanagement: Ordnungsrahmen und Anwendungsbeispiele. In: *Active Enterprise Intelligence*™: Springer, 2008, S. 201–220

[OWSO07] Otto, Boris; Wende, Kristin; Schmidt, Alexander; Osl, Philipp: Towards a framework for corporate data quality management. In: *Proceedings of 18th Australasian Conference on Information Systems (ACIS 2007).* Toowoomba: The University of Southern Queensland, 2007, S. 916–926

[PeLe17] Pentek, Tobias; Legner, Christine: *Data Excellence Model – Short Description and Basic Terminology.* St. Gallen: CDQ AG, 2017

[Perf16] Performance Improvement Council: *Data Quality Maturity Model, Performance Improvement Council'sData Quality Working Group Guide,* 2016

[PiRo14] Piro, A.; Rohweder, J. P. (Hrsg.): *Informationsqualität bewerten: Grundlagen, Methoden, Praxisbeispiele.* 1. Aufl. Düsseldorf: Symposion, 2014 – ISBN 978-3-86329-647-6

[PTRA19] Parra, Xileidys; Tort-Martorell, Xavier; Ruiz-Viñals, Carmen; Alvarez Gómez, Fernando: Maturity model for the information-driven SME. In: *Journal of Industrial Engineering and Management* Bd. 12 (2019), Nr. 1, S. 154

[ReBl97] Redman, Thomas C; Blanton, A: D*ata quality for the information age*: Artech House, Inc., 1997

[Redm01] Redman, Thomas C: *Data quality: the field guide*: Digital press, 2001

[Redm17] Redman, Thomas C.: *Seizing Opportunity in Data Quality. https://sloanreview.mit.edu/article/seizing-opportunity-in-data-quality/.* – abgerufen am 2019-07-29. – MIT Sloan Management Review

[Redm18] Redman, Thomas C.: *If Your Data Is Bad, Your Machine Learning Tools Are Useless. https://hbr.org/2018/04/if-your-data-is-bad-your-machine-learning-tools-are-useless.* – abgerufen am 2020-08-31. – Harvard Business Review

[Redm20] Redman, Thomas C.: To Improve Data Quality, Start at the Source. In: *Harvard Business Review* (2020)

[Rfc508] *RFC 5322 – Internet Message Format* (Memo): The IETF Trust, 2008

[RKMP18] Rohweder, Jan P.; Kasten, Gerhard; Malzahn, Dirk; Piro, Andrea; Schmid, Joachim: Informationsqualität – Definitionen, Dimensionen und Begriffe. In: Hildebrand, K.; Gebauer, M.; Hinrichs, H.; Mielke, M. (Hrsg.): *Daten- und Informationsqualität.* Wiesbaden: Springer Fachmedien Wiesbaden, 2018 – ISBN 978-3-658-21993-2, S. 23 – 43

[Roco08] Roco, Mihail C.: Possibilities for global governance of converging technologies. In: *Journal of Nanoparticle Research* Bd. 10 (2008), Nr. 1, S. 11–29

[Sas17] SAS: *SAS® Data Governance Framework: Blaupause für Ihren Erfolg* (White Paper): SAS Institute, 2017

[Sche08] Schemm, Jan Werner: *Zwischenbetriebliches Stammdatenmanagement: Lösungen für die Datensynchronisation zwischen Handel und Konsumgüterindustrie.* Berlin Heidelberg: Springer-Verlag, 2008

[Sche19] Scheuer, Stephan: *Telekombranche: 1&1 muss wegen Datenschutzverstoß Millionenstrafe zahlen. https://www.handelsblatt.com/technik/it-internet/telekombranche-1und1-muss-wegen-datenschutzverstoss-millionenstrafe-zahlen/25316530.html.* – abgerufen am 2020-02-27. – Handelsblatt.com

[Schm10] Schmidt, Alexander: *Entwicklung einer Methode zur Stammdatenintegration.* St. Gallen, Universität St. Gallen, Dissertation, 2010

[Schu13] Schulte-Zurhausen, Manfred: *Organisation, Vahlens Handbücher der Wirtschafts- und Sozialwissenschaften.* 6. Aufl. München: Verlag Franz Vahlen, 2013 – ISBN 978-3-8006-4690-6

[Schu17] Schulz, Christopher: *Consulting Methodenkoffer: Praxistools für den perfekten Ein- und Aufstieg als Unternehmensberater: Christopher Schulz.*, 2017 – ISBN 978-1-5205-4181-5

[Schü18] Schüler, Hans-Peter: So starb „Elwis": Hintergründe zu Lidls SAP-Rückzug. *https://www.heise.de/newsticker/meldung/So-starb-Elwis-Hintergruende-zu-Lidls-SAP-Rueckzug-4113285.html.* – abgerufen am 2020-03-06. – heise online

[ScOt07] Schemm, Jan; Otto, Boris: *Fallstudie Stammdatenmanagement bei der Karstadt Warenhaus GmbH* (Fallstudie Nr. BE HSG / CC CDQ /3). St. Gallen: Universität St. Gallen, Institut für Wirtschaftsinformatik, 2007

[ScOt08] Schmidt, Alexander; Otto, Boris: A Method for the Identification and Definition of Information Objects. In: ICIQ. Cambridge, MA, 2008, S. 214–228

[Seib19] Seibel, Karsten: *485 000 Euro Strafe – Bundesländer ziehen Bußgeld-Bilanz. https://www.welt.de/finanzen/article193326155/DSGVO-Verstoesse-Bundeslaender-ziehen-Bussgeld-Bilanz.html.* – abgerufen am 2019-06-27. – welt.de/finanzen

[Sein14] Seiner, Robert: *Non-Invasive Data Governance.* Basking Ridge, NJ: Technics Publications, 2014 – ISBN 978-1-935504-85-6

[Sein19] Seiner, Robert S.: *The Non-Invasive Data Governance Framework. https://tdan.com/the-non-invasive-data-governance-framework-the-framework-structure/24945.* – abgerufen am 2020-03-05. – The Data Administration Newsletter

[Sein20] Seiner, Robert: *How to Convince Stakeholders That Data Governance is Necessary. https://tdan.com/how-to-convince-stakeholders-that-data-governance-is-necessary/26933.* – abgerufen am 2020-08-20. – The Data Administration Newsletter

[Seng04] Senger, Enrico: *Zum Stand der elektronischen Kooperation, Dissertation der Universität St. Gallen.* Bamberg: Difo-Druck, 2004

[SoSo08] von Solms, S.H. (Basie); von Solms, Roussow: *Information Security Governance*: Springer Publishing Company, Incorporated, 2008

[Thom00] Thomas, Gwen: *About the Data Governance Institute. http://www.datagovernance.com/about/.* – abgerufen am 2020-05-09. – The Data Governance Institute

[Thom14] Thomas, Gwen: *The DGI Data Governance Framework* (White Paper): The Data Governance Institute, 2014

[Urba16] Urbach, Nils: *Betriebswirtschaftliche Besonderheiten digitaler Güter* (Diskussionspapier Nr. WI-588). Bayreuth: Universität Bayreuth, 2016

[Vero18] DSGVO – VERORDNUNG (EU) 2016/ 679 DES EUROPÄISCHEN PARLAMENTS UND DES RATES – vom 27. April 2016 – zum Schutz natürlicher Personen bei der Verarbeitung personen-bezogener Daten, zum freien Datenverkehr und zur Aufhebung der Richtlinie 95/ 46/ EG (Daten-schutz-Grundverordnung), 2018

[Wang98] Wang, Richard Y.: A product perspective on total data quality management. In: *Communications of the ACM* Bd. 41 (1998), Nr. 2, S. 58 – 66

[WaSt96a] Wang, R. Y.; Strong, D. M.: Beyond Accuracy: What Data Quality Means to Data Consumers. In: *Journal of Management Information Systems* Bd. 12 (1996), Nr. 4, S. 5 – 34

[WaSt96b] Wang, Richard Y; Strong, Diane M: Beyond accuracy: What data quality means to data consumers. In: *Journal of management information systems* Bd. 12 (1996), Nr. 4, S. 5 – 33

[WCOC08] Weber, Kristin; Cheong, Lai Kuan; Otto, Boris; Chang, Vanessa: Organising accountabilities for data quality management – A data governance case study. In: Dinter, B.; Winter, R.; Chamoni, P.; Gronau, N.; Turowski, K. (Hrsg.): *Synergien durch Integration und Informationslogistik, Lecture Notes in Informatics.* St. Gallen: Gesellschaft für Informatik, 2008. Gesellschaft für Informatik e. V. – ISBN 978-3-88579-232-1, S. 347 – 359

[Webe09] Weber, Kristin: *Data Governance-Referenzmodell. Organisatorische Gestaltung des unterneh-mensweiten Datenqualitätsmanagements.* Bamberg, 2009

[Webe12] Weber, Kristin: Data Governance – Organisation des Stammdatenmanagements. In: IT-Governance (2012), Nr. 13, S. 3 – 8

[Webe18] Weber, Kristin: Die Rolle des Chief Data Officers für die Digitalisierung. In: *BI Spektrum, Online Themenspecial* (2018)

[Weck18] Weck, Andreas: *500-Millionen-Euro-Projekt scheitert: Lidl bläst SAP-Software ab. https://t3n.de/news/500-millionen-euro-projekt-scheitert-lidl-blaest-sap-software-ab-1095673/.* – abgerufen am 2019-06-27. – t3n.de/news

[Wend07] Wende, Kristin: A model for data governance-Organising accountabilities for data quality management. In: *ACIS 2007 Proceedings.* Toowoomba, 2007, S. 417 – 425

[WeOf09] Wende, Kristin; Ofner, Martin: *Fallstudie B. Braun Melsungen – Globales Stammdatenmana-gement* (Fallstudie Nr. BE HSG/ CC CDQ/ 12). St. Gallen: Universität St. Gallen, Institut für Wirt-schaftsinformatik, 2009

[WeOÖ09] Weber, Kristin; Otto, Boris; Österle, Hubert: Data Governance: Organisationskonzept für das konzernweite Datenqualitätsmanagement. In: *Wirtschaftsinformatik Proceedings.* Karlsruhe, 2009, S. 589 – 598

[Wiki20] Wikipedia: *SMART (Projektmanagement). https://de.wikipedia.org/wiki/SMART_(Projekt-management).* – abgerufen am 2020-08-23. – Wikipedia

[Wind15] Windolph, Andrea: *Die RACI-Matrix einfach erklärt. https://projekte-leicht-gemacht.de/blog/pm-methoden-erklaert/raci-matrix/.* – abgerufen am 2020-08-29. – Projekte leicht gemacht

[WiTi20] Wintersteiger, Walter; Tiemeyer, Ernst: Strategisches IT-Management – IT-Strategien entwi-ckeln und umsetzen. In: Tiemeyer, E. (Hrsg.): *Handbuch IT-Management.* 7. Auflage. München: Carl Hanser Verlag, 2020, S. 65 – 108

[WLPS98] Wang, Richard Y; Lee, Yang W; Pipino, Leo L; Strong, Diane M: Manage your information as a product. In: *MIT Sloan Management Review* Bd. 39 (1998), Nr. 4, S. 95 – 105

Die Autorinnen

Prof. Dr. Kristin Weber ist Professorin an der Fakultät Informatik und Wirtschaftsinformatik der Hochschule für angewandte Wissenschaften Würzburg-Schweinfurt. Der Schwerpunkt ihrer Lehrtätigkeit liegt im IT-Management und in der IT-Organisation, speziell Informations- und Datenmanagement, IT-Governance und Information Security Management. Sie studierte Wirtschaftsinformatik an der Universität Leipzig und der Jönköping International Business School (Schweden).

Während ihrer Promotion an der Universität St. Gallen erforschte sie im Kompetenzzentrum „Corporate Data Quality" Lösungsansätze zur Verbesserung der unternehmensweiten Datenqualität. Sie wirkte erfolgreich in mehreren nationalen und europäischen Forschungsprojekten in verschiedenen Rollen, u. a. als Projektleiterin, mit. Die Erarbeitung von anwendbaren Ergebnissen für die Kooperationspartner war dabei immer das vorrangige Ziel. In ihrer Doktorarbeit entwickelte sie ein Referenzmodell für Data Governance. Vor und nach ihrer Promotion arbeitete sie mehrere Jahre in internationalen Beratungsprojekten als Master Data und SAP Consultant, u. a. bei Lodestone Management Consultants in Zürich.

Prof. Dr. Kristin Weber ist seit über zehn Jahren Autorin, Referentin und Beraterin für die Themenstellungen Data Governance, IT-Governance, Datenqualität, Stammdatenmanagement, Security Awareness und ISMS.

Dr. Christiana Klingenberg ist Certified Information Quality Professional und beschäftigt sich seit über zwölf Jahren mit Stammdatenmanagement, Datenqualität und Data Governance. Sie arbeitete über zehn Jahren bei einem renommierten Hersteller für Datenqualitäts-Lösungen und hat dort verschiedene Kundenprojekte mit Schwerpunkt Datenqualität bei Geschäftspartnerdaten durchgeführt. Ebenso gestaltete sie in ihren Rollen als Product Manager und Product Owner Software-Lösungen für eine Data Quality Scorecard und eine Lösung für die Optimierung einzelner Datensätze im Kontext von Data Stewardship. Danach wechselte sie in eines der führenden ITBeratungshäuser Deutschlands. Dort unterstützte sie die Entwicklung eines Reifegradmodells für das Stammdatenmanagement und betreut unterschiedliche Projekte im Kontext Datenqualität und Data Governance. Dabei geht es überwiegend um fachliche Aspekte von Data Governance wie zum Beispiel die Ausgestaltung und Umsetzung von Datenpflegeprozessen, Rollen-Modellen oder die Definition und Erstellung von Datenqualitäts-Kennzahlen.

Des Weiteren hat sie an verschiedenen Publikationen und Fachbüchern mitgewirkt, hält Vorträge auf nationalen und internationalen Konferenzen und ist als Gastdozentin an der Hochschule für angewandte Wissenschaften Würzburg-Schweinfurt aktiv.

Index